Handbuch der Zoologie
Band IV Arthropoda: Insecta

Wolfgang Schedl
Hymenoptera: Unterordnung Symphyta (Pflanzenwespen)
Teilband 31

Handbuch der Zoologie

Eine Naturgeschichte der Stämme des Tierreiches

Gegründet von Willy Kükenthal
Fortgeführt von M. Beier, M. Fischer, J.-G. Helmcke, D. Starck, H. Wermuth

---

Band IV Arthropoda: Insecta   Teilband 31

Herausgeber Maximilian Fischer

W DE G Walter de Gruyter · Berlin · New York 1991

Wolfgang Schedl

Hymenoptera
Unterordnung Symphyta
Pflanzenwespen

Walter de Gruyter · Berlin · New York 1991

Autor

Univ. Doz. Dr. Wolfgang Schedl
Institut für Zoologie
Universität Innsbruck
Technikerstr. 25
A-6020 Innsbruck
Tel.: (0512) 748/53 54

Herausgeber und Schriftleiter

Hofrat Univ.-Doz.
Mag. Dr. Maximilian Fischer
Direktor am
Naturhistorischen Museum Wien
Burgring 7
A-1014 Wien
Austria
Tel. (0222) 93 45 41-316

Verlag

Walter de Gruyter
Genthiner Straße 13
D-1000 Berlin 30
Tel. (030) 260 05-124
Telefax (030) 260 05-251

Walter de Gruyter, Inc.
Scientific Publishers
200 Saw Mill River Road
Hawthorne, N.Y. 10532
USA Tel. (914) 747-0110
Telefax (914) 747-1326

Das Buch enthält 105 Abbildungen.

Satz und Druck: Tutte Druckerei GmbH, Salzweg-Passau – Buchbinder: Lüderitz & Bauer GmbH, Berlin – Printed in Germany

∞ Gedruckt auf säurefreiem Papier, das die US-ANSI-Norm über Haltbarkeit erfüllt.

Die Deutsche Bibliothek-CIP-Einheitsaufnahme

Handbuch der Zoologie : eine Naturgeschichte der Stämme des Tierreiches = Handbook of Zoology / gegr. von Willy Kükenthal. Fortgef. von M. Beier … – Berlin ; New York : de Gruyter.

NE: Kükenthal, Willy [Begr.]; Beier, Max [Hrsg.] PT

Bd. 4. Arthropoda: Insecta / Hrsg. Maximilian Fischer.
Teilbd. 31. Hymenoptera: Unterordnung Symphyta : Pflanzenwespen / Wolfgang Schedl. – 1991
ISBN 3-11-012739-3

NE: Fischer, Maximilian [Hrsg.]; Schedl, Wolfgang

Inhalt

Symphyta (Pflanzenwespen)

Erforschungsgeschichte

Die Hymenoptera Symphyta erweckten erst spät die Aufmerksamkeit der Fachzoologen und naturforschenden Laien. Obwohl unter den Larven der Pflanzenwespen, wie die Symphyten auch deutsch genannt werden, eine große Anzahl von Schädlingen an Nutzpflanzen in Frage kommen, wurden diese „Würmer" in der Antike und im Mittelalter eher als Larven von Schmetterlingen aufgefaßt und nicht als solche von Hautflüglern erkannt.

In vorlinnéischer Zeit fanden einige Blattwespen s.l. Aufnahme in ***A. Valisneri von Padua*** (1713), ***E. Albin*** (1720), ***J.L. Frisch*** (1720–33), ***R.A. de Réaumur*** (1734) – hier als „mouches à scies" und in dem schönen Tafel- und Textwerk von ***Rösel v. Rosenhof*** (1746 Bd. I + II) unter der Bezeichnung „Bombylorum et Vesparum", die wir heute als Tenthredinidae-Arten des Genus *Pontania*, als Cimbicidae-Arten des Genus *Pseudoclavellaria* bzw. *Cimbex* bezeichnen würden. Im Systema naturae errichtete ***Linné*** (1758) das Genus *Tenthredo* mit ca. 40 Arten, die heute in verschiedenen Familien verteilt aufscheinen. Manche gallenbildende Tenthredinidae stehen dort unter dem Namen *Cynips*, manche Siricidae und Xiphydriidae unter *Ichneumon*, bei ***Fabricius*** (1775) ist auch schon das Genus *Sirex* genannt, wobei darunter Holz-, Schwert- und Halmwespen gemeint sind. Ohne auf Vollständigkeit bei der Nennung weiterer Entdecker und Beschreiber von Pflanzenwespen der letzten 250 Jahre Wert legen zu können*, sollen doch wichtige zusammenfassende Werke bzw. deren Autoren aufgezeigt werden, die fast nur West- und Mitteleuropäer waren, so besonders ***Fr. Klug*** (1808–18), neu herausgegeben von ***Kriechbaumer*** (1884), ***Hartig*** (1860), ***Ed. André*** (1879–81), ***Cameron*** (1882–93), ***Brischke und Zaddach*** (1862–85) und ***C.G. Thomson*** (1871). Das von ***F.W. Konow*** (1901–08) groß angelegte, systematische Werk der bisher bekanntgewordenen Chalastogastra, wie das Taxon der Symphyta lange hieß, blieb durch den Tod des Verfassers unvollendet. Inzwischen war die Zahl der Genera wesentlich vermehrt worden und gegen Ende des 19. Jahrhunderts stieg die Artenzahl durch Neubeschreibungen, besonders in der holarktischen Region, später auch in der Paläotropis, der Neotropis und der australischen Region stetig an. ***Hartig*** (1860) kannte insgesamt 415 Arten von Pflanzenwespen, die sich folgendermaßen auf heute benannte Familien verteilen: Xyelidae (2 Arten), Pamphiliidae (25), Megalodontidae (5), Siricidae (6), Xiphydriidae (3), Orussidae (1), Cephidae (9), Diprionidae (17), Argidae (23), Blasticotomidae (1), Cimbicidae (12) und Tenthredinidae (311).

Dalla Torre (1894) stellte einen Katalog der bis 1890 beschriebenen Symphyten-Arten aller Länder der Erde auf, der ca. 2470 Arten (inklusive zahlreicher Synonyme) umfaßte. Die Bezeichnung „Hymenoptera symphyta" stammt von ***Gerstaecker*** (1867), der diese Unterordnung der Hautflügler in 10 Zeilen definiert und sie den „Hymenoptera aculeata" gegenüberstellt. ***Konow*** (1897) nennt das Taxon „Tenthredinoidea" bzw. auch „Chalastogastra". ***Rohwer and Cushman*** (1917) spalteten die Gruppe in „Chalastogastra" und „Clistogastra" (= Orussidae) auf, auch die Namen „Sessiliventria", „Phyllophaga" und „Xylophaga" wurden im späten 19. Jahrhundert verwendet. ***Enslin*** (1912–17) faßte diese wieder unter „Tenthredinoidea" zusammen, ***Bischoff*** (1923, 1927) nennt sie „Symphyta", ***Handlirsch*** (1933/36) bleibt dabei und unterscheidet zwei Überfamilien, nämlich Tenthredinides (LEACH) und Oryssites (NEWMAN). ***Kuznetzov*** (1927) schreibt von mehr als 3600 Arten dieser Hautflügler. Mit ***R.B. Benson*** aus London, der sich weltweit mit Pflanzenwespen über fast 4 Jahrzehnte beschäftigte, wird der Ausdruck Symphyta international einheitlich gebraucht. ***D.R. Smith*** (1979) schätzt für die Unterordnung der Symphyten ca. 10000 Arten mit ca. 1000 Genera.

Bald kamen mit der Phase der Neubeschreibungen von Arten auch die Hinweise und Abbildungen zur Lebensweise der Larven und Adultformen sowie zu besonderen eidonomischen Details.

Unter den älteren Autoren, die genauere Untersuchungen zur Morphologie und Anatomie der Symphyten durchführten, sind vor allem ***Brischke*** und ***Zaddach*** (1862–85), ***Kriechbaumer*** (1884), ***Mac Gillivray*** (1906), ***Demoll*** (1909), ***Wacker*** (1925), ***Weber*** (1927) und ***Yuasa*** (1922) zu nennen. In neuerer Zeit haben sich mit diesen Problemen u.a. ***Boulangé*** (1924), ***Taylor*** (1931), ***Zaćwilichowski*** (1932, 1935), ***Cooper*** (1953), ***Maxwell*** (1955), ***Arora*** (1956), ***Lorenz und Kraus*** (1957), ***Oeser*** (1961), ***Togashi*** (1970, 1971) und ***Saini*** und Mitarbeiter (1979, 1980, 1985, 1987) sowie ***Gibson*** (1985) beschäftigt.

Ausführliche Arbeiten bzw. Sammelwerke zur Ökologie und Ontogenese der Pflanzenwespen veröffentlichten in den letzten Jahrzehnten ***Buhr*** (1964/65), ***Francke-Grosmann*** (1953), ***Fulmek*** (1962), ***Hering*** (1957), ***Lorenz und Kraus*** (1957), ***Pschorn-Walcher*** (1969b, 1973, 1982, 1985, 1988), ***Schedl*** (1976), ***Schimitschek*** (1974), ***Thalenhorst*** (1953, 1955, 1961, 1966, 1968) und ***Viramo*** (1969).

Zytologische Untersuchungen an Symphyten stammen besonders von ***Gregoire*** (1984), ***Heimpel*** (1955), ***Naito*** (1982) und ***Sanderson*** (1933, 1970). In den letzten Jahren ergaben sich auch Arbeiten über physiologische Fragestellungen, z.B. durch ***Austara*** (1971), ***Heron*** (1967), ***Janda*** (1959), insbesondere über die Wirkung von Pheromonen bei Pflanzenwespen-Imagines z.B. ***Cassida et alii*** (1963), über die Absonderung von Verteidigungssekreten z.B. ***Boevé et alii*** (1984), ***Jonsson et alii*** (1983), über Giftwirkung von Symphyten-Larven auf Nutztiere z.B. ***Callow*** (1955). Über ethologische Untersuchungen berichten z.B. ***Dias*** (1975, 1976) und ***Hograefe*** (1984). Auf systematischen, phylogenetischen und faunistischen Gebieten erschienen eine Fülle von Arbeiten z.B. ***Achterberg*** und ***Aartsen*** (1986), ***Benson*** (1934–68), ***Königsmann*** (1976, 1977), ***Malaise*** (1931–49) und ***D.R. Smith*** (1967–88).

Kennzeichnung der Unterordnung

Die Symphyten sind kleine (3 mm) bis mittelgroße (40 mm Körperlänge ohne Eilegeapparat), euholometabole Insekten mit terrestrischer Lebenswei-

* Eine ausführliche chronologische Übersicht des alten Symphyten-Schrifttums siehe ***Hartig*** (1860 p. 52–55).

se. Sie sind sowohl vom Habitus der Imagines wie auch der Larven eine scharf abgegrenzte, ursprüngliche Gruppe der Hymenopteren. Die Kopfstellung ist bei den adulten Formen orthognath, der Kopf frei beweglich, die Mundwerkzeuge orthopteroid gebaut, die Antennen 3- bis vielgliedrig, mannigfaltig ausgeprägt. Die Adulten dieser Unterordnung können von anderen Hymenopteren dadurch unterschieden werden, daß das Abdomen breit mit dem Thorax verbunden ist. Das 1. Abdominalsegment ist ein echtes Hinterleibssegment, das aus dem 4. Rumpfsegment der Larve entsteht. Mehrere Namen, die den Vertretern dieser Hautflügler im Laufe der Erforschungsgeschichte gegeben wurden, deuten auf die charakteristische Situation zwischen Thorax und Abdomen hin, nämlich die Bezeichnungen Hymenoptera sessiliventres, Chalastogastra und Symphyta. Die Trochanteren der Imaginalbeine sind immer 2-gliedrig, die Vordertibien gewöhnlich mit 2 Apikalspornen, die Tarsen 5-gliedrig. Das Flügelgeäder ist sehr vollständig, das vollkommenste unter allen Hautflüglern, besonders ausgezeichnet durch das Vorhandensein einer lanzettlichen Zelle (= Analzelle) im Vorderflügel und durch meist 3 Basalzellen im Hinterflügel.

Eigentümliche Bildungen sind am Metathorax vorhanden: paarige, blasige Ausstülpungen (= Cenchri), die Anheftungsorgane für die Flügel darstellen. Solche Cenchri fehlen den Cephoidea. Die zylindrisch bis abgeflachten Abdominalsegmente setzen breit am Thorax an und zeigen äußerlich i.d.R. 8–9 Segmente. Die 1-mehrgliedrigen Socii des versteckten Analsegmentes sind vorhanden, allerdings bei den Siricidae und Orussidae bis zur Unkenntlichkeit reduziert. Die Endsegmente des Abdomens tragen im weiblichen Geschlecht einen meist aus 3 Valvenpaaren zusammengesetzten, orthopteroiden Legeapparat (Sägeapparat, Legebohrer) versteckt oder wie bei Xyloidea, Siricoidea und Cephoidea weit die Hinterleibsspitze überragend.

Im männlichen Geschlecht liegt der Kopulationsapparat der Subgenitalplatte (= 8(9).Sternit) auf und wird erst bei Beginn des Kopulationsverhaltens sichtbar. Die innere Organisation dieser Basisgruppe der Hautflügler ist bezüglich der Imagines unterschiedlich bis ungenügend untersucht, so z.B. das ZNS. Der Darmtrakt der Symphyten-Imagines besteht aus Pharynx, Ösophagus, Kropf, Muskelmagen, Mitteldarm und einem 3-teiligen Hinterdarm. Auffallend im Situs viscerum sind weiters paarige Speicheldrüsen, die Malpighischen Gefäße und die Rectalpapillen (***Togashi***, 1971). Die männlichen inneren Geschlechtsorgane bestehen aus Testes, den Vasa deferentia, den Vesicula seminales, einem Paar akzessorischen Drüsen und dem Ductus ejaculatorius, der auch doppelt auftreten kann (***Togashi***, 1970). Die weiblichen inneren Genitalorgane füllen einen Großteil des Abdomens aus, sie bestehen i.d.R. aus 2 Ovarien, paarigen Ovidukten, der Genitalkammer, der Spermathek und einem Paar akzessorischer Drüsen samt Reservoir (***Togashi***, 1970).

Die Larven, z.T. als Afterraupen bezeichnet, sind i.d.R. drehrund gebaut. Der Kopf trägt 1–7-gliedrige Antennen (***Lorenz u. Kraus***, 1957) und ein paar kleine Stemmata. Die Mundwerkzeuge sind vom kauenden Typ, i.d.R. orthognath angeordnet. Der Darmtrakt verläuft durchgehend bis zur Abdominalspitze. Der Brustabschnitt weist 3 Paar mehrgliedrige Thorakalbeine auf (Ausnahme u.a. Orussidae). Das aus 10 erkennbaren Segmenten bestehende Abdomen trägt ab dem 2. Segment kleine, ungegliederte Abdominalbeine ohne Klauenbildungen oder Hakenkränze, bei blattminierenden, im Holz lebenden und bei Gespinstblattwespen-Larven völlig oder bis auf Endbeinchen und Nachschieber reduziert. Am Abdomenende können bei manchen Familien-Vertretern 1–3-gliedrige Cerci auftreten (***Yuasa***, 1922; ***Lorenz u. Kraus***, 1957). Die Altlarven verpuppen sich, je nach systematischer Stellung, mit oder ohne Kokonbildung. Die Larven zeigen eine primärphytophage Lebensweise.

Stammesgeschichtliche Beziehungen

Vergleichend-morphologische, anatomische und biologische Betrachtungen an rezenten und fossilen Symphyten haben zu recht widersprechenden Ansichten über die Phylogenese dieser Hautflügler-Gruppe geführt. ***Togashi*** (1970) hat von ***Linné*** aufwärts bis zu seinen Untersuchungen an den inneren Genitalorganen der Symphyten einen historischen Rückblick in mehreren Seiten gegeben und mit entsprechenden Figuren zur Abbildung gebracht. Es haben sich mit dem möglichen Stammbaum der Symphyta besonders ***Konow*** (1887, 1890, 1905), ***MacGillivray*** (1906), ***Enslin*** (1911), ***Rohwer*** (1911), ***Börner*** (1919), ***Bischoff*** (1923), ***Boulangé*** (1924), ***Ross*** (1937), ***Benson*** (1938, 1951, 1965), ***Bradley*** (1959), ***Malaise*** (1945), ***Lorenz u. Kraus*** (1957), ***Malyshev*** (1968), ***Rasnitsyn*** (1965, 1969, 1971), ***Togashi*** (1970) und schließlich ***Königsmann*** (1976–80) befaßt.

Je nachdem, welche Bauplanmerkmale besonders berücksichtigt wurden, ergab es Verschiebungen in den höheren Taxonen der Symphyten. Es haben sich nach ***Königsmann*** (1977) bei den Symphyten keine Synapomorphien finden lassen, die die Monophylie der Gesamtheit der Unterordnung

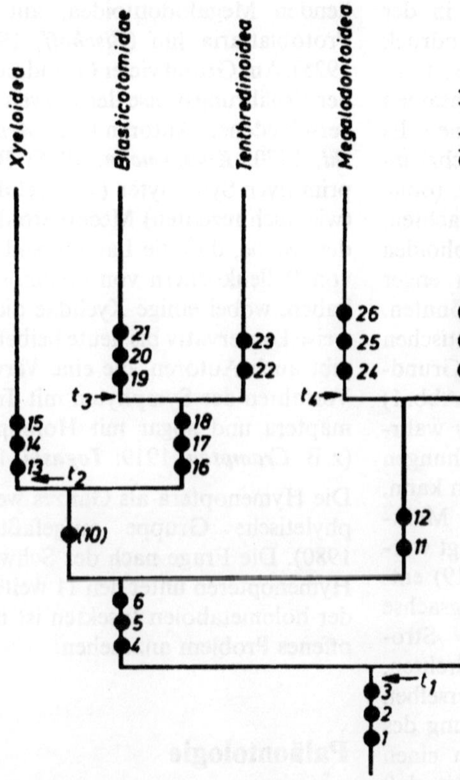

Abb. 1: Dendrogramm der Großsystematik der Symphyta im Sinne der phylogenetischen Systematik (aus *Königsmann*, 1977):
s = synapomorph für die betreffenden Gruppen, p = plesiomorph
1 Haplodiploidie (s) – keine Haplodiploidie (p), 2 Am männlichen Kopulationsapparat Volsellae (s) – keine Volsellae (p), 3 Am männlichen Kopulationsapparat Gonobasis (s) – keine Gonobasis (p), 4 Besitz von Cenchri (s) – keine Cenchri (p), 5 Besitz einer rauhen Zone im Analfeld der Vorderflügel (s) – keine solche Zone (p), 6 Besitz von Gonomaculae am männlichen Kopulationsapparat (im Grundbauplan) (s) – keine Gonomaculae (p), 7 Mehr oder weniger starke Einschnürung zwischen dem 1. und 2. Abdominalsegment (s) – meist keine solche Einschnürung vorhanden (p), 8 Verschmelzung von Gonostipes und Harpes (s) – Gonostipes und Harpes nicht verschmolzen, 9 Phallotrema mündet apikal (s) – Phallotrema mündet in einen Trog mehr oder weniger basal (p), 10 Keine Merkmale bekannt, 11 Brückenbildung im Kopf (s) – Brückenbildung fehlt oder anders (p), 12 Larve ohne Abdominalbeine (s) – Larve im Grundbauplan mit Abdominalbeinen (p), 13 Verlängertes 3. Fühlerglied (s) – 3. Fühlerglied meist nicht verlängert (p). 14 Nackendrüse bei Larven vorhanden (s) – Nackendrüse fehlt (p), 15 Speicheldrüsen bei Larven charakteristisch gestaltet (s) – Speicheldrüsen der Larven anders (p), 16 Pronotum schmal und ausgerandet (s) – Pronotum nicht schmal und ausgerandet (p), 17 2r–rs im Vorderflügel mündet distaler als 2r–m in rs (s) – 2r–rs mündet proximaler als 2r–m oder beide sind interstitial (p), 18 Gonomaculae fehlen (s) – Gonomaculae vorhanden (p), 19 Zwei Paar Fortsätze am Abdomenende der Larve (s) – solche Fortsätze fehlen (p), 20 Viergliedrige Fühler (s) – Fühler im Grundbauplan mit mehr als vier Gliedern (p), 21 Abgetrennte Mandibelhöhlen (s) – Mandibelhöhlen und Mundhöhlen nicht getrennt (p), 22 Strophandrie (s) – Orthandrie (p), 23 Basaler Ursprung der Media (s) – Ursprung der Media anders (p), 24 Kopfkapsel geschlossen mit abgetrennten Mandibelhöhlen (s) – Kopfkapsel offen mit im Grundbauplan nicht abgetrennten Mandibelhöhlen (p), 25 Abdomen auffallend abgeflacht (s) – Abdomen nicht so stark abgeflacht (p), 26 Supraanalhäkchen bei den Larven vorhanden (s) – keine Supraanalhäkchen vorhanden (p), 27 Wanderungstendenz der Antennen in Richtung Clypeus (s) – keine solche Wanderungstendenz (p), 28 Antennengrube (s) – keine Antennengrube (p), 29 Pronotum hinten ausgerandet (s) – Pronotum hinten nicht ausgerandet (p), 30 Gestalt der Zelle $2R_1$ der Vorderflügel ist kennzeichnend (s) – Zelle $2R_1$ anders gestaltet (p), 31 Gelenkung zwischen 1. und 2. Abdominalsegment (s) – keine solche Gelenkung vorhanden, 32 Keine lanzettförmige Zelle (s) – lanzettförmige Zelle vorhanden (p), 33 Bei den Larven ist der Mitteldarm im Grundbauplan nicht mit dem Enddarm verbunden (s) – Mittel- und Enddarm sind ständig verbunden, t_1 liegt spätestens in der Trias, t_2 Trias (triassische Xyeloidea), t_3 mittlerer oder oberer Jura (Xyelotomidae), T_4 mittlerer oder oberer Jura (*Parapamphilius* u.a.), t_5 oberer Jura (*Sinosirex*, Pseudosiricidae, Anaxyelidae, Paroryssidae), t_6 untere Kreide (*Mesocephus*).

beweisen, obwohl sie im Habitus und in der Lebensweise einen recht einheitlichen Eindruck machen. Alle den Symphyten gemeinsame Merkmale sind Symplesiomorphien, von gemeinsamen Vorfahren aller Hymenopteren übernommen. Es ist aber, begründet auf den Besitz der Cenchri am Metathorax, möglich, die Symphyta s. str. (ohne Cephoidea) als monophyletisch zu betrachten, was hinsichtlich der Restgruppe der Cephoidea keine Probleme aufweist, weil diese in enger Beziehung zu den Apocrita stehen könnten. ***Königsmann*** hat im Sinne der phylogenetischen Systematik von ***W. Hennig*** anhand von 33 Grundplanmerkmalen (GPM) einen Entwurf (Abb. 1) vorgelegt, der gegenwärtig als der relativ wahrscheinlichste für die Verwandtschaftsbeziehungen der höheren Taxone der Symphyten gelten kann, wobei morphologische und anatomische Merkmale an Larven und Adulten berücksichtigt wurden. Dabei fand das von ***Crampton*** (1919) entdeckte Merkmal der um 180° in der Längsachse gedrehten männlichen Genitalorgane (= Strophandrie, Strophandria) und der ungedrehten, also normalen (= plesiomorphen) Lage derselben (= Orthandrie, Orthandria) nach Meinung des Verf. den richtigen Stellenwert, nämlich einen nicht zu hohen. Das begründet Verf. damit, daß innerhalb einer Familie, nämlich der ursprünglichen Xyelidae, die Xyelinae und Pleroneurinae strophandrische, die Macroxyelinae und Xyelecinae aber orthandrische männliche Genitalorgane aufweisen. Auch die von den meisten Autoren zu den Tenthredinoidea gestellten, farnstengelminierenden Blasticotomidae gehören merkwürdigerweise zu den Orthandria (***Königsmann***, 1977). Schwierigkeiten bereiten im Symphyten-System einerseits die Cephidae, andererseits auch die Orussidae, die ersteren besonders wegen der fehlenden Cenchri, die letzteren wegen der starken Abwandlung des Ovipositors (es fehlen die 3. Valvulae, der Legebohrer ist in das Abdomeninnere verlegt), wie er sonst bei parasitischen Hymenopteren zu finden ist, und des tiefen Ansatzes der Antennen, nämlich unter dem Clypeus, tiefer als der Unterrand der Komplexaugen, wie bei den Stephanidae, auch sind die Mandibeln spatelförmig und zahnlos (***Königsmann***, 1977).

Als ursprünglichst organisierte Hymenopteren legen die Symphyten die Frage nach der Ableitung der gesamten Ordnung nahe. Die orthopteroiden Mundteile, die nur bei wenigen blütenbesuchenden Tenthredinidae eine leichte Veränderung des Labiomaxillarkomplexes zeigen, sowie der in Homologie zu den Gonapophysen der Orthopteren zu sehende Ovipositor weisen auf Orthopteren, die verhältnismäßig großen, voneinander entfernten Coxen und die flache Körpergestalt, besonders bei den auch als ursprünglich anzusehenden Megalodontoidea, auf Blattaria bzw. Protoblattaria hin (***Bischoff***, 1923; ***Handlirsch***, 1925). Auf Grund vieler Grundmerkmale und von der Ernährungsweise der Larven her wurden von verschiedenen Autoren (z. B. ***Arora***, 1956; ***Togashi***, 1970; ***Königsmann***, 1976) Bezüge zwischen primitiven Symphyten (= Xyelidae) und fossilen (wie auch rezenten) Mecopteroidea hergestellt in dem Sinne, daß die Larven beider Gruppen sich von Pollenkörnern von Gymnospermen ernährt haben, wobei einige Xyelidae diese Ernährungsweise konservativ bis heute beibehalten haben. Es gibt auch Autoren, die eine Verwandtschaft der Vorfahren der Symphyten mit Trichoptera, Dermaptera und sogar mit Homoptera annehmen (z. B. ***Crampton***, 1919; ***Togashi***, 1970).

Die Hymenoptera als Ganzes werden als monophyletische Gruppe aufgefaßt (***Königsmann***, 1980). Die Frage nach der Schwestergruppe der Hymenopteren unter den 11 weiteren Ordnungen der holometabolen Insekten ist nach wie vor als offenes Problem anzusehen.

Paläontologie

Die Deutung von hautflüglerartigen Fossilfunden aus dem Perm und der frühen Trias ist dadurch erschwert, daß die konstitutiven Merkmale der Hymenopteren nicht nur im Geäder liegen. Da häufig aus dieser Frühzeit nur Flügelabdrücke erhalten sind, erfolgt die Zuordnung dieser Formen zu den Hymenopteren häufig allein auf Grund der Ähnlichkeiten. Wahrscheinlich liegen die Wurzeln der Hymenopteren in Paramecoptera des Perm; dann wären im Sinne der phylogenetischen Systematik die Mecopteroidea die Schwestergruppe der Hymenopteren (***Königsmann***, 1976). Im Mesozoikum sind pflanzenwespenartige Hautflügler in beachtlicher Vielfalt nachgewiesen worden, von denen die ersten sich von Pteridophyten und Gymnospermen-Teilen ernährt haben dürften. Viele altertümliche Formen unter den rezenten Symphyten haben diese Phagie beibehalten. Ab der Kreide gehen dann Symphyten auch auf Angiospermen über. Im Tertiär haben die Symphyten ihre Mannigfaltigkeit an Formen weiterentwickelt und als phytophage Insektengruppe (mit Ausnahme der Orussidae) mit der weiteren Aufspaltung der Angiospermen Einbindungen in verschiedenste ökologische Nischen gefunden.

Paläozoikum: Während einige Insektenordnungen, vor allem Hemimetabole, schon im älteren paläozoischen Schichten, zumindestens ab dem unteren Oberkarbon (***Handlirsch***, 1925), nachweisbar sind, beginnen die Hymenopteren als

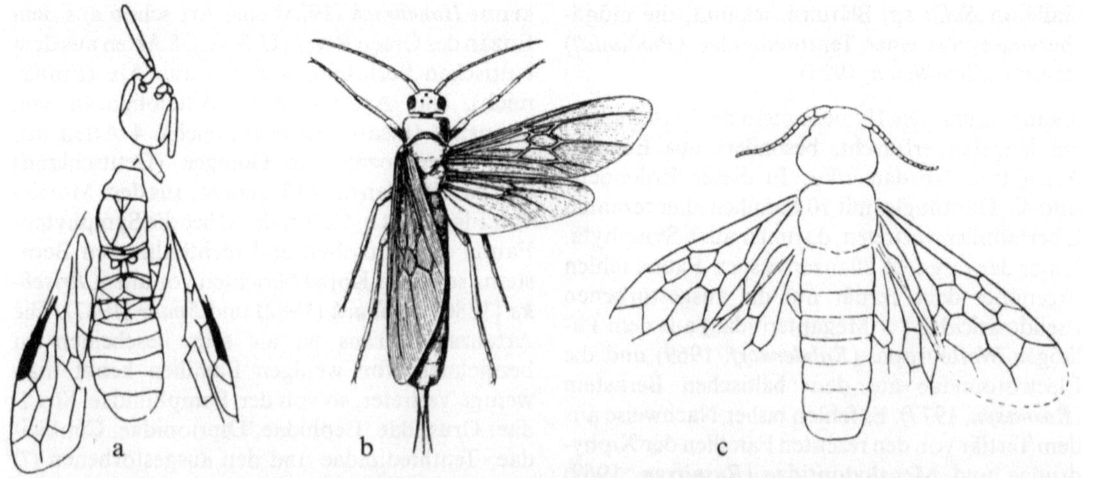

Abb. 2: Fossile Vertreter der Symphyta: a) *Triassoxyela foveolata* Rasnitsyn (Xyelidae), Untere Trias Mittelasiens, Vorderflügellänge 6,3 mm (aus ***Rohdendorf***, 1969) b) *Pseudosirex* sp. ♀ (Pseudosiricidae) Obere Jura von Bayern, Solenhofen, nat. Größe (Rekonstruktion nach Handlirsch, 1925) c) *Atocus defessus* Scudder (Pamphiliidae) Miocän von Colorado, USA, 5 × (aus ***Handlirsch***, 1925).

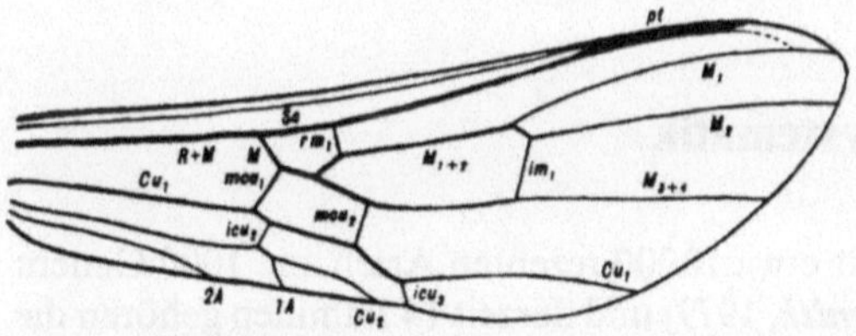

Abb. 3: Flügelgeäder von *Pseudosirex* sp. indet. (Pseudosiricidae) Obere Jura von Solenhofen, Bayern, Flügellänge 46 mm (aus ***Tillyard***, 1927).

letzte Ordnung der Holometabolen erst am Anfang des Mesozoikums mit Resten der Trias-Fauna aufzutauchen. Die von ***Tillyard*** (1924) für das Karbon erwähnten, nur 5–11 mm langen Protohymenoptera (z. B. Aspidothoracidae) sind nach ***Rohdendorf*** (1969) den Palaeoptera innerhalb der fossilen Megasecoptera zuzuordnen und haben nichts mit frühen Hautflügler-Taxonen zu tun (***Handlirsch***, 1937; ***Königsmann***, 1976).

Mesozoikum: In der Trias-Fauna treten erstmals hautflüglerartige Neoptera auf, die heteronome Flügel mit festem Geäder und großen Zellen zeigen und die beißende Mundwerkzeuge sowie eine stark entwickelte Legescheide aufweisen. Es handelt sich bei diesen ältesten Vertretern der Hymenoptera um Symphyta, die damals durch eine einzige, auch heute noch existierende Familie, nämlich den kleinen Xyelidae, mit ca. 25 Arten repräsentiert wird. Diese pollenfressenden Formen sind in mehreren Genera in der Frühtrias Mittelasiens (z. B. *Triassoxyela foveolata* Rasnitsyn, 1964) (Abb. 2a) und in der Spättrias Australiens gefunden worden (***Rasnitsyn***, 1964, 1966, 1968).

In der Jura kommt es zu einer Entfaltung der Spermatophyten, die riesige Nadelholzwälder auf der Nordhalbkugel der Erde entstehen ließ. Die Hymenopteren sind dann durch 15 Familien vertreten, vor allem aus der Unterordnung der Symphyta: wieder die Xyelidae, weiters viele Arten der mit einer Ausnahme nur fossil bekannten Familien der Anaxyelidae, Karatavitidae, Paroryssidae und Xyelydidae. Von weiteren 7 Familien der Symphyten (Pararchexyelidae, Xyelotomidae, Parapamphiliidae, Pseudosiricidae, Sepulcidae, Siricidae und Gigasiricidae) sind nur wenige Arten fossil bekannt geworden (***Handlirsch***, 1925; ***Tillyard***, 1927; ***Rasnitsyn***, 1968, 1969; ***Rohdendorf***, 1969; ***Smith***, 1978). Von den Pseudosiricidae existieren u. a. Abdrücke aus England, Kirgisien und in den berühmten Solnhofener Schiefer des Malm aus Bayern (z. B. *Pseudosirex sp.*) (***Kuhn***, 1961) (Abb. 2b u. 3). Die in älterem Schrifttum als Übergangsglied zwischen Symphyten und höheren Hymenopteren erwähnte *Ephialtites jurassicus* Meunier aus dem spanischen Malm wird in ***Rohdendorf*** (1969) in der Familie der Ephialtidae unter den apocriten Hymenopteren angeführt.

Die Symphyten der Kreide-Zeit, besonders der typischen See-Fauna, sind bis jetzt unzureichend erforscht, es handelt sich meist nur um zufällig entdeckte Formen aus Ostasien, so z. B. Vertreter der alten Familien Xyelidae, Anaxyelidae, aber auch um die ersten Cephidae (z. B. *Mesocephus sibiricus* Rasnitsyn aus Baisa der unteren Kreide) und Siricidae (z. B. *Praesirex* sp. aus der unteren Kreide Transbaikaliens). In dieser Zeit vollzog sich eine rapide Entwicklung der Angiospermen. Aus der oberen Kreide Böhmens ist schon eine

Galle an *Salix* sp. Blättern bekannt, die möglicherweise von einer Tenthredinidae (*Pontania*?) stammt (***Handlirsch***, 1925).

Känozoikum: Die Hymenoptera des Tertiärs sind am längsten erforscht, besonders aus Europa, Asien und Nordamerika. In dieser Erdepoche sind die Hautflügler mit 70 Familien aller rezenten Überfamilien vertreten, darunter auch Symphyta. Unter der rezenten Pflanzenwespen-Fauna fehlen gegenüber dem Tertiär nur die ausgestorbenen Pseudosiricidae (= Megapteritidae) aus dem Paläogen Westeuropas (***Rohdendorf***, 1969) und die Electrotomidae aus dem baltischen Bernstein (***Rasnitsyn***, 1977). Es fehlen bisher Nachweise aus dem Tertiär von den rezenten Familien der Xiphydriidae und Megalodontidae (***Rasnitsyn***, 1969) und Pergidae. Von den Xyelidae ist nur eine Art des Genus *Mexaxyela* aus dem Miozän von Florissant (Colorado) bekannt (***Handlirsch***, 1926). Von den Pamphiliidae sind das Genus *Pamphilius* aus dem baltischen Bernstein (Ober-Eozän) (***Kelner-Pillault***, 1970), zwei Arten aus dem Miozän von Colorado (z.B. *Atocus defessus* SCUDDER) (Abb. 2c) und ein *Neurotoma* sp. (***Handlirsch***, 1925) erwähnt. Die im Jura so artenreichen Pseudosiricidae sind nur mehr im Eozän durch *Megapterites mirabilis* COCKERELL in England vertreten (***Smith***, 1978). Von den Siricidae sind zwei Arten aus dem Bernstein des Untermiozäns (wahrscheinlich älter) von Radoboj (Kroatien), je eine Art aus dem Miozän von Florissant (Colorado) und Brandenburg bekannt (***Handlirsch***, 1925), es handelt sich um Arten der Genera *Sirex* L., *Urocerus* GEOFFROY und (+) *Urocerites* HEER (= *Neuropachys* nom. nud.) (***Smith***, 1978). Von den Orussidae kennt ***Handlirsch*** (1925) 2 Arten aus dem Miozän von Öningen (Deutschland) und eine Art aus Florissant (Colorado): (+) *Cephites* HEER und (+) *Lithoryssus* BRUES. Von den Cephidae nennt ***Handlirsch*** (1925) je eine Species des Genus *Cephus* LATR. und *Electrocephus* KONOW aus dem baltischen Bernstein sowie von *Janus* STEPHENS von Florissant (Colorado). Die ersten Diprionidae treten in 2 Arten im baltischen Bernstein auf (***Handlirsch***, 1925), ebenso die Cimbicidae (*Cimbex* sp.), diese auch aus dem Miozän von Florissant in Form von je einer Species des Genus (+) *Trichiosomites* BRUES, (+) *Phenoacoperga* COCKERELL und (+) *Pseudocimbex* ROHWER. Von den Argidae nennt ***Handlirsch*** (1925) je eine Art aus dem Miozän von Florissant der Gattung (+) *Lisoneura* ROHWER und (+) *Schizocerus* LEPELETIER. Sogar die rezent artenarme Familie der Blasticotomidae ist durch *Paremphytus ostentus* BRUES aus dem Miozän von Florissant (Colorado) vertreten (***Benson***, 1942).

Von den Blattwespen i.e.S. (= Tenthredinidae) kennt ***Handlirsch*** (1925) eine Art schon aus dem Eozän des Green River (U.S.A.), 5 Arten aus dem baltischen Bernstein, 4 Arten aus Aix (Frankreich), eine Art aus dem Mitteloligozän von Brunstatt (Elsaß, Ost-Frankreich), 4 Arten aus dem Obermiozän von Öningen (Deutschland) und ca. 29 Arten (aus 15 Genera) aus dem Miozän von Florissant in Colorado. Über die Symphyten-Fauna des baltischen und nichtbaltischen Bernsteins sowie im Kopal berichten vor allem ***Brischke*** (1886), ***Keilbach*** (1982) und ***Spahr*** (1987). Die Artenzahl daraus ist als sehr bescheiden zu bezeichnen, von wenigen Familien kennt man wenige Vertreter, so von den Pamphiliidae, Siricidae, Orussidae, Cephidae, Diprionidae, Cimbicidae, Tenthredinidae und den ausgestorbenen (?) Electrotomidae. Viele der miozänen Formen können heute noch existierenden Gattungen zugeordnet werden oder stehen ihnen zumindestens sehr nahe. Ende des Tertiärs waren allem Anschein nach ± alle rezenten Familien und Gattungen der Symphyten schon vorhanden.

Systematik

Mit etwa 10000 rezenten Arten, ca. 1000 Genera (***Smith***, 1979) und derzeit 14 Familien gehören die Symphyten zu einer sehr artenreichen Unterordnung der Hymenoptera. Die Merkmale zur Unterscheidung der Überfamilien und Familien zu Bestimmungszwecken beruhen auf verschiedensten Strukturen wie Flügelgeäder, Antennenausbildung, Thoraxstrukturen, Apikaldornen der Vordertibien und einigen Merkmale am Abdomen (Tergite, Ovipositorausbildung). Aus dem Schrifttum liegen bestenfalls regionale Bestimmungsschlüssel vor, die nur z.T. überregional verwertbar sind (***Benson***, 1938, 1951; ***Takeuchi***, 1938; ***Smith***, 1988). Verf. hat versucht, auf diesen Schlüsseln aufbauend einen für alle rezenten Familien der Erde zu erstellen, wobei es unmöglich ist, die wenigen im weiblichen Geschlecht mikropteren oder apteren Arten hier zu berücksichtigen:

Bestimmungsschlüssel zu den Überfamilien und Familien

1 Antennen setzen unterhalb der Komplexaugen an, Vorderflügel nur mit 2 Cubitalzellen (*Orussoidea*) .... *Orussidae*

– Antennen setzen oberhalb des Clypeus und zwischen den Komplexaugen an, Vorderflügel mit mehr als 2 Cubitalzellen 2

2 Antennen bestehen aus 1–3 verdickten, wesentlich länger als breiten Basalgliedern und einem auffallend dünneren 9–25 gliedrigem Flagellum (Filament) (*Xyeloidea*) .. *Xyelidae*

– Antennen mit gedrungenem Scapus ohne stark verdünntem, feingliedrigen Flagellum 3

3 Antennen bestehen aus einem kurzen Scapus und Pedicellus sowie aus einem 1-gliedrigen, keulenförmigen Flagellum, das bei manchen ♂♂ 2-gabelig sein kann .... *Argidae*

– Antennen bestehen aus einem kurzen Scapus und Pedicellus sowie einem 2- bis vielgliedrigem Flagellum 4

4 Antennen bestehen aus einem Flagellum mit einem sehr langen keulenförmigen Glied, mit oder ohne einem sehr kurzen, kegelförmigen Endglied, Vorderflügel mit Radialquerader (2 r) .... *Blasticotomidae*

– Antennen tragen ein 3–vielgliedriges Flagellum 5

5 Vorderflügel mit einer Radialquerader (2 r). 6

– Vorderflügel ohne Radialquerader (2 r) . . 13

6 Hinterrand des Pronotums gerade, höchstens wenig breit nach vorne eingebuchtet...... 7

– Hinterrand des Pronotums deutlich nach vorne breit eingebuchtet 10

7 Vordertibien mit 2 Apikalspornen, ♀♀ mit kurzem Ovipositor (bei Dorsalansicht nicht über den Hinterrand des Abdomens vorstehend), Körper von ♀♀ und ♂♂ dorsoventral abgeflacht (*Megalodontoidea*) 8

– Vordertibien nur mit 1 Apikalsporn; ♀♀ mit ± längerem Ovipositor (der in Dorsalansicht über dem Hinterrand des Abdomens hervorragt), Körper bei ♀♀ und ♂♂ ± zylindrisch, Abdomen bei manchen Cimbicidae birnförmig 9

8 Zwischen Costa und Subcosta des Vorderflügels keine Längsader (= Intercostalader); 2. Abdominaltergit median nicht geteilt; Antennenflagellum meistens gekämmt; Labiomaxillarapparat verlängert. *Megalodontidae*

– Zwischen Costa und Subcosta des Vorderflügels eine Längsader (= Intercostalader); das 1. und 2. Abdominaltergit median gespalten, Antennenflagellum borstenförmig, nie gekämmt .... *Pamphiliidae*

9 Apikalsporn der Vordertibien mit glattem Innenrand; Metathorax ohne Cenchri; Abdomen an der Basis etwas eingeschnürt (*Cephoidea*) .... *Cephidae*

– Apikalsporn der Vordertibien mit gekämmtem Innenrand; Metathorax mit Cenchri; Abdomen breit mit dem Thorax verbunden .... *Anaxyelidae*

10 Antennen keulenförmig am Ende verdickt, 5–6-gliedrig; Abdomen zumeist ventrolateral gekielt, robust, oft birnförmig; Vordertibien mit 2 Apikalspornen .... *Cimbicidae*

– Antennen fadenförmig, Flagellum manchmal leicht gesägt oder leicht keulenförmig, 7–vielgliedrig; Abdomen ventrolateral nicht gekielt, zumeist schmächtig und ± zylindrisch 11

11 Vordertibien mit 2 Apikalspornen; Antennen 7–12-gliedrig, meist aber nur 9-gliedrig..... .... *Tenthredinidae* (*partim*)

– Vordertibien mit 1 oder 2 Apikalspornen (wobei der 2. bei Xiphydriidae sehr klein und schwer zu erkennen ist); Antennen 13–25-gliedrig, zumeist 20–25-gliedrig 12

12 Pronotum reduziert zu einem schmalen Collare vor dem Mesonotum, Seitenlappen des Mesonotums durch eine von den Seitenrändern ausgehende Struktur geteilt; Cervikalsklerite nach vorne halsartig verlängert; Ovipositor in Lateralansicht sich apikal verschmälernd .... *Xiphydriidae*

– Pronotum ± lang, nicht kragenartig reduziert, Seitenlappen des Mesonotums durch schräge Gruben geteilt, Cervikalsklerite nach vorne nicht verlängert, Ovipositor lang und nadelförmig .... *Siricidae*

13 Hinterflügel ohne Analzelle, Vorderflügel mit lanzettförmiger Analzelle oder ohne solche; Antennen verschiedenartig, kurz und 5–6-gliedrig oder länger mit bis zu 25 Gliedern, selten 9-gliedrig, entweder borstenartig, gesägt oder gekämmt .... *Pergidae*

– Hinterflügel mit geschlossener Analzelle, am Vorderflügel Analzelle immer vorhanden, entweder lanzettförmig verkleinert oder komplett mit oder ohne Querader beziehungsweise in der Mitte zusammengezogen; Antennen 7–12-gliedrig oder 15–25-gliedrig 14

14 Antennen 7–12-gliedrig, meist 9-gliedrig.... .... *Tenthredinidae* (*partim*)

– Antennen mit 15 Gliedern oder mehr.... 15

15 Antennen borstenförmig; Vordertibien mit 2 Apikalspornen, wobei der innere sehr kurz und schwer zu sehen ist .... *Xiphydriidae* (*partim*)

– Antennen beim ♀ gesägt, beim ♂ gekämmt; beide Apikalsporne der Vordertibien lang... .... *Diprionidae*

Besprechung der Überfamilien und Familien

Überfamilie Xyeloidea:

Zu den rezenten Xyeloidea (mit nur einer Familie = Xyelidae) gehören wenige (ca. 43), relativ kleine Arten (***Smith***, 1978). Zahlreiche Fossilfunde (***Rasnitsyn***, 1971). Verf. findet die Mundwerkzeuge für ausgesprochen plesiomorph, geradezu beinartig. Die Maxillarpalpen sind 4–6-

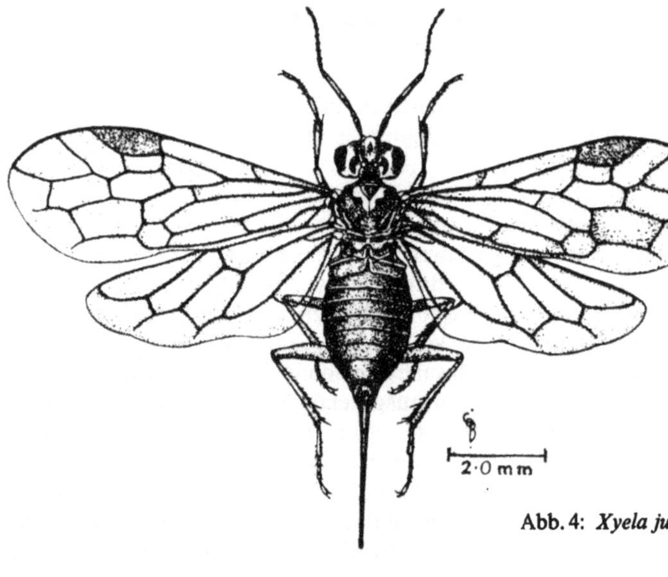

Abb. 4: *Xyela julii* (Bréb.) ♀ (Xyelidae) (aus ***Richards***, 1956).

gliedrig, die Labialpalpen 3–4-gliedrig, das Endglied des Labialpalpus trägt keine Riechgrube (***Königsmann***, 1977; ***Tavčar***, 1989). Das 3. Fühlerglied scheint aus 7(8) Einzelgliedern entstanden zu sein (***Benson***, 1945; ***Rasnitsyn***, 1965). Die Cenchri sind klein, bei den ♀♀ steht der Ovipositor am Abdomenende weit vor. Xyelinae und Pleroneurinae sind strophandrisch, die Macroxyelinae und Xyeleciinae, beides rein amerikanische Unterfamilien, sind orthandrisch. Das Geäder ist sehr ursprünglich (***Königsmann***, 1977) (Abb. 4). Die Larven tragen Antennen mit 6–7 Gliedern und gut entwickelten Thorakalbeinen, jedes Abdominalsegment weist ein Paar sehr kleiner Stummelbeine auf, was sehr ursprünglich ist (***Yuasa***, 1922), am Abdomenende treten keine Subanalanhänge (Cerci) auf. Bemerkenswert sind bei den Larven ausstülpbare Nackendrüsen z. B. bei *Megaxyela major* (***Yuasa***, 1922). Bei *Megaxyela langstoni* ist eine bewegliche Puppe beobachtet worden (***Malyšev***, 1966). Die Larven aller Xyelidae leben an Holzpflanzen, manche ernähren sich von Pollen, was auch bei Adulten beobachtet wurde, von männlichen Blüten von *Pinus* spp., die Macroxyelinae sind Blattfresser an kätzchentragenden angiospermen Bäumen, die Larven der Pleroneurinae bohren in Jungtrieben von *Pinus*, *Abies* und *Picea* spp. (***Smith***, 1967, 1979). Die Larven spinnen wahrscheinlich keinen Kokon (***Burdick***, 1961). Die Xyelidae sind holarktisch und orientalisch verbreitet (***Klima***, 1937c; ***Königsmann***, 1977), *Xyela* sp. ist von Mexiko bekannt (***Smith***, 1988).

Überfamilie Megalodontoidea:

Kopfkapsel geschlossen, d. h. Oral- und Occipitalöffnungen sind durch eine Hypostomalbrücke getrennt, die Ansatzstelle der Mandibeln ist durch Umgestaltung der Postgenae vollständig von der Oralöffnung getrennt; mit großen, sichelförmigen Mandibeln, Maxillar- und Labialtaster aus 6 bzw. 4(3) Gliedern bestehend (***Königsmann***, 1977). Das Abdomen ist dorsoventral abgeflacht, der männliche Kopulationsapparat ist orthandrisch, der trogförmige Aedoeagus ist ursprünglich wie auch der kurze Ovipositor und das breite Costalfeld im Vorderflügel. Die oligopoden Larven tragen 5-gliedrige Thorakalbeine, die Tarsen zeigen keine Kralle, dafür eine längere Borste; Abdominalbeine fehlen, am Subanallappen sitzen 2 dreigliedrige Cerci als Bewegungsorgan. Die Larven leben in ± dichten Gespinströhren, die Verpuppung erfolgt im Boden ohne Kokon (***Königsmann***, 1977; ***Benson***, 1951).

Pamphiliidae: Antennen lang, dünn, aus 15–40 Gliedern bestehend, der Labiomaxillarkomplex ist nicht auffallend verlängert. Das 1. und 2. Abdominaltergit sind median gespalten. Im Vorder- und Hinterflügel ist die Subcosta erkennbar, das Geäder ähnlich dem der Xyelidae, sehr ursprünglich (***Königsmann***, 1977) (Abb. 5a). Die Larven leben in Gespinströhren an holzigen Pflanzen, wobei die primitiveren Cephalciinae an Koniferen-Nadeln, die Pamphiliinae an Blättern von Rosaceae und kätzchentragenden Laubhölzern leben (***Benson***, 1945b). Holarktisch mit ca. 170 Arten verbreitet, eine Gattung reicht mit 4 Arten bis Mexiko (***Klima***, 1937b; ***Smith***, 1988).

Megalodontidae: Labiomaxillarkomplex rüsselartig verlängert, ausgezogen manchmal von der Länge der Kopfkapsel (***Tavčar***, 1986)! Antennen relativ kurz, gedrungen mit 13–30 Gliedern, die mittleren häufig mit quergestellten Fortsätzen versehen, sodaß die Antennen gekämmt erschei-

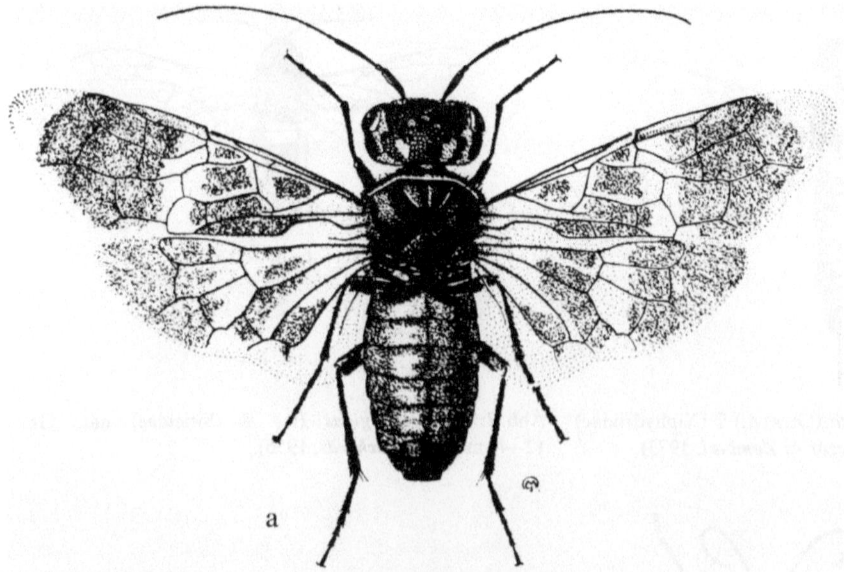

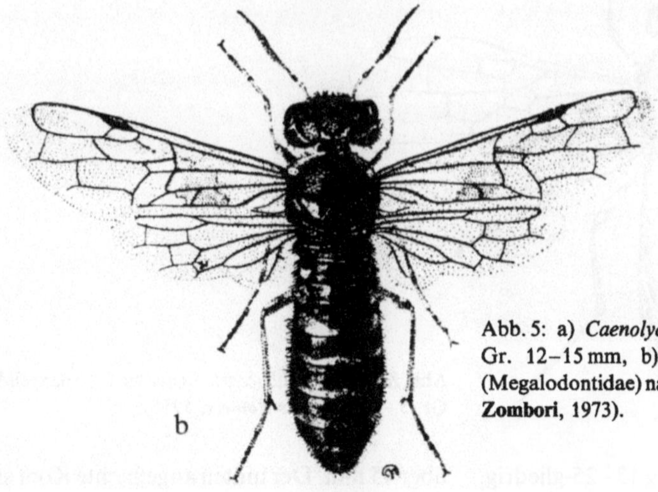

Abb. 5: a) *Caenolyda reticulata* (L.) ♀ (Pamphiliidae), nat. Gr. 12–15 mm, b) *Megalodontes flavicornis* (KLUG) ♀ (Megalodontidae) nat. Gr. 11–12 mm (beide aus **Móczár és Zombori**, 1973).

nen. Das 1. Abdominaltergit ist ausgeschnitten, aber nicht gespalten, das 2. Tergit ist ungeteilt. Die Vorderflügel besitzen keine Subcosta (***Königsmann***, 1977) (Abb. 5b). Die Larvenstadien leben sozial an krautigen Pflanzen (besonders Apiaceae, Rutaceae). Die Familie ist mit ca. 43 Arten nur palaearktisch verbreitet (***Klima***, 1937b; ***Gussakovskij***, 1935; ***Benson***, 1951).

Überfamilie Siricoidea:

Die Antennen der Imagines sind ± homonom vielgliedrig, die Kopfkapsel ist geschlossen d.h. Oral- und Occipitalöffnungen sind durch eine Hypostomalbrücke getrennt. Die Endglieder der Labialtaster tragen Grubenorgane (***Tavčar***, 1989). Das Pronotum ist in der Mitte kurz, hinten ausgerandet. Thorax und Abdomen sind extrem verfestigt, sodaß die Beweglichkeit zwischen beiden gering ist. Das 1. Abdominaltergit ist median geteilt; der männliche Kopulationsapparat ist orthandrisch, also ursprünglich in der Lage, der Ovipositor frei und nadelförmig, anders als bei den übrigen Symphyten. Zum Grundplan der Hinterflügel gehören 2 geschlossene Zellen (***Benson***, 1951; ***Königsmann***, 1977).

Die oligopoden Larven besitzen am Kopf keine Stemmata, die Antennen bestehen nur aus 1–2 Gliedern. Die Thorakalbeine sind stark reduziert und ohne Klauen, Abdominalbeine und Cerci fehlen. Das Abdomen der Larven besitzt eine Supranalspitze (Postcornus), die als Stemmvorrichtung dient. Die Siricoidea-Larven sind endophage Zweig- bzw. Stammbewohner (***Benson***, 1951; ***Königsmann***, 1977).

Xiphydriidae: Imagines von 4–25 mm Körperlänge, der Kopf sitzt dem Thorax mit einer langen Cervix, verstärkt durch längliche Cervicalia, halsartig an, ein apomorphes Merkmal dieser Familie.

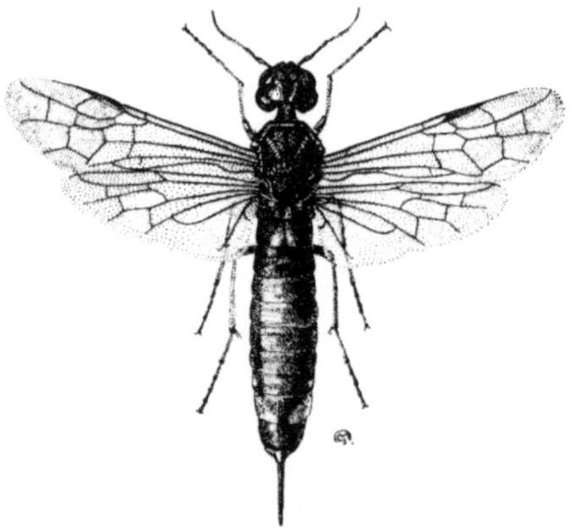

Abb. 6: *Xiphydria prolongata* (GEOFFR.) ♀ (Xiphydriidae) nat. Gr. 7–18 mm (aus ***Móczár és Zombori***, 1973).

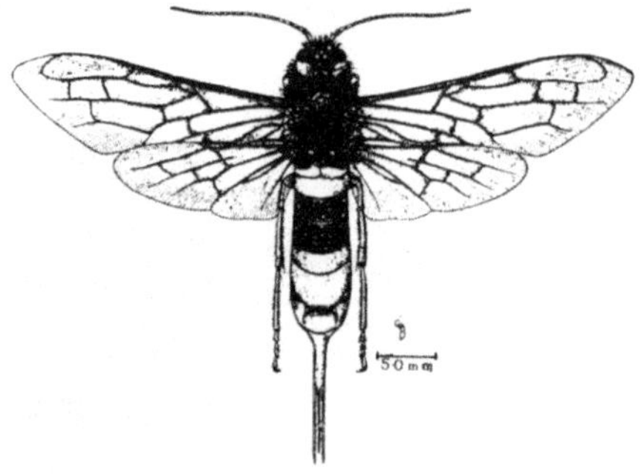

Abb. 7: *Urocerus gigas* (L.) ♀ (Siricidae) nat. Gr. 12–40 mm (aus ***Richards***, 1956).

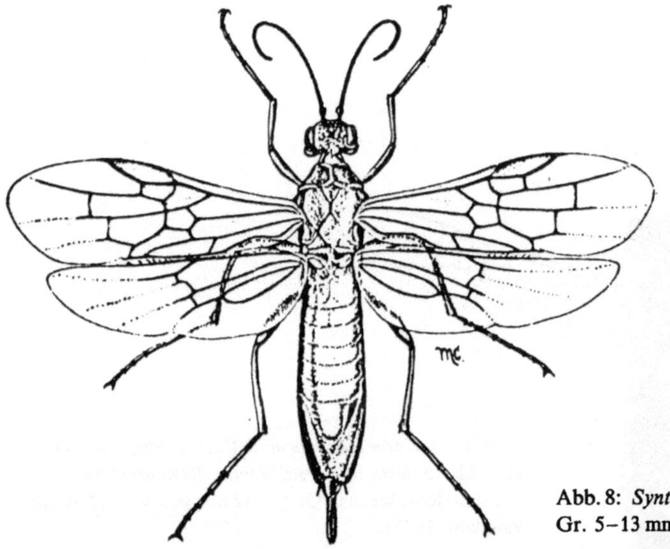

Abb. 8: *Syntexis libocedrii* ROHWER ♀ (Anaxyelidae) nat. Gr. 5–13 mm (aus ***Rohwer***, 1915).

Die Antennen sind borstenförmig 13–25-gliedrig, die Maxillen- und Labialpalpen 4–5(7)- bzw. 3(4)-gliedrig (***Maa***, 1949; ***Smith***, 1988). Das Abdomen ist basal beiderseits gekielt, das letzte Tergit nicht in eine Spitze ausgezogen; Socii sind vorhanden. Im Vorderflügel fehlt die Subcosta, die Querader der Radialzelle fehlt manchmal (***Königsmann***, 1977; ***Smith***, 1988) (Abb. 6). Die Antennen der weißen Larven sind 3-gliedrig, das Labrum nicht auffallend asymmetrisch. Der Metathorax ist das längste Thorakalsegment der Larven. Die Verpuppung erfolgt ohne Kokon. Die Larven leben in absterbenden Zweigen oder Stämmen von Laubhölzern. Die Familie umfaßt weltweit (ohne Afrika) ca. 100 Arten. Die Derecyrtinae sind neotropisch und australisch, die Xiphydriinae holarktisch und australisch (***Klima***, 1938; ***Benson***, 1951, 1954; ***Smith***, 1978, 1988). Fossile Vertreter sind nicht bekannt (***Smith***, 1978).

Siricidae: Die weiblichen Imagines dieser Familie erreichen inkl. Ovipositor Körperlängen von 14–über 45 mm. Der hinten abgeflachte Kopf sitzt mit einem kurzen Nacken dem Thorax auf. Die Antennen weisen 5–30 Glieder auf (***Königsmann***, 1977; ***Smith***, 1988). Der Labiomaxillarkomplex ist stark reduziert und behaart (***Tavčar***, 1986), die Maxillartaster sind 1-gliedrig, die Labialtaster 2–3-gliedrig. Die Tegulae sind auffallend klein und verborgen. Das zylindrische Abdomen ist basal seitlich nicht gekielt. Das letzte Abdominaltergit des ♀ und das letzte Sternit des ♂ sind zu einem Cornus ausgezogen. Socii fehlen z. T. oder sind stark reduziert. Die Stachelrinnenhälften (2. Valvulae) sind median verschmolzen! (***Königsmann***, 1977) (Abb. 7). Verpuppung ohne Kokon.

Die Antennen der weißen Larven sind 1-gliedrig, das Labrum ist asymmetrisch. Der Prothorax ist das größte Brustsegment (***Königsmann***, 1977). Die Larven der Siricinae leben im Holz von Koniferen z. T. xylomycetophag, die der Tremecinae in solchem von Angiospermen (***Smith***, 1988). Die ca 90 rezenten Arten sind in allen tiergeographischen Regionen beheimatet (Ausnahme Australien, wohin sie aber importiert wurden (***Guiglia***, 1937; ***Hedicke***, 1938; ***Benson***, 1943; ***Königsmann*** 1977; ***Smith***, 1988).

Anaxyelidae (= Syntexidae): ***Rasnitsyn*** (1969) hat die fossil bekannte Familie der Anaxyelidae mit den rezenten Syntexidae, bestehend nur aus 1 Art, synonymisiert (Abb. 8). Es stimmen nicht nur die Merkmale des Habitus, sondern auch Grundzüge des Geäders überein, sogar in dem synapomorphen Merkmal des Fehlens der Querader 2r-m im Vorderflügel. Bemerkenswert sind bei den rezenten *Syntexis libocedrii* die eigenartige Ausbildung der Alaglossa, die Maxillar- und Labialtaster bestehen aus 6 bzw. 3 Gliedern (***Königsmann***, 1977). Die Endglieder der Labialpalpen tragen je ein Grubensinnesorgan (***Tavčar***, 1989). Die borstenförmigen Antennen bestehen aus 16 Gliedern. Das Pronotum ist trapezförmig. Im Hinterflügel fehlen die beiden Zellen Rs und M. Die Abdomenspitze weist deutliche Socii auf. Die Larven tragen 3-gliedrige Antennen, das Labrum ist asymmetrisch. Die Larven der rezenten Art leben endophag im Holz verschiedener Koniferen (*Libocedrus*, *Juniperus*, *Thuja*) und sind auf 3 Staaten im Westen der USA beschränkt (***Middlekauff***, 1974; ***Smith***, 1978).

Überfamilie Orussoidea:

Dieses Taxon enthält nur eine einzige rezente Familie, die Orussidae. Einige Autoren (z.B. ***Riek***, 1970; ***Königsmann***, 1977) haben diese Familie zu den Siricoidea gestellt wegen struktureller Ähnlichkeiten am Caput und Thorax, andere (***Rohwer and Cushman***, 1917) haben die Orussidae auf Grund ihrer Unterschiede im Bau des Ovipositors, des Flügelgeäders und der Larven zu einer eigenen Unterordnung der Hymenoptera erhoben.

Die Imagines sind von 9–15 mm Körperlänge, manche Arten sind bunt bis metallisch gefärbt (Abb. 9). Die Antennen sind heteronom gegliedert, die der ♂♂ sind 11(12)-gliedrig, die der ♀♀ 10-gliedrig, sie entspringen unterhalb des Clypeus. Kopf mit einer Hypostomalbrücke zwischen Oral- und Occipitalöffnung, die Mandibeln sind spatelförmig und zahnlos, die Maxillartaster bestehen aus 5, die Labialtaster aus 3 Gliedern. Das Pronotum ist median stark nach vorne gebogen. Dem ziemlich reduzierten Geäder fehlen im Vorderflügel die Queradern 2r-rs, 3r-m und 2m-cu, der Hinterflügel besitzt keine geschlossenen Mittelzellen. Der Ovipositor ist sehr lang, wobei ein Teil im Abdomenende aufgerollt sein kann. Die 3. Valvulae fehlen! Der männliche Kopulationsapparat ist orthandrisch (***Benson***, 1951; ***Königsmann***, 1977; ***Quinlan and Gauld***, 1981). Die Eier sind außergewöhnlich langgestreckt und erreichen z.B. bei *Orussus sayii* Westwood die Körperlänge des ♀ (***Cooper***, 1953).

Die apoden, weißen Larven tragen eine deutliche Kopfkapsel mit 1-gliedrigen Antennen, Stemmata fehlen, die Mandibeln sind 3-zähnig; ein Subanalfortsatz fehlt. Genaue Zuchtbeobachtungen, was

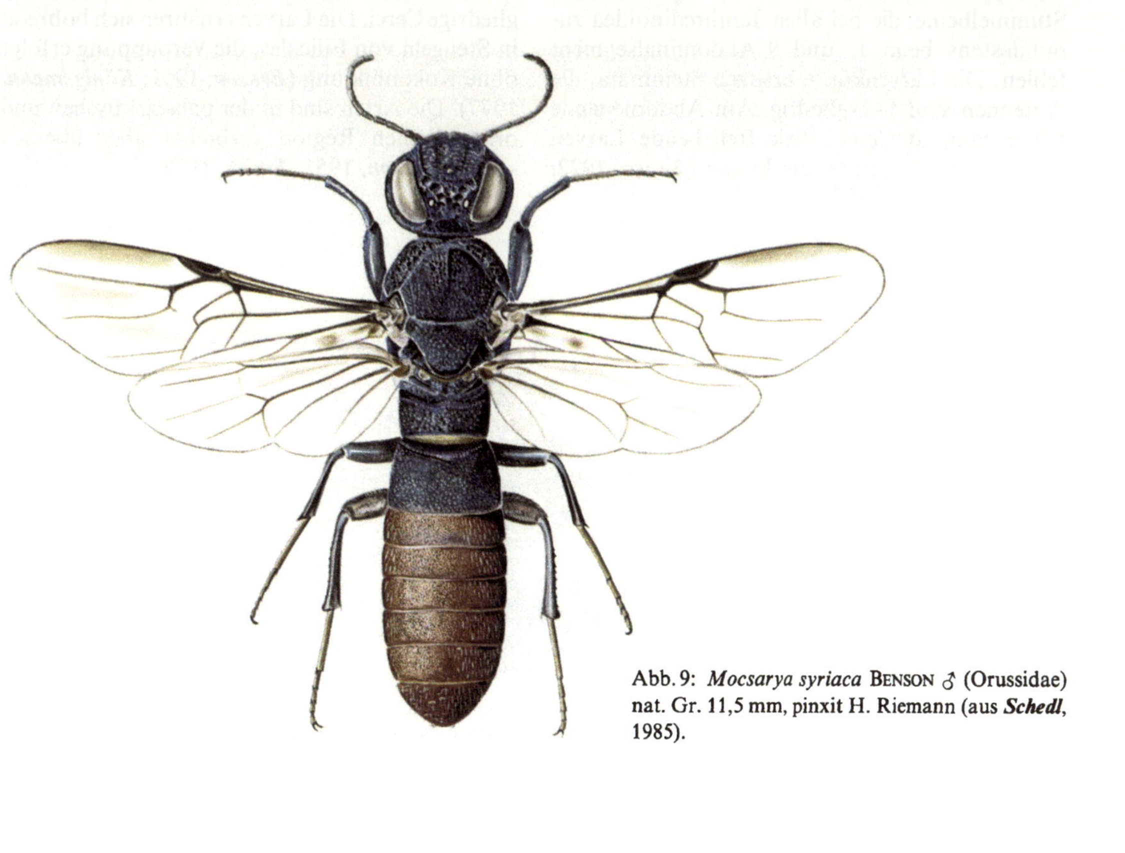

Abb. 9: *Mocsarya syriaca* Benson ♂ (Orussidae) nat. Gr. 11,5 mm, pinxit H. Riemann (aus ***Schedl***, 1985).

die Larven wirklich fressen, gibt es kaum (***Burke***, 1917; ***Rawling***, 1957). Tatsache ist, daß Imagines aus absterbendem Holz schlüpfen, das auch von holzbewohnenden Larven von Coleopteren (z. B. Buprestidae, Cerambycidae), Lepidopteren und Siricidae besetzt ist (***Bischoff***, 1923; ***Benson***, 1951; ***Hellriegl***, 1984; ***Smith***, 1988), was auf parasitische Lebensweise der Orussidae-Larven hinweist. Es gibt aber auch Autoren, die meinen, daß die Larven sich nur von pilzdurchsetztem Fraßmehl von endophagen Holzbohrern ernähren (z. B. ***Riek***, 1970).

Die ca. 70 Arten von rezenten Orussidae sind weltweit verbreitet, besonders in tropischen Regionen (***Guiglia***, 1965, 1973; ***Königsmann***, 1977; ***Middlekauff***, 1983; ***Smith***, 1988).

Überfamilie Tenthredinoidea:

Das wichtigste Merkmal dieser Überfamilie ist die Strophandrie der äußeren männlichen Genitalorgane, sodaß dieses Taxon auch Strophandria genannt wurde. Weiters ist das Pronotum in der Mitte hinten tief ausgeschnitten, sodaß es nur einen schmalen Kragen bildet, das Mesosternum ist von trapezförmiger Gestalt (***Ross***, 1937). Die offene Kopfkapsel, bei der Oral- und Occipitalöffnungen in einander übergehen, gilt als plesiomorphes Merkmal. Das Endglied der Labialtaster ist ohne Sinnesgrube (***Königsmann***, 1977; ***Tavčar***, 1989). Im Vorderflügel fehlt die Subcosta, ein apomorphes Merkmal.

Die Larven tragen im Grundbauplan abdominale Stummelbeine, die bei allen Tenthredinoidea zumindestens beim 1. und 9. Abdominalsegment fehlen. Die Larvenköpfe besitzen Stemmata, die Antennen sind 1–5-gliedrig. Am Abdomenende fehlen zumeist Cerci. Viele freilebende Larven spinnen einen Verpuppungskokon (***Yuasa***, 1922; ***Lorenz u. Kraus***, 1957).

Diprionidae: Kleine, 5–11 mm große Blattwespen. Sehr ursprünglich ist die relativ hohe und innerhalb der Familie schwankende Zahl von 14–32 Antennengliedern. Die Form der Glieder jedoch ist, bei den ♀♀ gesägt und bei den ♂♂ gefiedert, sicher als synapomorph zu bezeichnen (Buschhornblattwespen) (***Königsmann***, 1977). Die Hintercoxen berühren einander ±. Das Fehlen der Querader in der Radialzelle (2r-rs) ist zwar nicht auf die Diprionidae beschränkt, man findet es auch bei einigen Tenthredinidae. Die Analzelle der Hinterflügel ist geschlossen (Abb. 10). Die polypoden Larven tragen am Kopf 3-gliedrige Antennen, an den Abdominalsegmenten 2–8 und 10 sind Stummelbeine entwickelt (***Lorenz u. Kraus***, 1957). Ernährungsmäßig sind die Larven als Nadelfresser an Koniferen (Cupressaceae, Pinaceae) gebunden. Die Familie besteht aus ca. 90 rezenten Arten, sie bewohnen die Holarktis und kommen auch in Zentralamerika vor (***Benson***, 1951; ***Quinlan and Gould***, 1981; ***Smith***, 1988).

Blasticotomidae: Diese Familie ist rezent ein artenarmes Taxon mit 8 Arten inkl. Unterarten. Die Maxillar- und Labialtaster der Adulten bestehen aus je 4 Gliedern, die Antennen sind 4(3)-gliedrig. Das Scutellum weist kein Posttergit auf (Abb. 11). Über die Lage des männlichen Kopulationsorganes ob orthandrisch oder strophandrisch geben die Autoren gegensätzliche Angaben. Die Larven besitzen 6-gliedrige Thorakalbeine, Abdominalbeine fehlen, am 8. und 9. Abdominalsegment erkennt man je ein Paar ungegliederte Fortsätze, am Ende befindet sich ein Paar 2-gliedrige Cerci. Die Larven ernähren sich bohrend in Stengeln von Filicales, die Verpuppung erfolgt ohne Kokonbildung (***Benson***, 1951; ***Königsmann***, 1977). Die Arten sind in der palaearktischen und orientalischen Region verbreitet aber überaus selten (***Benson***, 1951; ***Smith***, 1978).

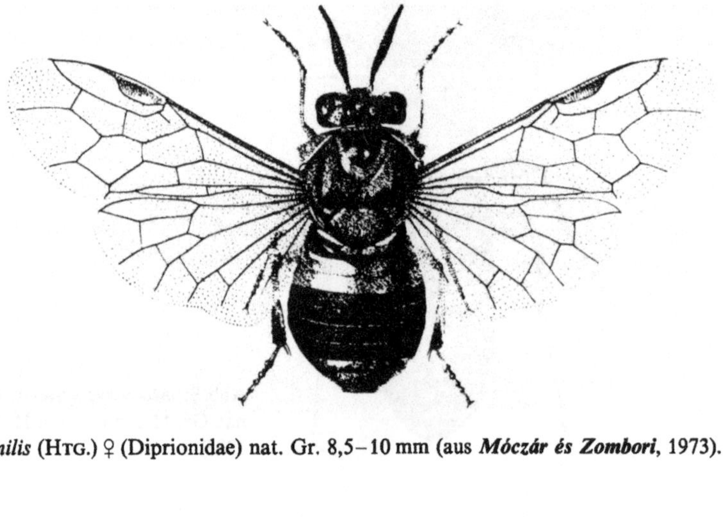

Abb. 10: *Diprion similis* (HTG.) ♀ (Diprionidae) nat. Gr. 8,5–10 mm (aus ***Móczár és Zombori***, 1973).

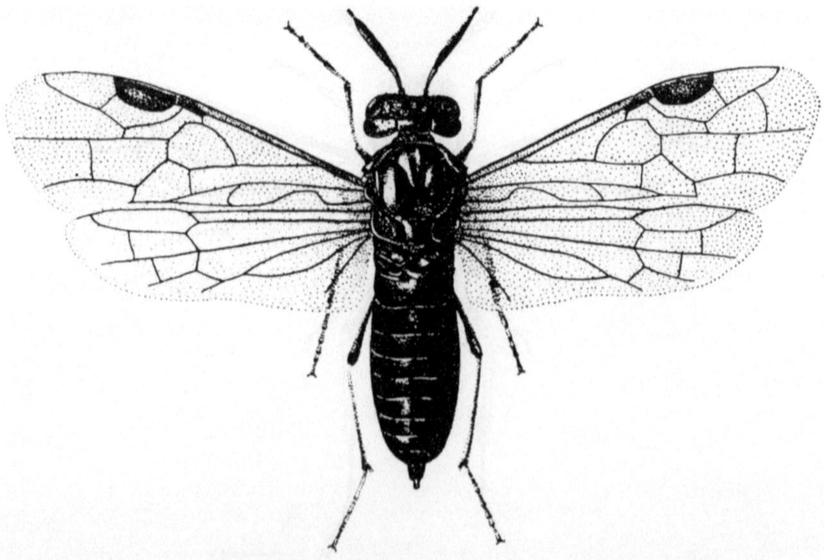

Abb. 11: *Blasticotoma filiceti* KLUG ♀ (Blasticotomidae) nat. Gr. 8 mm (aus ***Móczár és Zombori***, 1973).

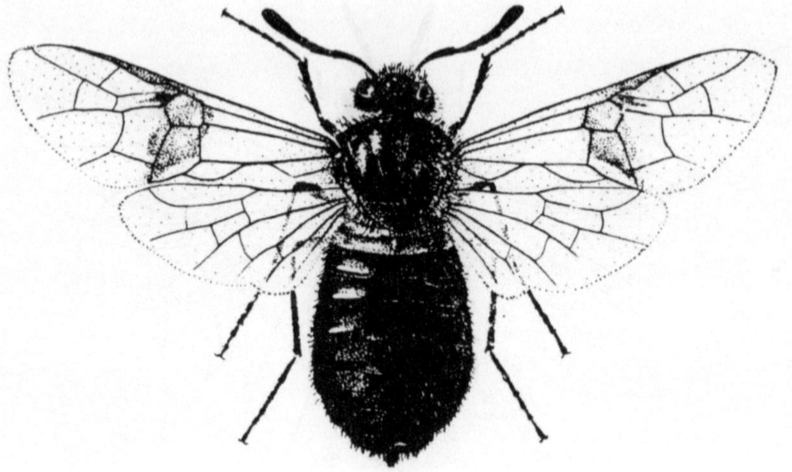

Abb. 12: *Zaraea fasciata* (L.) ♀ (Cimbicidae) nat. Gr. 9–11 mm (aus ***Móczár és Zombori***, 1973).

Cimbicidae: Es handelt sich bei den Imagines um 9–28 mm lange, kräftig gebaute Blattwespen (***Quinlan and Gould***, 1981). Die ventrale Kopfkapselöffnung ist bei manchen Vertretern dieser Familie durch eine Brücke sekundär getrennt, z. B. bei den Pachylostictinae. Typisch sind die keulenförmigen, maximal 8-gliedrigen Antennen, ein apomorphes Merkmal. Das Mesoscutellum besitzt kein Posttergit. Die Radialzelle des Vorderflügels ist durch eine Querader unterteilt, was ursprünglich zu sein scheint. Das 1. Abdominaltergit ist oft breit, z. T. halbkreisförmig ausgeschnitten (***Benson***, 1951; ***Königsmann***, 1977). Das Abdomen der Adulten ist seitlich gekielt (Abb. 12). Die Larven der Keulenhornblattwespen besitzen außer den Thorakal- noch 8 Abdominalbeine, dazu existieren am Abdomen 7 Paar supraspirakuläre Wehrdrüsen. Die Antennen sind 1–2-gliedrig (***Benson***, 1938; ***Königsmann***, 1977). Die Larven leben als Blattfresser an laubabwerfenden Angiospermen (Rosaceae, Betulaceae, Salicaceae, Caprifoliaceae). Bei vielen Arten wird der kräftige Kokon gleich an die Wirtspflanzen angesponnen. Die Familie umfaßt weltweit ca. 130 Arten, verbreitet in der nördlichen temperierten Region, im tropischen Asien und Südamerika (***Benson***, 1951, ***Quinlan and Gould***, 1981).

Tenthredinidae: Es ist keinem Autor gelungen, für die Imagines dieser Familie sichere Synapomorphien festzulegen. Ein Autor bezeichnet die Tenthredinidae (= Blattwespen i. e. S.) als die am

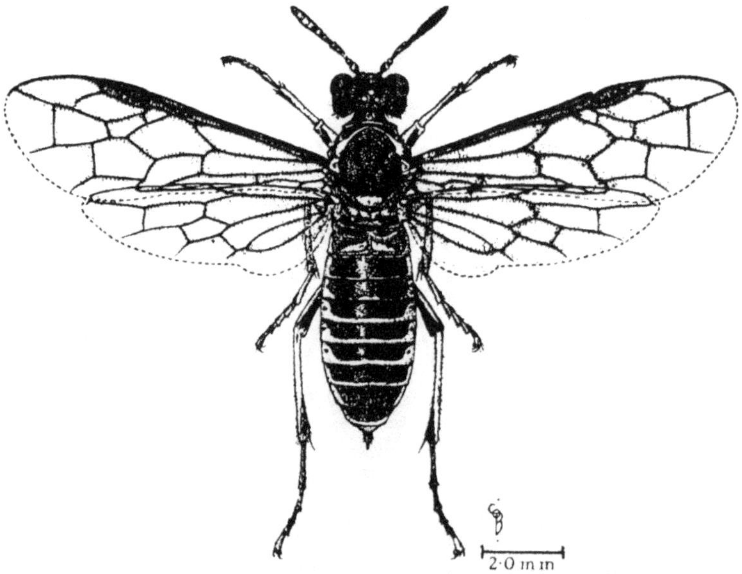

Abb. 13: *Tenthredo arcuata* FORSTER ♀ nat. Gr. 8–11 mm (Tenthredinidae) (aus ***Richards***, 1956).

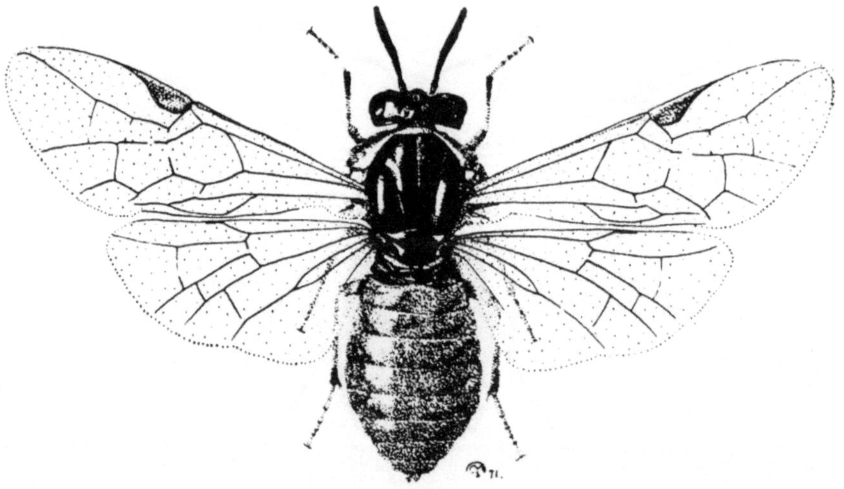

Abb. 14: *Aprosthema smyrnensis* MOCS. ♀ (Argidae) nat. Gr. 6 mm (aus ***Móczár és Zombori***, 1973).

wenigsten modifizierte Familie der Überfamilie (***Ross***, 1937). Die Antennen sind sehr häufig 9-gliedrig, selten 7- oder 10–15(23)-gliedrig. Im Vorderflügel fehlt die Subcosta, die Radialzelle besitzt bei vielen Arten eine Querader (2r-rs), im Hinterflügel sind meist 2 Mittelzellen vorhanden, wenn nur eine Mittelzelle reduziert ist, dann ist das stets rs (Unterschied zu den Pergidae) (***Königsmann***, 1977). Die Analzelle der Hinterflügel ist geschlossen (***Benson***, 1938) (Abb. 13). Die Larven besitzen zumeist 3–5-gliedrige Antennen und 8 Abdominalbeinpaare, die bei minierenden Formen reduziert sein können (***Lorenz u. Kraus***, 1957). Hierher gehören auch die in Gallen sich entwickelnden Formen. Als Futterpflanzen der Larven kommen sowohl Pteridophyta, Coniferae als auch angiosperme Kräuter und Bäume in Frage. Die Monophylie der Tenthredinidae ist zweifelhaft. Sie stellen die artenreichste rezente Symphyten-Familie mit weltweit ca. 9000 Arten dar, allein das Genus *Tenthredo* besteht aus über 700 Arten (***Smith***, 1979 b). Sie dominieren in ihrem Vorkommen in allen von Symphyten besetzten Regionen außer Australien (nur 1 Spezies) und Neuseeland (***Königsmann***, 1977).

Argidae: Der Kopf der Adulten weist ventral keine vollständige Hypostomalbrücke auf, die Zahl der Maxillar- und Labialtasterglieder kann reduziert sein. Als synapomorph werden die 3-gliedrigen Antennen aufgefaßt, wobei das sehr lange 3. Glied durch Verschmelzung aller Flagellenglieder entstanden ist. Beim ♀ sind die Antennen leicht gekeult, bei manchen ♂♂ sekundär längsgespalten und immer mit langen Haarsensillen versehen. Die Radialzelle der Vorderflügel ist ohne Quernerv 2r-rs, was abgeleitet erscheint (Abb. 14). Bei den Larven sind die Antennen nur 1-gliedrig, Abdominalbeine treten auf den Segmenten 2-5, 2-6, 2-7, 2-8 und 10 auf (***Königsmann***, 1977). Die Larven leben an Blättern verholzter Angiospermen (***Benson***, 1951), zwei Arten sogar als Blattminierer (***Riek***, 1955). Die ca. 800 bekannten Arten findet man weltweit, außer Madagaskar und Neuseeland (***Königsmann***, 1977; ***Smith***, 1979a).

Pergidae: Es handelt sich bei diesem Taxon um eine ungenügend erforschte Sammelgruppe von 14 Unterfamilien (***Benson***, 1938), die zeitweise als eigene Familien betrachtet wurden wie Loboceridae, Pterygophoridae, Perreyidae u. a. (siehe ***Kuznetzov***, 1927). Die Monophylie dieser Familie konnte bis jetzt am wenigsten überzeugend dargestellt werden (***Königsmann***, 1977). In vielen Merkmalen wie Cenchri, Form des Scutellums, des ventralen Kopfverschlusses und der Antennen sind die Imagines der Pergidae sehr variabel. Die Zahl der Maxillar- und Labialtasterglieder kann reduziert sein, die Antennengliederzahl schwankt zwischen 6 und 25, die Flagellen können keulenförmig, kurz und fadenförmig, gesägt, gekämmt und gefiedert sein (***Königsmann***, 1977). Dem Mesoscutellum fehlt ein Posttergit, im Vorderflügel fehlt allen Familienvertretern der Quernerv in der Radialzelle (2r-rs). Alle Pergidae besitzen im Hinterflügel die Mittelzelle Rs, während M infolge der Reduktion der Querader m-cu fehlt, im Hinterflügel fehlt außerdem die Analzelle (***Königsmann***, 1977) (Abb. 15).

Bei den Larven sind Abdominalbeine teils vorhanden, teils – trotz freier Lebensweise – nicht vorhanden. Sie leben an Blättern von Holzgewächsen (in Australien besonders an *Eucalyptus* spp. und anderen Myrtaceae), eine Art sogar als Blattminierer (***Riek***, 1955). Weltweit kennt man ca. 325 Arten. Sie sind die dominierenden Blattwespen i. w. S. Australiens, auch in der neotropischen Region sind sie ziemlich artenreich, einige Arten erreichen die nearktische Region, wenige sind auf Celebes und Neu-Guinea bekannt (***Benson***, 1938a, ***Smith***, 1978, 1980).

Überfamilie Cephoidea:

Diese enthält nur eine rezente Familie, die Cephidae (Halmwespen). Die Kopfkapsel der Imagines ist maxapontal, enthält ventral also eine sklerotisierte Brücke, die morphologisch anders gestaltet ist als bei den Siricoidea. Die Antennen sind homonom vielgliedrig mit 15–36 Gliedern, manchmal schwach gekeult. Die Maxillar- und Labialpalpen bestehen aus 6(4) bzw. 4 Gliedern. Das Endglied der Labialpalpen trägt eine Sinnesgrube (***Königsmann***, 1977; ***Tavčar***, 1989). Cenchri fehlen! Das 1. Abdominaltergit ist geteilt mit deutlicher medianer, häutiger Blöße. Der männliche Kopulationsapparat ist orthandrisch! Der distal vortretende Ovipositor ist sicherlich plesiomorph. Am Vorderflügel ist das Pterostigma wenig deutlich, Costa, Subcosta + Radius sind sehr dicht aneinandergerückt. Charakteristisch ist die Form der Zelle 2 R_1, die schmal und hoch ist (***Königsmann***, 1977). Die Hinterflügel besitzen 2 geschlossene Mittelzellen (Rs + M), also sehr

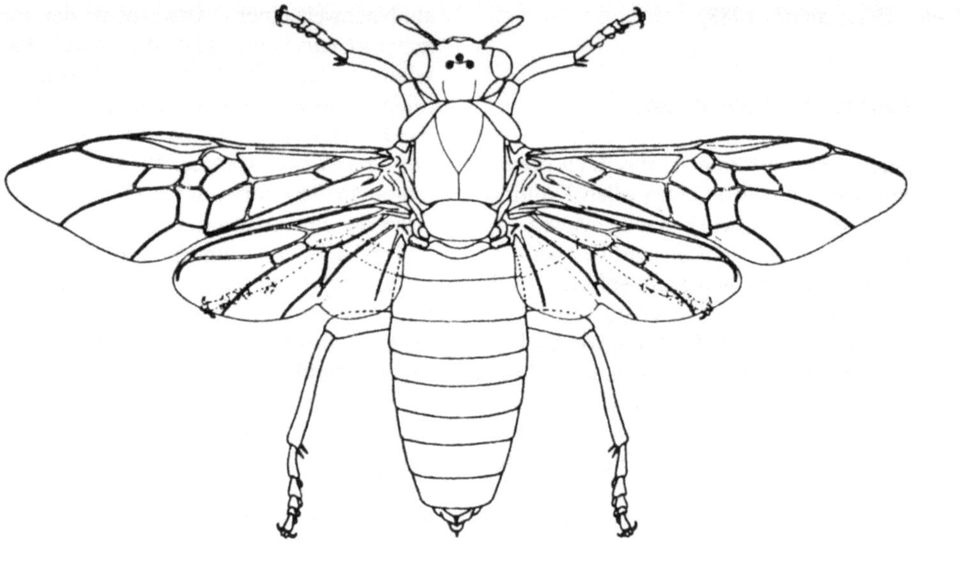

Abb. 15: *Perga affinis affinis* Kirby ♀ (Pergidae) nat. Gr. 15–17 mm (aus ***Carne***, 1962).

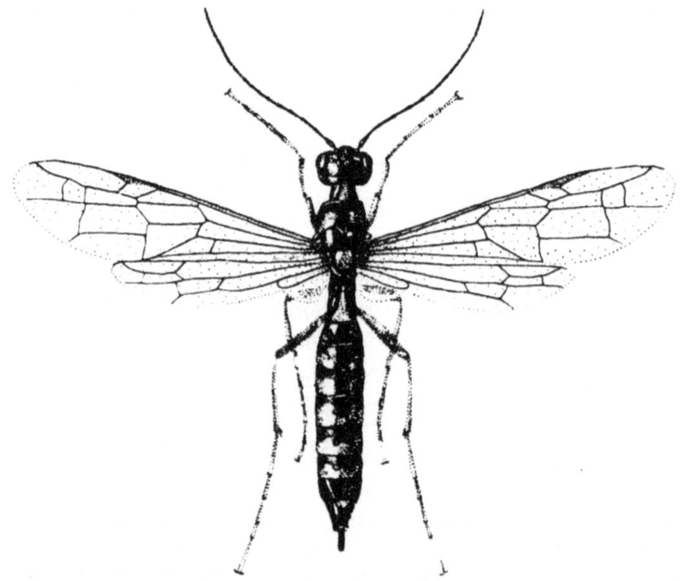

Abb. 16: *Cephus pulcher* TISCHB. ♀ (Cephidae) nat. Gr. 6–9 mm (aus ***Móczár és Zombori***, 1973).

ursprünglich (Abb. 16). Die Kopfkapsel der Larven trägt rudimentäre Stemmata und 3–5-gliedrige Antennen. Die Thorakalbeine sind ungegliedert, Abdominalbeine fehlen, Cerci sind bei den meisten Arten vorhanden, daneben ein Nachschieber mit einer sklerotisierten Spitze. Die Larven bohren in Stengeln von Poaceae, Gramineae sowie in krautigen und verholzten Angiospermen, besonders Rocaceae und Salicaceae (***Benson***, 1951; ***Smith***, 1988). Die Monophylie der Cephidae kann als gesichert betrachtet werden (***Königsmann***, 1977). Die ca. 100 Arten sind auf die Holarktis konzentriert, 2 Arten von Madagaskar und eine aus Mexiko (***Klima***, 1937; ***Benson***, 1951; ***Muche***, 1981; ***Smith***, 1988).

Geographische Verbreitung

Horizontale und vertikale Verbreitungsgrenzen: Pflanzenwespen sind rezent von allen Kontinenten (außer der Antarktis) nachgewiesen. Am arten- und individuenreichsten sind sie aber in der temperierten Zone der Nordhemisphaere. In den Tropen sind sie auffällig seltener und auch ungenügend erforscht, meist in der Nähe von Biotopen von hoher relativer Luftfeuchtigkeit (***Malaise***, 1945). In den ariden Zonen der Erde kommen Symphyten nur lokal und in Randbereichen vor (***Malaise***, 1945; ***Schedl***, 1983). Die Verbreitung von Symphyten auf der Erde muß im Zusammenhang mit der Ökologie dieser Insektengruppe gesehen werden. Die ± starke Bindung der Symphyten an ihre spezielle Pflanzennahrung (Ausnahme Orussidae) bringt ihre Verbreitung und Ökologie in enge Beziehung zu der ihrer Wirtspflanzen (***Benson***, 1950). Dennoch wird von verschiedenen Autoren klargestellt, daß die Verbreitung der potentiellen Wirtspflanzen eine viel weiträumigere ist als die der an sie gebundenen phytophagen Insekten, speziell der Symphyten.

Am weitesten nach Norden reichen die Areale von Arten der Unterfamilie Nematinae innerhalb der Tenthredinidae. So existieren Fundnachweise aus Süd-Grönland (***Henricksen***, 1939), Island (***Petersen***, 1956), Spitzbergen (***Thor***, 1930) und dem arktischen Sibirien (***Konow***, 1907). Der nördlichste Nachweis einer Blattwespe ist der von *Pachynematus parvilabris* (THOMSON) auf Ward Hunt Island in Kanada (83°05′ N) (***Smith***, 1979). Im Süden erreichen einige Arten in Südamerika noch das Feuerland (ca. 52° S), z. B. *Pseudomonophadnus antarcticus* (***Malaise***, 1944). Qualitativ dominieren in der horizontalen Verbreitung auf der Erde die Tenthredinidae mit ca. 9000 Arten, sie fehlen Neuseeland und nahezu Australien. Paläarktisch-orientalisch verbreitet sind die artenarmen Blasticotomidae, holarktisch die Pamphiliidae, paläarktisch die Megalodontidae, holarktisch-orientalisch und neotropisch die Cimbicidae, in allen Regionen – ohne der australischen – die Siricidae, holarktisch und australisch die Xiphydriidae, holarktisch-orientalisch die Xyelidae und nearktisch die nur aus *Syntexis libocedrii* bestehenden rezenten Anaxyelidae. Die Pergidae erreichen in Australien ihre größte Artenvielfalt (sonst noch in der Neotropis und im australischorientalischen Zwischengebiet, derzeit noch nicht in Süd-Afrika nachgewiesen) und sind vielleicht ein Gondwana Faunenelement? Die Cephidae sind holarktisch verbreitet, zwei Arten sind auch von Madagaskar bekannt. Weltweit, besonders aber in tropischen Gebieten, leben die Orussidae.

So sehr Symphyten am Festland der Kontinente ± zahlreich vertreten sind, so bescheiden bis fehlend ist ihr Vorkommen auf ozeanischen Inseln wie z. B. Hawai (nur 2 von USA importierte Tenthredinidae), Seychellen, Samoa, Mikronesien und Galapagos (***Benson***, 1950; ***Gressit***, 1954). Sie sind auch nur spärlich vertreten u. a. mit endemischen Arten auf Neuseeland, Madagaskar, Madeira (***Benson***, 1950) und Kanaren (***Schedl***, 1979). Relativ gut untersucht sind einige mediterrane Inseln bezüglich ihrer Symphyten-Fauna (***Schedl***, 1981, 1985, 1987; ***Schedl u. Kraus***, 1988) sowie Taiwan (viele Autoren) und die Philippinen (***Baltazar***, 1966). Auf die Gründe für die schlechte Besiedelungsfähigkeit von Inseln durch Symphyten wird vom Verf. später eingegangen. Viele Pflanzenwespen wurden in den letzten 100 Jahren durch den Menschen von einem Kontinent zu anderen importiert so z. B. Siricidae (z. B. *Sirex noctilio* von Europa nach Australien), Cephidae (z. B. *Cephus pygmaeus* und *Trachelus tabidus* von Mitteleuropa nach Britannien und Nordamerika), Tenthredinidae (z. B. *Hoplocampa testudinea* von Europa nach USA, *Nematus tibialis* mit seiner Wirtspflanze *Robinia pseudaccacia* nach Europa), und Diprionidae (z. B. *Gilpinia hercyniae* von Europa nach Nordamerika) (***Bischoff***, 1923, ***Benson***, 1950).

Zu der vertikalen Verbreitung von Symphyten kann weltweit vom Verf. nicht viel mitgeteilt werden, weil die oberhalb der Waldgrenze gelegenen Regionen diesbezüglich ungenügend untersucht sind (Tab. 1). Die Tiefländer und kollinen Stufen des Arboreals der Kontinente sind ± gut besiedelt, das Eremial ist ± symphytenfrei, das Oreotundral weist regional, besonders in der nördlichen Hemisphaere, noch bescheidene Artengarnituren von Symphyten auf. Die Höhengrenzen, unterhalb deren Pflanzenwespen noch Populationen aufbauen können, sind abhängig von der geographischen Breite und besonderen Klimafaktoren wie z. B. dem Einfluß des Golfstromes.

Verteilung der Symphyten in den zoogeographischen Regionen: Die Biogeographie der Pflanzenwespen der Erde ist engst verbunden mit der Ökologie, Paläontologie und Phylogenese dieser Insektengruppe. Eine den Erdball umfassende Betrachtung der Areale der Symphyten gibt es nicht, obwohl viele Vertreter dieser Unterordnung von angewandt-zoologischer Bedeutung sind. Einen deutlichen Schwerpunkt der Artenzahl mit Vertretern fast aller Pflanzenwespen-Familien erkennt Verf. in der holarktischen Region, in die etwa 2/3 der Arten ihre Areale eingebunden haben (z. B. ***Malaise***, 1945; ***Smith***, 1979a). Die subtropischen und tropischen Zonen der Erde, besonders die Savannen und tropischen Regenwälder sind diesbezüglich nur exemplarisch untersucht, was mit den methodischen Schwierigkeiten des Fanges, der Kurzlebigkeit der Imagines und dem bisherigen Desinteresse an der wissenschaftlichen Erforschung dieser Hymenopteren-Gruppe in den Tropen zusammenhängt. Eine vielfältige Fauna mit Vertretern aus 9 Familien, wenn auch nicht überaus artenreich, scheint in der neotropischen Region zu existieren (z. B. ***Forsius***, 1925; ***Malaise***, 1949; ***Smith***, 1989d, 1973a, b, 1988). Die afrikanische Subregion im Sinne von ***Lattin*** (1967) weist eine arme Symphyten-Fauna auf mit ca. 200 Arten, wobei 3 Genera mit Arten auch im tropischen Südamerika nachgewiesen wurden (***Malaise***, 1945). Das schwarze Afrika zeigt allein mehr als 100 Arten an Argidae (***Pasteels***, 1953). Folgende Autoren haben Beiträge zum Verständnis der Symphyten-Fauna Schwarz- und Südafrikas geliefert (z. B. ***Enslin***, 1913, 1914a, b; ***Forsius***, 1927, 1930; ***Chevin***, 1985; ***Scholz u. Holm***, 1985). Merkwürdigerweise fehlen die Cimbicidae und Pergidae. Von der madegassischen Subregion sind

Tab. 1: Hohe Fundnachweise von Symphyten auf der Erde, durch Luftströmungen verdriftete Exemplare nicht berücksichtigt (Original).

Pristiphora breadalbanensis (Cameron)	2830 m, Ötztaler Alpen	Europäische Alpen (Schedl, 1967)
Hemichroa major Rohwer	3900 m, Khumbu Khumdzung, Nepal	Himalaya (Zombori, 1985)
Hypsathalia przevalskiji (Jakovlev)	4200 m (4500 m) Montes Burchan-Budda, Tibet	Himalaya (Benson, 1962)
Athalia schweinfurthi atripennis (Benson)	3200–3960 m, Mt. Elgon	Zentralafrikanisches Gebirge (Benson, 1962)
Dulophanes flavipes Enslin	3886 m, Mt. Ruwenzori	Zentralafrikanisches Gebirge (Salt, 1987)

nicht einmal ein halbes Dutzend Pflanzenwespen-Arten bekannt, allerdings sind alle Vertreter der Orussidae, Tenthredinidae und Cephidae Endemiten (***Paulian***, 1961). Die orientalische Region ist geprägt von einer Fülle von Symphyten-Arten fast aller rezenten Familien (***Malaise***, 1944b, 1945), besonders in den montanen Teilgebieten. Relativ gut untersucht sind die Philippinen und Taiwan (***Baltazar***, 1966; ***Shinohara***, 1983). Hingegen weist die australische Region eine artenarme Symphyten-Fauna ohne Cimbicidae auf (***Froggatt***, 1918; ***Morice***, 1919; ***Tillyard***, 1926; ***Benson***, 1934, 1938b; ***Riek***, 1970; ***Riek and Cardale***, 1974; ***Guiglia***, 1973; ***Smith***, 1979a, 1980a; ***Naumann***, 1983, 1984). Nachgewiesen sind wenige Xiphydriidae, Siricidae (nur importierte Arten), Orussidae, Argidae, Tenthredinidae, einige Pergidae. Arm ist auch die neuseeländische Subregion (***Tillyard***, 1926; ***Guiglia***, 1973), ohne Symphyten-Fauna ist Mikro- und Polynesien (***Gressit***, 1954). Von dem orientalisch-australischen Zwischengebiet (Wallacea) i. S. von ***Lattin*** (1967) ist bezüglich Symphyten-Leben sehr wenig bekannt. Evolutionszentren scheint es für viele Familien nach Auffassung des Verf. im südöstlichen Himalaya-Gebiet einerseits und im maritimen Ostsibirien andrerseits gegeben zu haben, für die Pergidae wohl an den ursprünglich zusammenhängenden Spitzen der Südkontinente. Wahrscheinlich gab es auch im tropischen Afrika, vielleicht auch im tropischen Südamerika ein Entwicklungszentrum?

Verbreitungstypen: Diese sind bei Pflanzenwespen sehr vielfältig und vor allem in der palaearktischen Region besser bekannt (***Kuznetzov***, 1927), in den Subtropen und Tropen ist die Kenntnis der Areale von Arten und Genera sehr lückenhaft. Leichter sind Verbreitungstypen im Familien- oder Gattungsniveau anzugeben. Es werden hier nur die wichtigsten Verbreitungstypen genannt:

Kosmopolitische Verbreitung. Diese findet man im Familien-Niveau bei Siricidae, Xiphydriidae, Orussidae und Argidae (***Smith***, 1979a, 1988).

Holarktische Verbreitung. Im Genus-Niveau tritt dieser Typ relativ häufig auf bei verschiedenen Familien, so z. B. bei *Aprosthema* (Argidae), *Cimbex* (Cimbicidae), *Monoctenus* (Diprionidae) und bei vielen Genera der Tenthredinidae, z. B. *Strongylogaster* und *Amauronematus* (***Smith***, 1979a). Im Art-Niveau wurden 134 Arten als holarktisch verbreitet bezeichnet (***Benson***, 1962b) z. B. *Xyela obscura* (Xyelidae); viele davon sind auch als circumpolar bzw. circumboreal bezeichnet worden, manche sind von einer unvollständig holarktischen Verbreitung (***Benson***, 1962b).

Palaearktische Verbreitung. Zu finden im Gattungsniveau z. B. bei *Diprion* und *Gilpinia* (Diprionidae), *Heterarthrus*, *Allantus* und *Rhogogaster* (Tenthredinidae) (***Benson***, 1950; ***Smith***, 1979a).

Arktisch-alpine Verbreitung. Zu diesem Typ werden mindestens 17 Arten von Tenthredinidae gerechnet, die einerseits im hohen Norden, andrerseits im Gebirge (meist über 2000 m) mittlerer Breite ebenfalls ± jenseits bzw. oberhalb der Baumgrenze vorkommen z. B. *Amauronematus abnormis* (Tenthredinidae) (***Benson***, 1950, 1961; ***Schedl***, 1976) (Abb. 17).

Eurosibirische Verbreitung. Diese zeigt Areale im Bereich der subalpinen und borealen Nadelwälder einschließlich der Vegetationsanteile in Heideflächen, Mooren und lockeren Birkenwäldern von Europa bis Kamtschatka und Japan z. B. *Cephalcia lariciphila* (Pamphiliidae) u. v. a. (***Benson***, 1950, 1961; ***Schedl***, 1976). Manche Arten davon wurden auch als boreo-montan bezeichnet.

Europäische Verbreitung. Sie ist beschränkt auf Arten mit Arealen mit Laubmischwäldern und deren Unterwuchsvegetation z. B. *Hoplocampoides xylostei* (Tenthredinidae) (***Benson***, 1950; ***Schedl***, 1976).

Mediterrane Verbreitung. Sie tritt in verschiedener Ausprägung im Bereich der Niederwälder, der Garigue und Kultursteppen des mediterranen Beckens auf z. B. bei *Corynis lateralis* (Cimbicidae) (***Benson***, 1968).

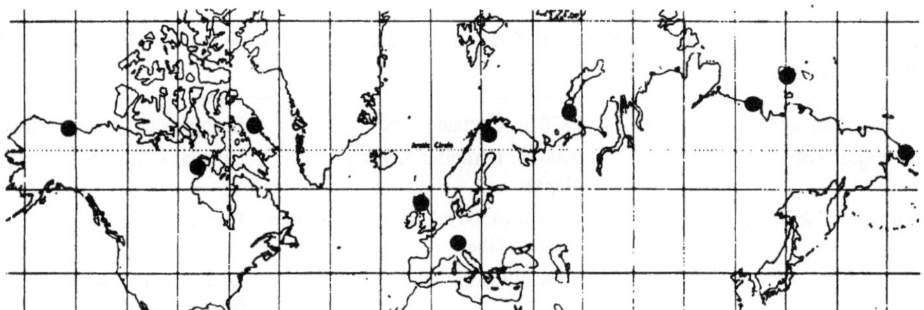

Abb. 17: Disjunkte Verbreitung von *Amauronematus abnormis* (Holmgren) (Tenthredinidae) als Beispiel für ein arktisch-alpines Faunenelement (vom Verf. verändert, aus ***Benson***, 1961).

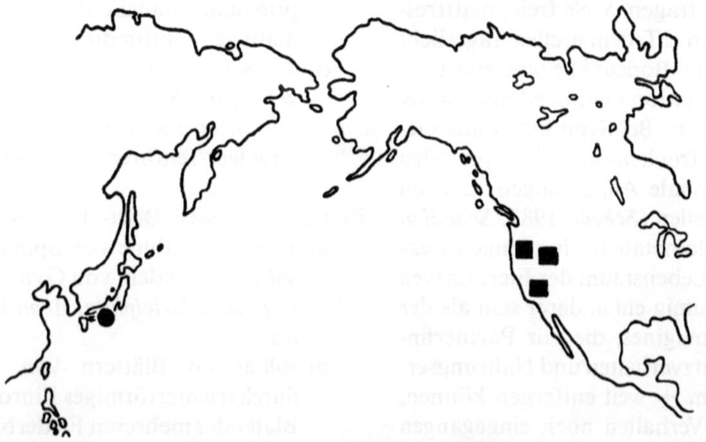

Abb. 18: Amphipazifische Verbreitung des Genus *Xyelecia* Ross (Xyelidae): ■ *Xyelecia nearctica* Ross ● *Xyelecia japonica* Togashi (aus ***Togashi***, 1972).

Benson (1950) beschreibt auch *mongolische*, *chinesische* und *tibetanische* Verbreitungstypen, die ihre Areale in asiatischen Teilgebieten aufweisen.

Nearktische Verbreitung. Sie tritt in verschiedenster Ausprägung im Genus-Niveau bei Tenthredinidae auf, so z. B. bei *Susana*, *Macremphytus* und *Pikonema* (***Smith***, 1979 a).

Zentralamerikanische Verbreitung, z. B. bei den Tenthredinidae-Genus *Erythraspides* (***Smith***, 1979 a).

Panamerikanische Verbreitung. Vorkommen sowohl in Nord-, Mittel- als auch Südamerika, z. B. bei den Argidae-Genera *Ptenus* und *Sphacophilus* und den Tenthredinidae *Stromboceridea* und *Waldheimia* (***Smith***, 1979 a).

Tropische Verbreitung. Sie scheint nach bisheriger Kenntnis eher selten aufzutreten, z. B. beim Genus *Atomacera* (Argidae).

Amphipazifische Verbreitung. Sie zeigt Teilareale im Westen Nordamerikas und im Osten Asiens und findet sich z. B. beim Genus *Xyelecia* (Xyelidae) (***Togashi***, 1972 a) und *Lagonis* (Tenthredinidae) (***Smith***, 1979 a) (Abb. 18).

Amphinotische Verbreitung. Wie bei anderen Tiergruppen gibt es diese Art der Teilareale einerseits in der Neotropis, andererseits in der Australis bei Pflanzenwespen z. B. im Familien-Niveau der Pergidae (***Königsmann***, 1977; ***Smith***, 1979 a).

Auch für das südlich der Sahara gelegene Afrika gibt es, soweit bekannt, eine Reihe von Verbreitungstypen z. B. im Artniveau bei Vertretern des Genus *Athalia* (Tenthredinidae) (***Benson***, 1956, 1962). Schließlich soll der *reliktäre Verbreitungstyp* erwähnt werden, wie er in reicher Fülle bei Arten auftritt, die z. B. an Pflanzen mit reliktären Arealen gebunden sind z. B. *Syntexis libocedrii* (Anaxyelidae) auf bestimmte Koniferen in Oregon und Californien (***Middlekauff***, 1974) oder *Prionomeion gaullei* (Diprionidae) an einer noch unbekannten Konifere in Algerien (***Chevin***, 1987).

Ökologie

Lebensraum

Die Pflanzenwespen sind fast durchwegs Bewohner vegetationsreicher, ausreichend Feuchtigkeit und bei zu starker Sonnenbestrahlung schattige Verstecke bietender Lebensräume. Man findet sie deshalb häufig auf feuchten Wiesen, an Hecken und Waldrändern sowie im Buschwerk, im Laub- und Nadeldach des Hochwaldes und im krautigen Unterwuchs der Waldlichtungen. Viele Arten verschiedenster Familien bevorzugen als Larven und Imagines die Nähe von Gewässern mit ± hoher relativer Luftfeuchtigkeit. Sie fehlen in Wüsten und Halbwüsten sowie in Höhlen. Typische Steppenbewohner finden sich am ehesten unter den Cephidae, Cimbicidae und innerhalb der Tenthredinidae bei den Athaliini und den Tenthredininae. Über die horizontale und vertikale Verbreitung der Symphyten wurde schon in einem vorhergehenden Kapitel berichtet. Eine typisch „nordische Gruppe“ stellt die Unterfamilie der Nematinae innerhalb der Tenthredinidae dar. Die Anforderung an die hohe Luftfeuchtigkeit gilt neben der Notwendigkeit meist pflanzlicher Nahrung vor allem für die Zeit der Larvenentwicklung und der Puppenruhe. Die Imagines vermögen kurzfristig beim Blütenbesuch, der Partnerfindung, Kopula oder Eiablage auch Sonnenbestrahlung zu ertragen. Viele freie, blattfressende Larven weichen z. T. dem grellen Tageslicht aus und fressen von der Bodennähe oder sonstiger Verstecke in der Vegetation kommend nachtaktiv an ihren Wirtspflanzen. Bei Symphyten aus Gebieten mit längeren Trocken- und Kälteperioden sind bestimmte saisonale Anpassungen, z. B. im Mediterran, festzustellen (***Schedl***, 1987; ***Schedl u. Kraus***, 1988). Als holometabole, flugfähige Insekten kann der engste Lebensraum der Eier, Larven und Puppen kleinräumig ein anderer sein als der der freifliegenden Imagines, die zur Partnerfindung Besonnung, Putzverhalten und Nahrungserwerb sich von diesem ± weit entfernen können, worauf im Kapitel Verhalten noch eingegangen wird. Im allgemeinen kann aber gesagt werden, daß der Lebensraum larvaler, puppaler und imaginaler Stadien nahe beisammen liegt. Die Altlarven verlassen die Kronen-, Strauch- bzw. Krautschicht und gehen i. d. R. im A-Horizont des Bodens in Erdhöhlen mit oder ohne Kokonbildung in ein Ruhestadium. Die Verpuppung erfolgt meist erst kurz vor dem Schlüpfen. Einige freie Larven verpuppen sich unter Kokonbildung an ihrer Wirtspflanze (z. B. einige Cimbicidae), andere suchen in der Borke von Bäumen einen Verpuppungsort auf (z. B. *Strongylogaster lineata*).

Über die Bedeutung von Symphyten in Biozönosen ist qualitativ und quantitativ kaum etwas bekannt. Auch über Symphyten-Zönosen existieren nur ganz wenige Untersuchungen z. B. von ***Simandl*** (1989).

Habitatbindung

Bei den artenreichen Taxa der Symphyta kann man nach der Art der Konsumation pflanzlicher Substanz (indirekt auch bei den parasitischen Orussidae) der langlebigen Larven eine Gliederung nach bevorzugten Strukturteilen der Wirtspflanzen vornehmen (***Benson***, 1950; ***Schedl***, 1976):

A) Larven fressen frei, d. h. ohne Zuhilfenahme von Spinnfäden, an Blättern in verschiedener Art und Weise:
   a) an vegatativen Sprossen von Equisetinae z. B. manche *Dolerus*-Arten (Tenthredinidae),
   b) an Megaphyllen von Filices z. B. viele Selandriinae (Tenthredinidae) mit der Besonderheit von *Rocalia longipennis* und *R. japonica*, deren Larven auf die Sori von *Dryopteris crassirhizoma* bzw. *Polystichum polyblepharum* spezialisiert sind (***Naito***, 1988),
   c) an Nadeln von Gymnospermae z. B. Diprionidae, manche Pamphiliidae, viele Nematinae (Tenthredinidae),
   d) an Blättern von Angiospermae; hierher gehört die Masse der Pflanzenwespen-Arten vieler Familien z. B. der Cimbicidae, Argidae, Tenthredinidae, Pergidae, wenige Xyelidae.

B) Larven fressen Blatt- bzw. Nadelsubstanzen unter Zuhilfenahme von Spinnfäden:
   a) solitär an Nadeln von Gymnospermae z. B. *Cephalcia lariciphila*, *Acantholyda pumilionis*,
   b) solitär an Blättern von Angiospermae durch trichterförmiges Einrollen von einem Blatt oder mehreren Fiederblättern z. B. bei vielen *Pamphilius* spp. oder durch gleichmäßiges Einrollen nur des Blattrandes z. B. *Phyllocolpa* spp. (Tenthredinidae),
   c) sozial in gemeinsamen Gespinsten z. B. *Neurotoma saltuum* (Pamphiliidae).

C) Larven ernähren sich von bestimmten Nährgeweben in Gallen (Hymenoptera-Cecidien) an Angiospermae (***Dittrich***, 1924; ***Ross***, 1932; ***Buhr***, 1964/65; ***Meyer***, 1987):
   a) in Knospengallen z. B. bei manchen *Euura* spp. (Tenthredinidae),
   b) in Sproßgallen z. B. bei *Hoplocampoides xylostei* (Tenthredinidae),
   c) in Blattstiel- bzw. Blattgallen z. B. bei einigen *Euura* spp., *Pontania* spp. (beides Tenthredinidae) (Abb. 19).
   Auf den Einfluß der Blattgallenbildung an *Salix fragilis* durch *Pontania proxima* verweist ***Slepyan*** (1962) bezüglich Photosynthese, Chlorophyll- und Carotinoidgehalt der Blätter. Auf die Bildung von Procecidien in der Form von gallenartig erweiterten Eitaschen an Blattstielen bei manchen Tenthredinidae soll hier nicht eingegangen werden.

D) Larven ernähren sich vom Mesophyll der Blätter von Gymnospermae und Angiospermae (Blattminierer), z. B. beim Tribus Fenusini und der Unterfamilie Heterarthrinae (beide Tenthredinidae) (***Hering***, 1957; ***Viramo***, 1969) oder bei *Phylacteophaga eucalypti* (Pergidae)

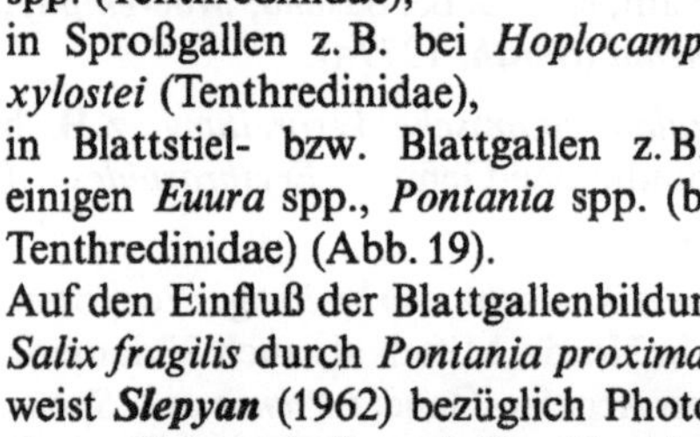

Abb. 19: Schnitt durch eine Blattgalle von *Pontania viminalis* L. an *Salix purpurea* L. mit A) Larve in Gallenhöhlung B) Gallenwand mit Nährgewebe (n) (aus ***Ross***, 1932).

(***Froggatt***, 1899), *Zenarge turneri, Trichorhachus australis* (Argidae) (***Riek***, 1955).

E) Larven ernähren sich von der Substanz von Stengeln (Stengelbohrer) z. B. in Farnstengeln bei *Blasticotoma filiceti* (Blasticotomidae), in Stengeln von *Juncus effusus* bei *Eutomostethus luteiventris*, in *Rosa* spp.-Stengeln bei *Ardis brunniventris* (***Lorenz u. Kraus***, 1957), manche *Pleroneura* spp. (Xyelidae) in *Abies* spp.-Trieben (***Smith et al.***, 1977) und alle Cephidae.

F) Larven ernähren sich von jungen Fruchtständen z. B. bei Rosaceae *Hoplocampa* spp. (Tenthredinidae) (***Lorenz u. Kraus***, 1957).

G) Larven ernähren sich von männlichen Blütenständen von Gymnospermae z. B. *Xyela obscura* (Xyelidae) an *Pinus cembra* (***Schedl***, 1976) oder Angiospermae z. B. *Amauronematus amentorum* FÖRSTER (Tenthredinidae) an *Salix* spp.

H) Larven ernähren sich von Holzsubstanz ohne bzw. unter Zuhilfenahme von symbiontischen Pilzen z. B. *Syntexis libocedrii* (Anaxyelidae) und alle Xiphydriidae und Siricidae.

I) Larven ernähren sich ectoparasitisch von xylophagen Larven von Buprestidae, Cerambycidae und (?) Siricidae (***Benson***, 1951; ***Guiglia***, 1973; ***Smith***, 1988).

J) Larven sind Streubewohner, an Rinden, fungivor (?) z. B. die apteren Pergidae *Cladomacra terricola* und *C. taoi* (***Naumann***, 1984; ***Shinohara***, 1986).

Abiotische Faktoren

Oft ist es schwierig, einem einzigen Faktor allein für autökologische oder demökologische Ereignisse bei Pflanzenwespen verantwortlich zu machen, weil es im Freiland zu einem komplizierten Zusammenspiel von Licht, Temperatur, Feuchte und sonstigen abiotischen und biotischen Faktoren kommt. Gut unter Laborbedingungen und im Freiland untersucht sind vor allem Schädlinge der Forstwirtschaft. Beim Faktor Licht wurde an der Diprionidae *Neodiprion banksianae* ROHWER bei den Larvenstadien nachgewiesen, daß diese polarisiertes Licht zur Orientierung verwenden (***Wellington et al.***, 1951). Die meisten Symphyta haben als Imagines große Komplexaugen, besonders Vertreter der Tenthredinidae; sie sehen potentielle Feinde offensichtlich früh, flüchten rasch oder lassen sich auf den Boden fallen, wo sie einige Minuten bewegungslos liegen bleiben (z. B. Argidae). Der optische Sinn spielt bei den meisten Familienvertretern bei der Partnerfindung und beim Blütenbesuch eine große Rolle.

Laborzuchten an der Kiefernbuschhornblattwespe *Diprion pini* bei Lang- und Kurztagsbedingungen ergaben, daß der Einfluß des Lichtes auf die Art und Dauer der Diapause von Bedeutung ist (***Eichhorn***, 1977). Die Photoperiode wirkt sich auf die Induktion der eonymphalen Diapause aus. *D. pini* kann ständig im Labor unter Langtagsbedingungen gezüchtet werden (17/7 h Photo-Skotophase). Bei 25 °C und ca. 80 % rel. Luftfeuchtigkeit dauert die Generationsentwicklung bei den ♂♂ im Mittel 41 Tage und bei den ♀♀ 45 Tage. Das photosensible Stadium, in dem Langtagbehandlung die Diapause verhindert, ist das letzte Freßstadium der Larven (ca. 2–13 Tage vor dem Einspinnen). Andere Faktoren, wie z. B. die Temperatur, spielen dabei ebenfalls eine Rolle (***Eichhorn***, 1977, 1982). Die für die Langzeitkoinzidenz erforderliche Photoperiode wird regional von Süden nach Norden länger. Ähnliche Ergebnisse wurden auch bei *Gilpinia hercyniae* erreicht (***Bombosch u. Ramakers***, 1976). Bei Symphyten mit einer genetisch festgelegten Generation pro Jahr oder solchen, die mehrere Jahre bis zum Schlüpfen der Imagines benötigen, z. B. Siricidae, ist der Einfluß des Lichtes im Zeitraum der Larvenstadien bedeutungslos. Der Lichtfaktor spielt in Kombination mit der Temperatur, rel. Luftfeuchtigkeit und Luftdruck auch eine Rolle beim Schlüpftermin vieler Symphyten, wie auch bei der Tagesaktivität der Imagines.

Der Faktor Temperatur beeinflußt die Entwicklungsdauer und -geschwindigkeit der Embryonalentwicklung im Ei wie auch die der Larven (***Gößwald***, 1935; ***Gobeil***, 1941; ***Thalenhorst***, 1953, 1955 a, 1973) (Abb. 20). Nach Laborbefunden (***Gößwald***, 1935) betrug bei *Diprion pini* die Zeit vom Schlüpfen bis zum Einspinnen bei einer konstanten Temperatur von 20 °C im Mittel 28 Tage, bei 16 °C insgesamt 34 Tage, bei 14 °C bereits 39 Tage und bei 10 °C im Durchschnitt 60 Tage. Dabei ist die Fraßzeit des letzten Larvenstadiums i. d. R. fast doppelt so lang wie jene der vorhergehenden Stadien, bei 20 °C z. B. 10 Tage im Vergleich zu je 4–5 Tagen für jedes der vorangegangenen Stadien. Bei der weitverbreiteten Fichtenblattwespe *Pristiphora abietina* beginnt das Ausschlüpfen der Imagines, wenn die Bodentemperatur in 5 cm Tiefe die Schwelle von 7–8 °C permanent überschritten hat. Als weitere Richtzahlen werden ein Tagesmittel der Lufttemperatur von mindestens 10–13 °C bzw. ein Tagesmaximum von 20 °C als Voraussetzung für den Schlüpfbeginn genannt (***Schedl***, 1953; ***Petersen***, 1960; ***Pschorn-Walcher***, 1982). Im Norden Europas fliegen die Imagines dieser Blattwespe demnach entsprechend später (***Petersen***, 1960). Bei Kälteeinbrüchen erfährt die Schlüpfkurve eine entsprechende Unterbrechung und Verzettelung. Das Umschwärmen der Fichtenkronen beginnt am Vormittag, wenn die Lufttemperatur 11–14 °C

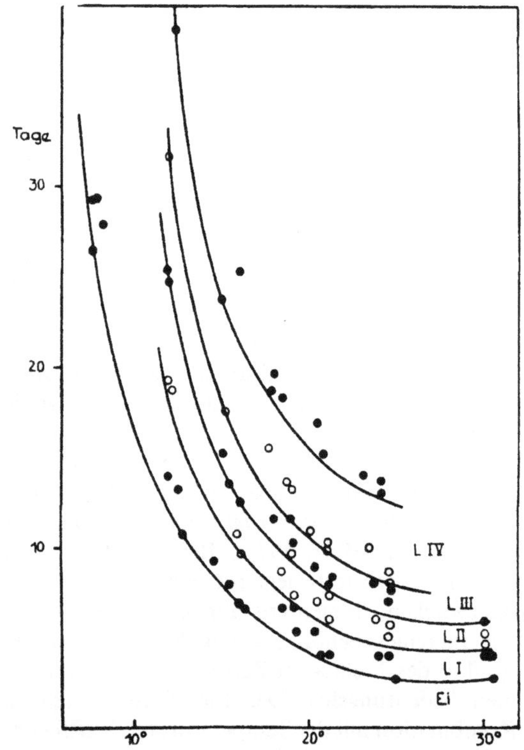

Abb. 20: Temperatur-Entwicklungs-Relation von *Pristiphora abietina* (CHRIST) (Tenthredinidae) von männlichen Eiern und Larven. Kreise: Einzelwerte (erstes Tier je Zucht), nach Stadien abwechselnd ausgefüllt und leer (aus ***Thalenhorst***, 1955 a).

erreicht hat und findet seinen Höhepunkt bei etwa 20 °C (***Petersen***, 1960).

Der Einfluß der Temperatur wirkt sich z. B. bei *Diprion pini* auch auf die Größe und das Gewicht der Larven und Puppen aus. Männchen-Larven, die vor dem Einspinnen bei 27 °C aufgezogen wurden, erreichten im Mittel ein Gewicht von 0,11 g, solche, die bei 12 °C gezüchtet wurden, erreichten 0,08 g (***Gößwald***, 1935). Ähnliche Ergebnisse wurden bei Larven von *Neodiprion banksianae* ROHWER und *N. lecontei* erzielt (***Green***, 1954). Auch auf den Einspinnungsort der Larven, wahrscheinlich im Zusammenspiel mit der Photoperiode, wirkt sich die Temperatur bei *D. pini* aus. Bei höheren Temperaturen spinnen sich die Larven signifikant häufig an *Pinus*-Nadeln und dünnen Zweigen an, bei niederen Temperaturen unter der Rinde oder im Boden (***Gößwald***, 1935; ***Eichhorn***, 1976). Temperaturen über 22 °C und hohe Lichtintensitäten scheinen die Begattungsbereitschaft z. B. von *Sirex noctilio* zu stimulieren (***Eichhorn***, 1982).

Erstaunlich hohe Temperaturen halten die vorletzten Larvenstadien von *Pristiphora abietina* nach Laboruntersuchungen aus; die Mortalität von 50 % der Versuchstiere wurde erreicht bei 37°, 39°, 40° und 41 °C entsprechend konditioniert in 55,0, 45,0, 20,5 bzw. 9,0 Minuten (***Heron***, 1967). Viele Symphyten müssen im Winter, weil sie ihre Winterlager nicht unter einer schützenden Schneedecke haben, enorme Minusgrade in Eibzw. Larvenstadien aushalten. Die Kältewiderstandsfähigkeit von an *Pinus*-Nadeln überwinternden Eiern von *Neodiprion sertifer* ist unter natürlichen Bedingungen in Norwegen untersucht worden, dabei wurde als niedrigster Unterkühlungspunkt − 36,1 °C gemessen (***Austara***, 1971).

Untersuchungen über den Faktor Feuchtigkeit allein als direkte Wasseraufnahme oder über die Nahrung bei Larven und Adulten liegen kaum vor. Von den Siricidae, Xiphydriidae, Anaxyelidae und Diprionidae ist Wasseraufnahme mittels der Mundwerkzeuge bisher nicht beobachtet worden. Bedingt durch die dünne Kutikula sind die meisten Larven und Puppen äußerst sensibel auf ein Defizit im Wasserhaushalt des Körpers. Viele Nematinae-Larven leben am besten bei 100 % rel. Luftfeuchtigkeit bei Temperaturen zwischen 10–ca. 18 °C. Auch für das Einspinnen der Larven im Kokon ist die rel. Luftfeuchtigkeit von großer Wichtigkeit (***Thielmann***, 1938). In trockener Luft gehaltene, dem Kokon entnommene Larven der Buschhornblattwespe *Neodiprion sertifer* waren nach einem Wasserverlust von durchschnittlich 24 % des Körpergewichtes am 7. Tage tot; im Kokon verbliebene Larven hatten bis dahin nur knapp 8 % des Körpergewichtes verdunstet (***Ullyett***, 1936) (Abb. 21).

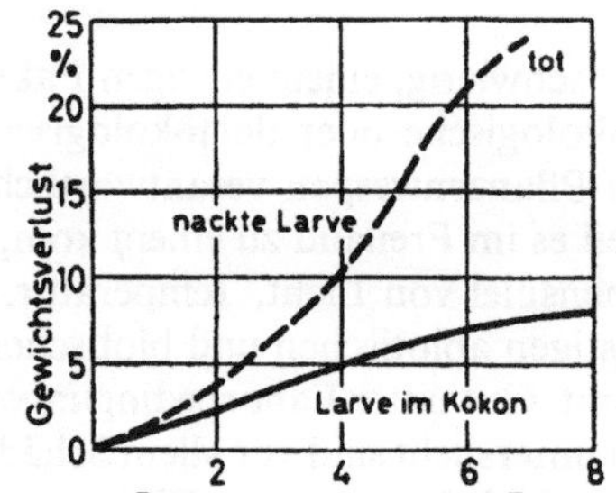

Abb. 21: Verdunstungsverlust in Prozent des Körpergewichtes bei Larven im Kokon und bei nackten, dem Kokon entnommenen Larven von *Neodiprion sertifer* (GEOFFR.) (Diprionidae): Temperatur 20 °C, Sättigungsdefizit 17 mm (nach ***Ullyett***, 1936, aus ***Schwerdtfeger***, 1963).

Starke Regenfälle können sich auf Blattwespen-Populationen zerstörend auswirken, indem die Larven von ihren Fraßpflanzen gewaschen werden und nur unter z. T. großen Verlusten diese danach wieder erreichen. Meist wirken im Freiland relative Luftfeuchtigkeit und Temperatur zusammen bestimmend auf das Gedeihen von

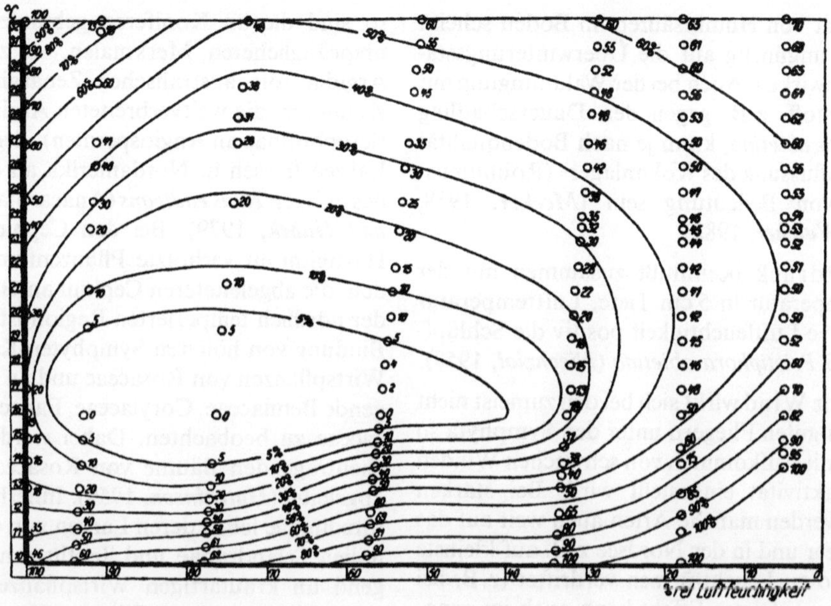

Abb. 22: Isomortalen aller Fraßlarvenstadien von *Diprion pini* L. (Diprionidae) bei verschiedener Temperatur und rel. Luftfeuchtigkeit (aus ***Gößwald***, 1935).

Symphyten-Populationen, besonders auf die Entwicklung der Ei- und Freßlarvenstadien aus, z. B. bei *Diprion pini*, aber auch auf den primären Nigrismus der Larven (***Gößwald***, 1935) (Abb. 22). Die fliegenden Imagines von Vertretern veschiedener Familien halten eine geringe relative Luftfeuchtigkeit z. B. im Mediterran oder in Steppenrandgebieten (ja selbst in Wadis) erstaunlich gut aus, indem sie Blütenbesuch betreiben und zur Zeit größter Hitze schattige Habitate aufsuchen (***Priesner***, 1951; ***Schedl***, 1983, 1987). Die Einflüsse von konvektiver und evaporativer Abkühlung bei Hitzestau wurden an den gregären Pergidae *Perga dorsalis* in Australien untersucht (***Seymour***, 1974).

Über den Einfluß weiterer abiotischer Faktoren auf die Populationsdynamik von Blattwespen ist wenig bekannt. Der Faktor Boden spielt für viele Vertreter der einzelnen Pflanzenwespenfamilien eine Rolle für die von den Wirtspflanzen herabkriechenden, negativ phototropischen Einspinnlarven. Eine Eigenschaft, die mit der Suche geeigneten Verpuppungsortes im Boden zusammenhängt. Solche Einspinnlarven, z. B. von *Pristiphora abietina*, können erhebliche Strecken kriechend zurücklegen (***Nägeli***, 1936). Es werden dabei Moosrasen bestimmter Arten aufgesucht. Gerne spinnen sich die Larven dieser Fichtenblattwespe auch in Nadelstreu mit etwas Moos ein oder in Lagen mit geringem Gras- oder *Vaccinium*-Wuchs. Auch die Bevorzugung von Rohhumuspolstern wurde für die Verpuppung mitgeteilt (***Reier***, 1938). Die Meldungen über das Meiden der Einspinnlarven von Süßgraspolstern, Krautgesellschaften, Laubstreu und Brombeerwuchs sind bei dieser Art übereinstimmend (***Schedl***, 1953). Auch sammeln sich Larven verschiedener Nematinae in den Winkeln der Wurzelanläufe der Fichte, wo humose Feinerde angehäuft ist. Die Bodenqualität ist besonders für die Verpuppungsstadien solcher Arten von Bedeutung, die keine Kokons für die Überwinterung spinnen, sondern nur in Verpuppungshöhlen überdauern, z. B. Pamphiliidae.

Über den Faktor Feuchtigkeit kann im Boden der entomophage Pilzbefall, sowie Bakterien- und Virosenaufnahmen (auch über den Befall mit Parasitoiden) für Symphyten-Larven eine Rolle spielen. Beziehungen zwischen dem pH-Wert des Bodens und der Bevölkerungsdichte der eingesponnenen Larven bzw. den vorliegenden Kokons konnten bei *Pristiphora abietina* festgestellt werden, wobei sich ein pH-Praeferendum zwischen 3–5 ergab (***Merker u. Niechziol***, 1957) (Abb. 23 a).

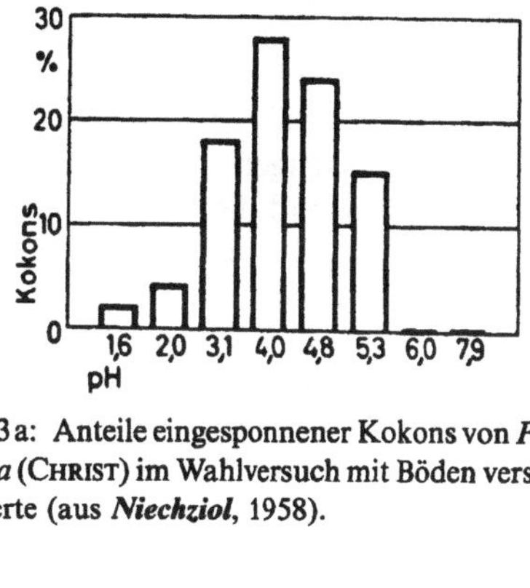

Abb. 23 a: Anteile eingesponnener Kokons von *Pristiphora abietina* (Christ) im Wahlversuch mit Böden verschiedener pH-Werte (aus ***Niechziol***, 1958).

Der Gehalt von Huminsäuren im Boden scheint sich aber ungünstig auf die Überwinterungsstadien auszuwirken. Auch bei der Walddüngung mit Kalkstickstoff, z. B. gegen den Dauerschädling *Pristiphora abietina*, kann je nach Bodenqualität eine Beeinflussung des Kokonlagers (Rohhumus-Abbau) von Bedeutung sein (***Merker***, 1958; ***Pschorn-Walcher***, 1982).

Der Luftdruck beeinflußt zusammen mit der Bodentemperatur in 5 cm Tiefe, Lufttemperatur und relative Luftfeuchtigkeit positiv die Schlüpfzahlen bei *Pristiphora abietina* (***Niechziol***, 1958).

Der Faktor Wind wirkt sich bei den zumeist nicht besonders guten Fliegern unter den Symphyta so aus, daß mit Aufkommen von schwachen Winden die Flugaktivität eingestellt wird. Bei starken Winden werden manche Arten auch weit auf das offene Meer und in der Nordsee z. B. auf kleinste Inseln und zu Leuchttürmen verdriftet (z. B. bei *Athalia* spp.). Dieser Effekt kann auch im exponierten Hochgebirge beobachtet werden, sodaß man besonders *Athalia* spp.-Imagines der Talfauna lebend oder tot auf Gletschern und Firnfeldern findet (***Schedl***, 1976). Luftströmungen als Träger von Sexualpheromonen oder bestimmten pflanzlichen Stoffen spielen bei Diprionidae (***Wilkinson et al.***, 1987) bzw. bei der Tenthredinidae *Pristiphora abietina* eine Rolle. Bei zuletzt genannter Art werden bei der Eiablage an ausbrechenden Fichtenknospen weitere ♀♀ angelockt (***Merker u. Adlung***, 1956).

Trophische Faktoren

Beim Kapitel Habitatbindung wurde bereits auf die Art der Konsumation der Nahrung bei Larven der Symphyten eingegangen. Dabei sind die Larven in verschiedenster Weise phytophag. Eine große Rolle scheint bei den gewählten Wirtspflanzen zu spielen, ob diese holzproduzierend sind oder nicht. Das führt zu einer ökologischen Dichotomie (***Benson***, 1965) bei den Wirtspflanzen-Assoziationen der Symphyten. Die primitivsten Familien Xyelidae, Pamphiliidae, Anaxyelidae, Xiphydriidae, Siricidae und Orussidae sind völlig auf Pflanzenfamilien mit verholzten Sproßteilen gebunden, nur die Larven der Megalodontidae und Cephidae ernähren sich teilweise von krautigen oder grasartigen Pflanzen. Innerhalb der Tenthredinoidea sind die Familien Diprionidae, Cimbicidae, Argidae und Pergidae fast zur Gänze mit verholzten Pflanzen assoziiert, nur die Blasticotomidae-Larven leben an Filicales. Innerhalb der Tenthredinidae lebt eine Gruppe an verholzten Pflanzenfamilien, eine andere an krautartigen. Wenn in einem Taxon einige Genera an Koniferen und einige an Angiospermen leben, so sind die an Koniferen gebundenen die mit ursprünglicheren Merkmalen, so z. B. bei den Argidae (die australischen Zenarginae sind an Koniferen, die weitverbreiteten Arginae und Sterictophorinae an Angiospermen). *Arge humeralis*-Larven fressen in Nordamerika an den Blättern des giftigen *Rhus radicans* (Anacardiaceae) (***Regas and Habek***, 1979). Bei den Cephidae sind die Hartigiini an verholzte Pflanzenfamilien gebunden, die abgeleiteteren Cephini an Gramineae. In der nördlich temperierten Region ist eine häufige Bindung von höheren Symphyten-Kategorien an Wirtspflanzen von Rosaceae und an kätzchentragende Betulaceae, Corylaceae, Fagaceae und Salicaceae zu beobachten. Dabei werden die kätzchentragenden Bäume von Rosaceae-Vorfahren abgeleitet (***Hutchinson***, 1959). Innerhalb der Tenthredininae leben deren Larven von den Unterfamilien Selandriinae und Tenthredininae vorwiegend an krautartigen Wirtspflanzen, viele der Selandriinae sogar an Filicales. Von dieser Familie leben die Larven einiger Genera an Ranunculaceae, die wieder eng mit Liliaceae, Gramineae und Cyperaceae unter den Monocotyledonen verwandt sind (***Hutchinson***, 1959; ***Benson***, 1965). Bisher existieren keine Nachweise, daß Larven von Symphyten sich von Flechten (Lichenes) oder Moosen (Bryophyta) teilweise oder zur Gänze ernähren.

Die xylophagen Siricidae und Xiphydriidae spalten ihr cellulose- und ligninreiches Substrat bei vielen untersuchten Arten mittels symbiontischer Pilze (bei Siricidae Basidiomycetes, bei Xiphydriidae Ascomycetes) auf. Dabei wurde festgestellt, daß die nadelholzbefallenden Holzwespen mit nahe verwandten Arten des Genus *Anylostereum*, die laubbaumbefallenden *Tremex* spp. *Polyperus* sp. und *Daedalea* sp., die *Xiphydria prolongata Daldinia concentrica* (Bolt.) dazu heranziehen. Bei den an Nadelholz lebenden Siricidae (*Sirex*, *Urocerus*, *Xeris*) ist die Durchwachsung des Holzes mit Hyphen eher gering, bei den laubholzbewohnenden *Tremex*- und *Xiphydria*-Arten leben die Larven in einem stark zersetzten und mit Myzel vollgestopften Holz. Hier drückt sich der Vorteil der Symbiose auch darin aus, daß die Larvengänge bei gleichgroßen Imagines weit kürzer als die von *Sirex* und *Urocerus* (Nadelholz) sind und ihre Entwicklung nur 1–2 Jahre benötigt (Abb. 23b). Auf die Pilzübertragungsorgane bei den weiblichen Siricidae und Xiphydriidae wird im Kapitel über die Anatomie eingegangen (***Francke-Grosmann***, 1939; ***Escherich***, 1942; ***Eichhorn***, 1982).

Bei den Orussidae-Larven gibt es mehrere Hinweise, daß sie als Ectoparasiten an Larven von xylophagen Insekten wie Buprestidae, Cerambycidae und Siricidae (?) parasitieren, was auch manche morphologisch-anatomische Strukturen

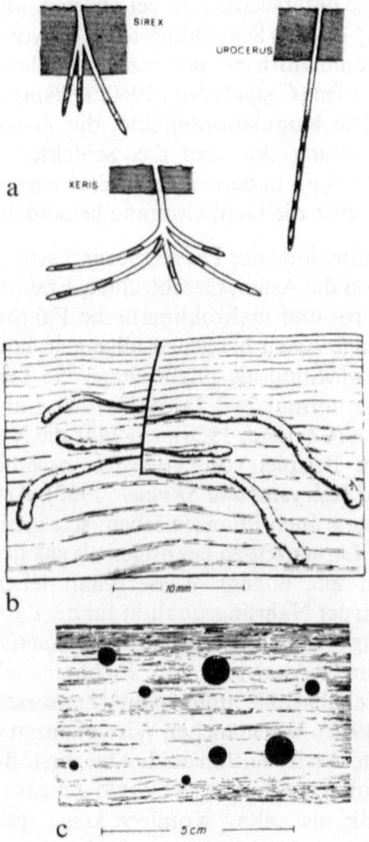

Abb. 23b: Zur Bionomie von Siricidae: a) Unterschiedliche Einstichkanäle in das Brutholz durch ♀♀ der Genera *Sirex*, *Urocerus* und *Xeris* b) Einstichkanal von *Urocerus gigas* (L.) mit Larvengängen c) Schlupflöcher verschieden großer Imagines (aus ***Eichhorn***, 1982).

und Verhaltensweisen der imaginalen ♀♀ erklären würde (***Burke***, 1917; ***Rawling***, 1957; ***Hellriegl***, 1984). Die Verpuppung erfolgt in der Puppenkammer des Wirtes (***Bischoff***, 1923).

Die Larven der phytophagen Pflanzenwespen-Familien nehmen ihre Nahrung mittels der Mandibeln unter Zuhilfenahme der Maxillen und des Labiums auf. Dabei kann die Kopfstellung von der normal orthognathen Art bei den Minierern zu prognather verändert sein. Sehr viele Arten der Symphyten sind dabei als stenophag zu bezeichnen, daneben gibt es natürlich auch viele oligophage Vertreter, bei beiden kann man die entsprechende Untergliederung 1.–3. Grades bzw. bei letzterer zwischen systematischer und disjunktiver unterscheiden (***Hering***, 1950, 1955).

Genetisch bedingte oder unbedingte, verhältnismäßig dauerhafte und regional festgelegte Wirtswahlunterschiede innerhalb einer phytophagen Insektenart werden als „regionaler Futterpflanzenwechsel“ bezeichnet (***Zwölfer***, 1970). Dieser wurde auch bei verschiedenen Vertretern der Symphyten festgestellt (z. B. ***Benson***, 1951; ***Kontuniemi***, 1960; ***Schedl***, 1976).

Der Nahrungsverbrauch einer Pflanzenwespe wurde u. a. an den Larven der Pappelblattwespe *Trichiocampus viminalis* studiert. Von einem Individuum wurden durchschnittlich 702 mg Blattgewicht verzehrt. Der geringste Nahrungsverbrauch fand zur Zeit der Häutungen statt, der größte hingegen etwa in der Mitte der einzelnen Entwicklungsstadien (***Janda***, 1958). Ähnliche Untersuchungen wurden an Larven von *Athalia glabricollis* (Tenthredinidae) durchgeführt (***Sáringer***, 1988). Die unter natürlichen Lichtbedingungen gehaltenen Larven fraßen während ihrer Gesamtentwicklung im Durchschnitt 298,6 mg Grünfutter/Larve (*Sinapis alba*), das entspricht der 6,1-fachen Menge des Gewichtes der vollentwickelten Larve. Weibliche Larven, die mehr Nahrung benötigen, haben häufig eine längere Fraß- und Entwicklungszeit als die männlichen. Vielfach ist auch die Zahl der Larvenstadien im weiblichen Geschlecht größer als im männlichen z. B. bei *Diprion pini* und *Pristiphora abietina* 6 gegenüber 5 bzw. 5 gegenüber 4. Bei progressivem Nahrungsmangel, etwa bei allmählich eintretendem Kahlfraß der Wirtspflanzen, wirkt sich die längere Fraßzeit ungünstig auf die weiblichen Tiere aus (***Schwerdtfeger***, 1978). Bei Nahrungsmangel bei Gradationen der Diprionidae-Larven kann vom Nadelfraß auf Rindenfraß übergegangen werden, wie das vom Verf. bei *Diprion pini* in Ostösterreich beobachtet wurde. Larven des letzten Stadiums der Lärchenblattwespe *Pristiphora erichsonii* wurden verschiedene Formen des Nahrungsentzuges unterworfen. Kurzfristiger Nahrungsentzug zu Beginn dieses Stadiums blieb ohne Wirkung auf die Lebensfähigkeit der Tiere, verlängerte aber ihre Entwicklung bis zum Einspinnen. Eine Ausdehnung der frühen Hungerzeit von 3 auf 5 Tage ließ, wie bei völligem Nahrungsmangel, alle Tiere eingehen (***Heron***, 1955). Siehe auch Kapitel Gesamtstoffwechsel. Zumeist gedeihen die Larven von Blattwespen am besten an Fraßpflanzen, dies trifft besonders bei Pflanzen der Gras- und Krautschicht zu, die einen gesättigten Wasserhaushalt aufweisen. Die Blattwespen-Larven von *Neodiprion sertifer* gedeihen aber besser an Wirtspflanzen, deren Saftgehalt erniedrigt ist, sie vermehren sich deshalb besonders in trockenen Jahren oder nachdem der Wasserhaushalt der Wirtspflanzen (*Pinus* spp.) durch andere Umstände gestört wurde (***Voûte***, 1957; ***Schimitschek***, 1962).

Die Imagines der Symphyten nehmen z. T. gar keine Nahrung auf, wie das z. B. bei den kurzlebigen Diprionidae der Fall ist. Die langlebigeren Siricidae sollen z. T. Baumsäfte aufnehmen (***Escherich***, 1942), was kein weiterer Autor bestätigt hat. Der Labiomaxillarkomplex ist stark reduziert und der Darmtrakt endet vor dem Rectum (***Bischoff***, 1923). Andere Vertreter von diversen Symphyten-Familien nehmen Flüssigkeit in Form von Regentropfen, Tau, Kuckucksspeichel (von Kleinzikaden), Honigtau oder reife Früchte auf (***Benson***, 1950). Viele Blattwespen (inkl. Argidae und Cimbicidae) nehmen Pollen und Nektar auf oder fressen Stamina und Petalen von Blüten, besonders bei Blüten mit relativ einfachem Blütenbau, auch an *Salix*-Kätzchen findet man eine Vielzahl von Tenthredinidae, ausgesprochene Pollenfresser sind die Xyelinae unter den Xyelidae (***Benson***, 1950; ***Schedl***, 1976, 1978; ***Tavčar***, 1986). Nektarraub durch *Tenthredo mesomelas* wurde an Blüten von *Lonicera coerulea* in den Ötztaler Alpen (Tirol) festgestellt (***Schedl***, 1976). Von Nordamerika sind *Sterictophora apios* (Argidae) und *Nematus mendicus* (Tenthredinidae) dadurch bekannt, daß die Imagines dieser beiden Arten die Pubeszenz ihrer Wirtspflanzen abgrasen (***Ross***, 1933). Eine Reihe von Tenthredinidae, wie Selandriinae (Dolerini), Tenthredininae (*Tenthredo*, *Macrophya*, *Tenthredopsis* u. a.), Blennocampinae (Allantini) sind als Adulttiere carnivor und besuchen Blüten oder Gebüsch, um dort kleine Dipteren, Coleopteren etc. zu erbeuten, auch fressen ♀♀ die ♂♂ der gleichen Art (***Enslin***, 1909; ***Bischoff***, 1923; ***Schedl***, 1976). *Tenthredo nigropicta* ernährt sich in Japan regelmäßig von Larven und Puppen der Chrysomelidae *Melasoma* und *Plagiodera*, *Dolerus niger* sollen in Rußland Psyllidae-Larven vertilgen (***Clausen***, 1962).

Biotische Faktoren

Als solche werden die belebten Komponenten der Umwelt eines Tieres angesehen, soweit sie nicht ihm oder seiner Brut zur Nahrung dienen. Die Beziehungen können intra- oder interspezifisch sein (***Schwerdtfeger***, 1978).

Homotypische Relationen

Soweit es sich um zweigeschlechtliche Symphyten handelt, setzt die Fortpflanzung das Sichfinden der Geschlechter voraus. Dieses entfällt bei einer Anzahl von Pflanzenwespen, besonders von Tenthredinidae, die Parthenogenese aufweisen. Bei dem im Verhältnis zur Larvalzeit nur kurzfristigen Dasein der adulten Stadien vieler Symphyten erscheinen häufig die männlichen Tiere etwas früher als die weiblichen (= Proterandrie). Protogynie ist dem Verf. bei Pflanzenwespen nicht bekannt. Das räumliche Zusammentreffen erfolgt einerseits über optische, andrerseits über olfaktorische Reize. Letztere wurden besonders bei Diprionidae untersucht, z. B. bei *Diprion similis*, bei der die ♂♂ durch Sexualduftstoffe, die von den ♀♀ in Abdominaldrüsen produziert werden, angelockt werden (***Coppel et al.***, 1960; ***Wilkinson et al.***, 1987). Die Kopulationseffekte, die Zeitspannen der Begattungsakte und das Schicksal der befruchteten und unbefruchteten Eier werden beim Kapitel über die Genitalorgane behandelt.

Die Fraßperiode der Larven variiert sehr stark in Bezug auf die Arten, Geschlechter, Fraßpflanzen, auf mikro- und makroklimatische Faktoren etc. Xylophage Arten brauchen allgemein länger für die Entwicklung als phyllophage. So benötigen Siricidae normal 2–3 Jahre für ihre Larvenentwicklung (***Chrystal***, 1928), ein Jahr die Xiphydriidae am Beispiel von *Xiphydria prolongata* in England (***Chrystal and Skinner***, 1932). Arten, die an immergrünen Pflanzen leben, scheinen länger für ihre Larvenzeit zu benötigen als solche, die an Blättern mit hohem Wassergehalt leben. Das Problem der Nahrungsqualität für die Larvenentwicklung wurde am Beispiel von *Gilpinia hercyniae* durch Analysen von Fichtennadeln und deren Inhaltsstoffe untersucht (***Lunderstädt und Claus***, 1972). Von manchen Wirtspflanzen wurden im Laufe der Evolution auch Abwehrstoffe gegen Blattfraß erzeugt, so z. B. *Taxus baccata* (Taxaceae), die als „alte" Konifere keine spezifische Symphyte als Nadelfresser aufweist, dasselbe gilt für *Ginkgo biloba* (Ginkgoinae). Viele Farne schützen sich durch Bildung von Cyaniden vor Phytopagenbefall, vielleicht auch mit Phytohormonen, einige „alte" Tenthredinidae-Genera haben sich aber evolutiv darauf eingestellt (***Wieczorek***, 1972; ***Schreiner et al.***, 1984). Manche *Salix*-Klone der USA erwiesen sich als resistent gegen Eiablage-Aktivitäten von *Phyllocolpa* sp. (Tenthredinidae) (***Fritz and Nobel***, 1989).

Auf die Fraßperiode zurückkommend rechnet man bei britischen Blattwespen normal mit 10–30 Tagen Larvenentwicklungszeit. In Schweden brauchen die Larven von *Nematus ribesii* (Tenthredinidae) 19–27 Tage gegenüber 8–10 Tagen in Deutschland. Die Larven von *Athalia rosae* derselben Familie benötigen in Italien nur 13–14 Tage bis zur Verpuppung ihrer Frühlingsgeneration, in England 28–30 Tage (***Martelli***, 1932; ***Benson***, 1950). Die Anzahl der Larvenstadien variiert zwischen 4 und 8, wobei die männlichen Larven häufig ein Stadium weniger aufweisen als die weiblichen (***Benson***, 1950).

Das Wachstum der Tenthredinidae-Larven läuft wie folgt ab: Die ersten Stadien, die Größenzunahme kann man durch Kopfkapselmessungen oder durch solche der Frons-Breite verfolgen, folgen einer annähernd geometrischen Progression. In den späteren Stadien wird der Einfluß der

Geschlechtsdifferenzierung und das Vorhandensein von Praepupalstadien bemerkbar und das Wachstum wird unregelmäßig, somit wird die ***Dyar***'sche Regel bei Tenthredinidae-Larven nur eine beschränkte Einsatzfähigkeit bescheinigt (***Miles***, 1931).

Das Erscheinen der Imagines im Laufe des Jahres ist in den mediterranen, gemäßigten und kalten Zonen der Erde stark an die Phänologie der Wirtspflanzen gebunden, über die Flugzeiten in den subtropischen und tropischen Zonen liegen keine langfristigen Untersuchungen vor. In der Holarktis ist auffällig, daß manche Symphyten, besonders Xyelidae und Dolerinae (Tenthredinidae) sehr zeitig im Frühjahr erscheinen. Sie gehören damit zu den frühest fliegenden Hymenopteren im Jahreslauf überhaupt. In die Monate Mai bis Juni fällt die Hauptflugzeit der meisten Arten, im Spätsommer ist eine deutliche Abnahme des Auftretens von Imagines zu verzeichnen. Ausgesprochene Herbstflieger sind *Neodiprion sertifer* (Diprionidae) und die an *Quercus* spp. lebenden *Apethymus* spp. (Tenthredinidae).

Bei der Mehrheit der Pflanzenwespen findet nur 1 Generation pro Jahr statt (***Kontuniemi***, 1951) (Abb. 24), für Siricidae, wie vorher erwähnt, werden mehrere Jahre dazu benötigt. Die Blattwespe *Nematus ribesii* kann bis zu 3 Generationen pro Jahr hervorbringen. *Arge humeralis* (Argidae) bringt in N-Florida 4 Generationen/Jahr hervor, in S-Florida verlaufen die Generationen ganzjährig durch ohne ein Diapausestadium (***Regas-Williams and Habeck***, 1979). Arten mit potentiell mehr als einer Generation/Jahr gehören zu Vertretern der Familie Argidae, Cimbicidae, Diprionidae und Tenthredinidae, bei letzterer zumeist aus den Unterfamilien der Blennocampinae und Nematinae. Bei Arten mit mehr als einer Generation/Jahr, z. B. bei den an *Picea abies* gebundenen Diprionidae, gehen i. d. R. Stadien in Form der Praepupa in die Diapause, sobald die Temperatur gegen Ende der Saison sinkt. Die univoltinen Arten gehen alle im Stadium der Praepupa in Diapause (***Benson***, 1950; ***Thalenhorst***, 1955). Manche Arten haben genetisch fixierte Rassen mit potentiell polyvoltinen Individuen (***Prebble***, 1941). Theoretisch würde man annehmen, daß unter günstigen Bedingungen eine bi- oder trivoltine Art einen größeren potentiellen Nachwuchs hervorbringt als eine nur univoltine Art. Andrerseits ist es unter ungünstigen klimatischen Bedingungen von großem Vorteil, wenn ein gewisser Prozentsatz von Individuen einer Population sich in Diapause erhält, sodaß bei abnormem Schlechtwetter oder sonst ungünstigen Einwirkungen nicht die gesamte Population ausgelöscht wird. Das sogenannte „Überliegen" von Teilpopulationen ist bei einigen Schadinsekten unter den Symphyten geradezu typisch und erschwert die Schadensprognosen, z. B. bei Diprion pini (***Schedl, K.***, 1938; ***Thalenhorst***, 1953, 1961; ***Eichhorn***, 1983).

Das „Überliegen" (Diapausieren) kann aber auch nachteilig für den Erhalt der Population sein, indem es das entsprechende Stadium länger einer Gefahr durch Räuber und Krankheiten im Boden etc. aussetzt. Ganz selten konnte bisher beobachtet werden, daß Symphyten die Überwinterung im Ei-Stadium durchführen z. B. bei *Neodiprion sertifer* (Diprionidae), wobei allerdings die Embryonalentwicklung im Ei schon vor der Diapausezeit in Gang gesetzt wurde (***Pschorn-Walcher***, 1982).

Das räumliche Zusammentreffen der Geschlechter erfolgt bei Symphyten einerseits über optische, andrerseits über olfaktorische Reize. Letztere wurden besonders bei Diprionidae untersucht z. B. bei *Diprion similis*, bei der bewiesen ist, daß die ♂♂ durch Sexualduftstoffe, die von ♀♀ in Abdominaldrüsen produziert werden, angelockt werden (***Coppel et al.*** 1960; ***Wilkinson et al.***, 1987). Alle Kopulationseffekte werden beim Kapitel über die Anatomie der Genitalorgane bzw. über das Verhalten der Symphyten behandelt.

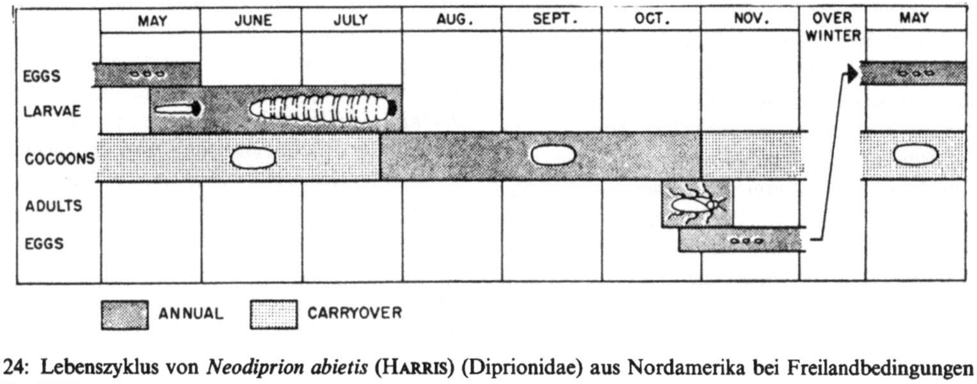

Abb. 24: Lebenszyklus von *Neodiprion abietis* (Harris) (Diprionidae) aus Nordamerika bei Freilandbedingungen (aus ***Strubbe***, 1957).

Das Auffinden der oft spezifischen Wirtspflanzen durch die Eier ablegenden ♀♀ erfolgt durch ein Zusammenspiel von optischen und olfaktorischen Reizen. Erst bei wenigen Wirtspflanzen konnten bisher die flüchtigen, attraktiven Duftstoffe der Pflanzen auf die Fühler der ♀♀ mittels Elektroantennogrammen im Experiment nachgewiesen werden z. B. *Pinus*-Öl-Komponenten bei der Holzwespe *Sirex noctilio* (***Simpson***, 1976; ***Simpson and McQuilkin***, 1976).

Heterotypische Relationen

Über zoozönotische Beziehungen unter den Symphyten gibt es nur ansatzweise spezielle Untersuchungen z. B. im subalpinen Raum der Alpen durch ***Schedl*** (1976) oder im collinen Bereich Böhmens in der Form von Diprionidae-Synusien in *Pinus*-Wäldern durch ***Simandl*** (1989).

Mutualismus

Unter diesem Begriff zusammengefaßte interspezifische Beziehungen findet man bei Symphyten im Bereich der Blütenbestäubung, wenn es auch den Anschein hat, daß es keine nur von Pflanzenwespen bestäubte Blütenpflanzen gibt. Großer Beliebtheit erfreuen sich unter den Symphyten Pollenblumen (also ohne Nektarangebot), Blüten mit freiliegendem, gut zugänglichem Nektar und Blüten mit teilweise verborgenem Nektar. An 41 Blütenpflanzen-Familien wurde Blütenbesuch durch Pflanzenwespen beobachtet, wobei über diese Beziehungen in den Tropen nahezu nichts bekannt ist (***Tavčar***, 1986). Es ist sogar ein ± regelmäßiger Besuch an einer europäischen Orchidaceae, *Listera ovata*, bekannt (***Porsch***, 1966; ***Nilson***, 1981). Unter den Blütenpflanzen werden besonders die Apiaceae von Pflanzenwespen aufgesucht, häufig aber auch Ranunculaceae, Rosaceae, Saxifragaceae, Salicaceae und auch manche Compositae. Blütenbesucher findet man unter den Xyelidae, Megalodontidae, Cimbicidae, Argidae, Tenthredinidae und Cephidae. Die besser an den Blütenbesuch angepaßten Formen weisen funktionsmorphologische Strukturen am Labiomaxillarkomplex auf, solche sind besonders bei den Megalodontidae, bei manchen Tenthredinidae, Pergidae, Cimbicidae und Cephidae entwickelt. Der Glossa-Bereich ist besonders bei den australischen *Eurys* spp. (Pergidae) und der japanischen *Nipponorhynchus mirabilis* (Tenthredinidae) extrem stark verlängert (siehe Kapitel Anatomie). Welche Blüten diese beiden Arten aber besuchen, ist bisher unbekannt (***Tavčar***, 1986).

Symbiose s. str.

Vor ca. 60 Jahren wurden symbiontische Beziehungen zwischen Holzwespen und niederen Pilzen entdeckt (***Buchner***, 1928). Der Entdecker nahm an, daß die Holzwespen-Larven, wie andere holzfressende Insekten, der Pilze bedürfen, um das Holz als Nahrungsquelle zu erschließen. Er fand bei weiblichen Holzwespen-Imagines besondere Organe („Pilzspritzen"), die zur Übertragung der Pilze auf die nächste Generation dienen. Es handelt sich dabei um paarige Intersegmentaltaschen am Grunde des Legeapparates, die mit Oidien schnallenbildender Basidiomyceten angefüllt sind. Diese Oidien sind in einem schleimigen Sekret eingebettet, das in zwei Drüsenorganen produziert wird (siehe Kapitel über äußere Genitalorgane). Der Schleim stellt einen Protein-Polysacharid-Komplex dar mit einem Molekulargewicht von 60000–100000, dessen Funktion darin bestehen soll, das Wachstum des in das Splintholz übertragenen Pilzes kräftig zu unterstützen. Er enthält Amylase, Esterase, Phenoloxidase und proteolytische Enzyme (***Coutts***, 1969; ***Wong et al.***, 1976). Bei der Eiablage werden die Eier mit einem kleinen Tropfen des Sekretes mit Oidien geimpft. Diese Oidien keimen dann im angeflogenen, neuen Wirtsbaum der Eilarven aus und durchsetzen das umgebende Holzgewebe. Dieser Übertragungsmechanismus mittels Mycetangien wurde später bei einer Reihe von Nadel- und Laubholz-Siricidae gefunden (***Francke-Grosmann***, 1963), nicht aber bei *Xeris spectrum* (***Francke-Grosmann***, 1939; ***Buchner***, 1953).

Bei den Schwertwespen (Xiphydriidae) wurden im Genus *Xiphydria* ähnliche Übertragungsorgane nachgewiesen, aber die Pilze (Ascomycetes) unterscheiden sich von denen der Siricidae dadurch, daß sie keine Schnallenbindung bei den Hyphen besitzen (***Berland***, 1947; ***Eichhorn***, 1982) (siehe Kapitel über trophische Beziehungen). Ob die rezente Anaxyelidae-Species im Larvenleben ebenfalls symbiontische Beziehungen pflegt, ist unbekannt.

Der Bau der artspezifischen, paarigen Mycetangien der letzten weiblichen Larvenstadien in der Hypopleuralregion des 1. Abdominalsegmentes wurde im Kapitel Larvenanatomie besprochen (***Parkin***, 1942). Schließlich gelang es auch den Modus der Pilzübertragung von den Hypopleuralorganen der weiblichen Larven auf die paarigen Intersegmentaltaschen der Imagines aufzuklären (***Francke-Grosmann***, 1957).

Bei den Siricidae- und Xiphydriidae-Pilzen handelt es sich um holzzerstörende Mikroorganismen, die sowohl Zellulose als auch Lignin zersetzen. Diese symbiontischen Pilze verursachen Gewichtsverluste sowie eine Verringerung der

Druck- und Biegefestigkeit des Holzes (***Eichhorn***, 1982). Die Hyphen der symbiontischen Pilze dienen den Siricoidea-Larven einerseits direkt als Nahrung andrerseits werden durch das Eindringen der Pilzhyphen in der Umgebung der Bohrgänge die Zellwände aufgeweicht und damit für die Larven leichter benagbar. Die Weibchen der Siricoidea sorgen auf die oben geschilderte Weise für die Verbreitung der Pilzarten. Diese Symbiose wird als obligatorisch bezeichnet. Die Pathogenität dieser Pilze ist im angewandten Schrifttum erörtert (***Morgan***, 1968; ***Eichhorn***, 1982).

Episetie

Der krasse Fall einer antibiotischen Beziehung ist das Räubertum oder die Episetie. Von den Mammalia fressen Blattwespenlarven *Erinaceus* spp., *Talpa vulgaris* L., *Sciurus vulgaris* L., Muridae und *Sus scrofa* L. (***Enslin***, 1912–18; ***Schedl***, 1939), letztere vor allem Diprionidae-Larven und Puppen (***Benson***, 1950). Die Gradationen von *Pristiphora erichsonii* (Tenthredinidae) werden in Nordamerika hauptsächlich von Muridae und Soricidae in Schach gehalten, wo besonders die Mäuse eine wichtige kontrollierende Rolle spielen und 50–80% der Kokons fressen können (***Graham***, 1929; ***Buckner***, 1955). Unter den Aves sind Pflanzenwespenfeinde alle Picidae (besonders der Siricidae-Larven!), die Häher *Garrulus glandarius* (L.), die Cuculidae, Caprimulgidae, Paridae, Turdidae, Sylviidae, Sturnidae, Phasianidae und Anatidae (***Enslin***, 1912–18; ***Benson***, 1950; ***Bruns***, 1956). Bei einem starken Auftreten der Kiefernbuschhornblattwespe *Neodiprion sertifer* suchten Meisen (Paridae) systematisch die Zweige ab und vertilgten 67% der überwinternden Eier, von den Kokons wurden 77% durch Elateridae-Larven, Vögel und Mäuse aufgefressen (***Galoux***, 1952), zu ähnlichen Ergebnissen ist man bei der Gradation von *Diprion pini* und *Neodiprion sertifer* gekommen (***Schedl***, 1938; ***Hanski***, 1987) (Abb. 25).

Auch zahlreiche Amphibien und Reptilien, besonders Lacertidae, stellen Blattwespen s.l. Imagines wie Larven nach (***Enslin***, 1912–18; ***Benson***, 1950). Von den Arthropoden sind als Räuber von Symphyten vor allem Aranei und Insecta zu nennen. In Spinnennetzen findet man nicht selten Imagines von Tenthredinidae noch frei oder schon eingesponnen, im allgemeinen scheinen Tenthredinidae für Spinnen ungenießbar zu sein, sie werden häufig von den Spinnen weggeworfen, was mit dem empfindlichen chemotaktischen Sinnen der Aranei zusammenhängen dürfte (***Bristowe***, 1941). Andrerseits wird anhand von Versuchen in Zuchtkäfigen berichtet, daß Spinnen an der Vernichtung von Lärchenblattwespen (*Pristiphora erichsonii*) -Eiern und -Larven in Nordamerika beteiligt sind, wenn auch nicht sehr wirksam (***Ives***, 1967). Untersuchungen an *Neodiprion sertifer*-Larven in Süd-Karelien (USSR) deuten auf eine wirksamere Rolle von 10-Spinnen-Arten auf die Population hin (***Uzenbaer***, 1984).

Unter der Klasse der Insecta finden sich viele höhere Taxone, die als Räuber von Symphyten in Frage kommen, so besonders manche Odonata, Thysanoptera, Hemiptera (vor allem Nabidae, Anthocoridae, Pentatomidae), Neuroptera (z.B. Chrysopidae), Raphidioptera, Mecoptera, Hymenoptera (z.B. Vespidae, Sphecidae und Formicoidea) und Diptera (besonders Asilidae) (***Enslin***, 1912–18; ***Benson***, 1950; ***Ives***, 1967). Larven von verschiedenen Blattwespen-Arten, besonders von Schädlingen, werden von hügelbauenden Ameisen der Gattung *Formica* in großer Zahl eingetragen. In einem Beobachtungsgebiet in Deutschland waren Jungkiefern, die von Larven von *Neodiprion sertifer* befallen waren, stark von solchen Ameisen besucht. Periodische Zählungen des Larvenbesatzes auf diesen Kiefern und auf ameisenfreien Bäumen ließen erkennen, daß auf jenen die Mortalität der Larven wesentlich höher war, was zweifellos dem Wirken der Formicidae zuzuschreiben ist (***Schwerdtfeger***, 1936, 1970; ***Wellenstein***, 1965) (Abb. 26). Für die Populationsreduzierung bei *Pristiphora abietina* gilt Ähnliches (***Bruns***, 1954, 1956).

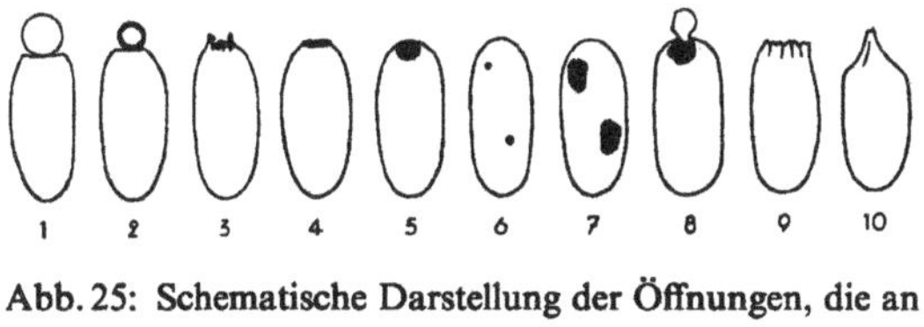

Abb. 25: Schematische Darstellung der Öffnungen, die an Kokons von *Diprion pini* (L.) (Diprionidae) gefunden wurden. Schlupföffnungen: 1 *Diprion pini* – Imagines, 2 *Diplostichus janithrix*, 3 *Lydella nigripes* und *Peromasia inclusa*, 4 *Sturmia inconspicua*, 5 Ichneumonidae, 6 Chalcidoidea; von Praedatoren geöffnet: 7 Elateridae-Larven, 8 Aves, 9 und 10 Mäuse (aus ***Schedl***, 1938).

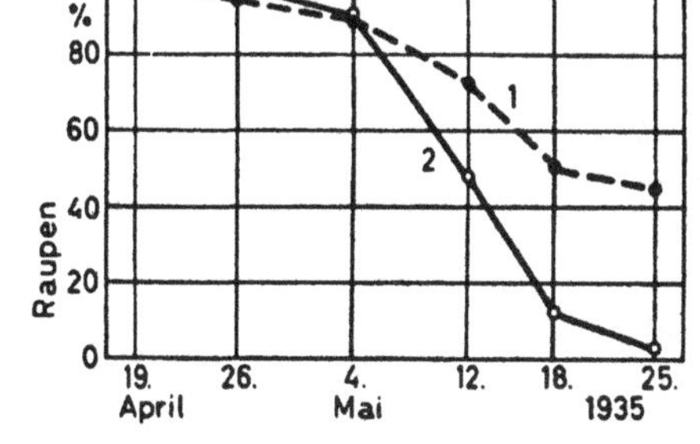

Abb. 26: Besatz an Larven von *Neodiprion sertifer* (Geoffr.) (Diprionidae) in Prozent der Ausgangszahlen, im Lauf der Ausgangszahlen, im Lauf der Beobachtungszeit vom 19. April bis 25. Mai 1935 auf *Pinus sylvestris*, die (1) nicht bzw. (2) stark von Ameisen belaufen waren (***Schwerdtfeger***, 1936).

Als fakultative Räuber an Blattwespenlarven des Genus *Pontania* sind sogar Mikrolepidopteren-Arten als Larven bekannt, nämlich *Tortrix podana* Scop. und *Perona logiana* Schiff. in England (***Carleton***, 1939; ***Benson***, 1950), von Mitteleuropa die Tortricidae *Gypsmona dealbana* Fral. und *Epinotia subocellana* DONAVAN bzw. die Geometridae *Hydrionema ruberata* FREY (***Kopelke***, 1987). Unter den Coleoptera sind es vor allem Carabidae, Staphylinidae, Coccinellidae und Elateridae, die Blattwespenlarven verzehren (***Tostowaryk***, 1972). Die Larven der Cleridae *Opilio* sp. greifen im Holze die Larven von Siricidae an (***Enslin***, 1912–18; ***Morris***, 1951), die der Dermestidae *Megatoma undata* L. und *Globicornis corticalis* EICH. erbeuten überwinternde Praepupae von *Pseudoclavellaria amerinae* (Cimbicidae) in Polen (***Kapuścinski***, 1933). Als Eiräuber an *Pontania*-Gallen erwiesen sich in West- und Mitteleuropa die Curculionidae *Curculio crux* und *C. salicivorus* (***Carleton***, 1939; ***Niklas***, 1955; ***Kopelke***, 1987). Unter den Diptera können Larven von bestimmten Syrphidae sich räuberisch gegenüber Blattwespenlarven verhalten (z. B. ***Enslin***, 1915).

Parasitie

Die als Parasitismus oder besser als *Parasitie* bezeichnete, interspezifische Ernährungsweise, bei der regelmäßig ein kleinerer Partner von der Körpersubstanz oder der aufgenommenen Nahrung eines größeren lebt, ist bei Symphyten als Wirtstiere häufig, als Parasitoid selbst nur bei den Orussidae zu beobachten. Die größte Rolle spielen als Parasitoide dabei die Hymenoptera-Parasitica und die Diptera. Es existiert darüber ein umfangreiches Schrifttum besonders in Zusammenhang mit forst- und landwirtschaftlichen Schädlingen unter den Pflanzenwespen (z. B. ***Stellwaag***, 1928; ***Chrystal***, 1930; ***Benson***, 1950; ***Hinz***, 1961; ***Fulmek***, 1962; ***Kriegl***, 1966; ***Eichhorn***,

Tab. 2: Taxonomische Zusammenstellung der Hymenoptera und Diptera Parasitoide von Symphyta (aus ***Kasparyan***, 1988).

Order and family	Genera total	Genera: Proportion specialized No.	Genera: Proportion specialized %	Species total	Species names (in monotypic and small groups)
		Parasites of wood wasps			
Hymenoptera					
Orussidae	1	–	–	1	*Guiglia schauinslandi Ashm.*
Stephanidae	1	–	–	1	*Schlettererius cinclipes* Cr.
Aulacidae	1	1	0.6	50	*Aulacus*
Ibaliidae	1	1	0.6	13	*Ibalia*
Ichneumonidae	?16	?13	7.4	?200	
Braconidae	5	–	–	10	*Spathius, Doryctes, Rhoptrocentrus, Coeloides, Eubazus*
Pteromalidae	1	1	0.6	1	*Xiphydriophagus meyerinckii* Ratz.
		Parasites of sawflies			
Cleptidae	1	1	0.6	?30	*Cleptes*
Trigonalidae	2	–	–	2	*Taenigonalos, Tapignolos*
Roproniidae	1	?1	0.6	8	
Platygastridae	1	–	–	1	
Ichneumonidae	157	137	78.1	1840	
Braconidae	9	5	2.9	62	
Chalcidoidea (10 families)	53	4	2.3	160	
Diptera					
Tachinidae	40	11	6.3	105	
Phoridae	2	–	–	2	*Megaselia, Rhynchophoromyia*
Chloropidae	1	–	–	1	*Polyodaspis ruficornis* Mcq.
Bombyliidae	2	–	–	3	*Hemipenthes, Thyridanthrax*
Total	295 (100%)	175 (59.6%)	100%	2490	

Note. All the species described have been taken into account in the genera considered to be specialized.

1982; ***Pschorn-Walcher***, 1982). Zu den rezenten Parasitoiden der Symphyten zählt man u.a. Vertreter aus 295 Genera und 2500 Spezies, die zu 20 Familien der Hymenoptera bzw. 4 Familien der Diptera gehören (***Kasparyan***, 1988) (Tab. 2).

Die auffälligsten Eigentümlichkeiten dieser Parasitoidenfauna ist die Vorherrschaft einer Familie, nämlich der Ichneumonidae mit 2040 Spezies und 173 Genera, d.h. 58,6 % der Gattungen und 80,2 % der Artenzahlen. Dabei sind 150 von 173 Genera (= 87 %) mit Symphyten assoziiert und auch viele Tribus und Subfamilien haben Bindungen zu den Pflanzenwespen. Am besten sind natürlich die Parasitoide der Holarktis untersucht, aber auch von den äthiopischen, indoaustralischen und neotropischen Regionen ist einiges bekannt. Von den übrigen Parasitoiden spielen artenmäßig die Aulacidae, Braconidae, Chalcidoidea und Tachinidae (Diptera) eine Rolle. Die Ibaliidae (Cynipoidea) sind dabei spezialisiert auf Wirte der Siricidae, unter den Braconidae sind die Ichneutinae an Argidae und Nematinae (Tenthredinidae) stärker vertreten. Trigonalidae sind hauptsächlich Hyperparasiten von Tachinidae und Ichneumonidae (auch bei Lepidopteren-Parasitoiden). Die *Tetrastichus*- und *Trichogramma*-Arten parasitieren Eier von Symphyten, *Tetracampe diprionii* besonders Diprionidae-Eier, auch Proctotrupoidea sind als Eiparasiten bei Symphyten bekannt (***Benson***, 1951; ***Niklas***, 1956). Von den Cleptidae (Hymenoptera-Aculeata) parasitiert z. B. *Cleptes nitidulus* an *Nematus ribesii*, *Cleptus semiauratus* an *Pristiphora abietina*-Larven (Tenthredinidae) (***Benson***, 1950; ***Schedl***, 1953).

Die Parasitenkomplexe vieler wirtschaftlich bedeutender Symphyten-Schädlinge sind ± gut untersucht, so von den Siricidae (***Eichhorn***, 1982; ***Schimitschek***, 1974), von Diprionidae (***Schedl***, 1939; ***Eichhorn***, 1977, 1980, 1981; ***Pschorn-Walcher***, 1985, 1988), von *Cephalcia* spp. (Pamphiliidae) (***Eichhorn***, 1988), von Blattminierern (***Fulmek***, 1962; ***Altenhofer***, 1980 b) und von *Pontania*-Gallen (***Kopelke***, 1987).

Auf die komplizierten Vorgänge der Super-, Hyper- und Multiparasitierung der Larven und Puppen von Symphyten sowie auf die interspezifische Konkurrenz und Synchronisation mit den Wirten kann hier nicht eingegangen werden (z. B. ***Eichhorn***, 1977, 1980, 1981, 1988).

Von den parasitischen Würmern können Nematodea als Parasitoide von verschiedenen Stadien der Symphyta auftreten. In Larven von *Selandria serva* und *Athalia rosae* sowie weiteren 2 Arten von Tenthredinidae wurden in England bzw. Deutschland Mermithidae festgestellt, bei der zuletzt genannten Art *Hexanermis albicans* (***Riggert***, 1939; ***Benson***, 1950; ***Bedding***, 1984). Von den Steinernematidae ist *Steinernema kraussei* in der Tschechoslowakei in hoher Dichte (800–1000 Stück/3 m^2) in Larven von *Cephalcia abietis* (Pamphiliidae) aufgetreten, wobei 10 % der Larven von dieser Nematodea-Art befallen waren (***Weiser***, 1977; ***Mráček***, 1977, 1986; ***Mráček u. David***, 1986; ***Bedding***, 1984). *Neoplectana feltiae* wurde 1972–78 in Britannien an Praepupae von *Cephalcia lariciphila* auf 25000 ha bei einer Parasitierungsrate von 8–15 % beobachtet (***Georgis and David***, 1988). An verschiedenen Siricidae (Holzwespen) wurden in Neuseeland und Australien zwei Neotylenchidae entdeckt, nämlich *Deladenus wilsoni* und *D. siricidicola*, die in der Haemolymphe der Adulten in großen Mengen auftraten und nur über die ♀♀ via infizierte Eier von einem Brutbaum zum anderen übertragen werden (***Bedding***, 1984).

Pathogenie

Zu den heterotypischen Relationen ist auch die Pathogenie zu rechnen (***Schwerdtfeger***, 1968). Als Pathogene kommen bei Symphyten Pilze, Bakterien und Viren in Frage. Von Pilzen werden vor allem die überwinternden Larven und Praepupae im Boden befallen, die z. B. bei *Pristiphora abietina* in Kärnten (Österreich) in manchen Befallsgebieten 70 % dieser Stadien vernichteten (***Schedl***, 1953), an Larven von *Pristiphora erichsonii* wurden in Kanada die Pilze *Botrytis tenella*, *Beauveria bassiana*, *Spicaria* sp. und *Isaria farinosa* (= *Paecilomyces farinosus*), an Latenzlarven von *Cephalcia abietis* in Österreich ebenfalls *Beuveria bassiana* festgestellt (***Boas***, 1933; ***Mac Leod and Heimpel***, 1955; ***Donaubauer***, 1959). Manche dieser Pilze wurden auch in Diprioniden-Kokons nachgewiesen (***Pschorn-Walcher***, 1982). Gemeinsam mit Pilzen oder auch allein können Bakterien an den Symphyten-Larven wirksam werden, so z. B. *Bacillus septicaemiae lophyri* an Diprionidae der Ukraine, *Bacillus cereus* und *Coccobacillus acridiorum* an *Pristiphora erichsonii* in Britisch Kolumbien an *Trichiocampus viminalis* (beides Tenthredinidae) (***Benson***, 1950; ***Heimpel***, 1955; ***Jahn***, 1958; ***Steinhaus***, 1963). Von den Virosen der europäischen, nadelfressenden Diprionidae ist die Kernpolyedrose von *Neodiprion sertifer*, *Borrelinavirus diprionis*, am eingehensten untersucht. Die Viren befallen dabei die Mitteldarmepithelzellen und das Fettgewebe der Larven (***Bird and Whalen***, 1953; ***Bird***, 1955; ***Olofsson***, 1989). Auch bei anderen Diprionidae, bei einer Argidae sowie bei einigen Tenthredinidae und Pamphiliidae wurde die sogenannte Schlaffsuchterkrankung in Nordamerika nachgewiesen, so z. B. *Borrelinavirus* (*Polyedra*) *gilpiniae* bei *Gilpi-*

nia hercyniae. Die Übertragung auf die nächste Generation erfolgt über das Eistadium von latent verseuchten Weibchen (***Jahn***, 1958, 1962; ***Niklas***, 1962; ***Steinhaus***, 1963; ***Weiser***, 1977; ***Pschorn-Walcher***, 1982).

Demökologische Aspekte

Bei dem Großteil der Pflanzenwespenarten ist über den Aufbau und die Dynamik der Populationen nichts bekannt. Nur bei wenigen wirtschaftlich bedeutenden Arten der Holarktis sind bezügliche Untersuchungen durchgeführt worden. Als Bezugseinheit der Dichte wird bei Symphyten meist die Individuenzahl pro m^2 angegeben. Das ist für die Arten bzw. Stadien der niederen Straten noch machbar, bei Tieren, die imaginal sich im Kronenraum oder larval in Stämmen aufhalten (Stratenwechsel), schwierig. Die Eier von *Pristiphora abietina* z. B. werden nicht in der gesamten Fichtenkrone abgesetzt, sondern nur an Maitrieben eines bestimmten Austreibstadiums, und die aus ihnen schlüpfenden Larven fressen ausschließlich an diesen. So ist der verfügbare Raum für Eier und Larven sehr eingeschränkt, während die Tiere im Kokonstadium auf der ± gesamten Bodenfläche unter dem Kronendach überwintern können und die Imagines bei der Suche nach geeigneten Wirtsbäumen den gesamten Kronenbereich durchfliegen (***Schwerdtfeger***, 1968). Die Dispersion der Individuen ist aus dem geschilderten Beispiel sehr unterschiedlich (***Ohnesorge***, 1962).

Bei den Formen der Populationen kann man unisexuelle unterscheiden, z. B. bei parthenogenetischen Arten (siehe Kapitel Parthenogenese) oder bei lokalen männlichen Populationen, die ohne Zuzug in ihrer Existenz zeitlich beschränkt sind, und bisexuellen Populationen, bei denen häufig das Geschlechtsverhältnis um 1 : 1 pendelt. Bei *Pristiphora abietina* überwiegen die ♀♀ mit 60–70 % (***Ohnesorge***, 1957a), Angaben über einige Fichten-Nematinae siehe ***Thalenhorst*** (1966). Es gibt aber auch Arten, besonders unter den Tenthredinidae, bei denen ♂♂ nur ganz selten oder regional beschränkt angetroffen werden z. B. bei *Eriocampa ovata*. Die Erstellung eines Strukturbildes einer Population ist in der praktischen Zoologie ein vielbenütztes Mittel, um den Menschen Entscheidungen über den Einsatz und den Erfolg wirtschaftlicher Maßnahmen zu ermöglichen. Man erstellt die kritische Zahl, die den Anteil der Individuen angibt, die schlüpfbereit und gesund sind, und man beobachtet dabei das Geschlechtsverhältnis. Auch die Größe und Gewichte der Puppen geben Auskunft über die Fruchtbarkeit und den Gesundheitszustand der betreffenden Population. Im Laufe der Zeit kann es auch zu Änderungen des Populationsaufbaues kommen. Es konnte nachgewiesen werden, daß die ♀♀ der arrhenotoken *Pristiphora abietina* bei naßkaltem Wetter, das die Kopula hemmt, und gegen Ende der Flugzeit, wenn die kurzlebigen ♂♂ bereits abgestorben sind, vorwiegend unbefruchtete und damit ♂♂-liefernde Eier legten. In jungen Fichtenbeständen, die später austreiben und deshalb von den ♀♀ erst am Ende der Flugzeit mit Eiern belegt werden, schlüpfen relativ mehr ♂♂ als in den älteren Beständen (***Ohnesorge***, 1957). Auch die Nahrungsqualität der Wirtspflanzen der Larven hat Auswirkungen auf die Eigröße und Eizahl pro ♀ (***Ohnesorge***, 1962). Auch hängt das Überleben einer Population manchmal auch von der unterschiedlichen Konstitution ab. Abb. 27 zeigt die saisonale Präsenz einer univoltinen Tenthredinidae. Das wohl bemerkenswerteste Beispiel in dieser Hinsicht ist die gebietsweise entstandene Resistenz gegen bestimmte Umweltfaktoren, z. B. bei *Pristiphora erichsonii* gegen die parasitische Schlupfwespe *Mesoleius tenthredinis*. Dieser Parasitoid wurde 1910 aus England nach Nordamerika zur biologischen Bekämpfung der dort erhebliche Schäden anrichtenden Lärchenblattwespe eingeführt. Der Erfolg dieser Maßnahme war gut. Seit etwa 1920 bewirkte diese Schlupfwespe durch anhaltende, hohe Parasitierung der Wirtslarven einen nachhaltigen Rückgang des Schädlings. Seit 1940 aber wurde in bestimmten Gebieten ein Geringerwerden der Parasitierungsprozente bis zur Bedeutungslosigkeit beobachtet. Untersuchungen zeigten, daß die Wirtslarven die meisten der abgelegten Parasiteneier durch Ein-

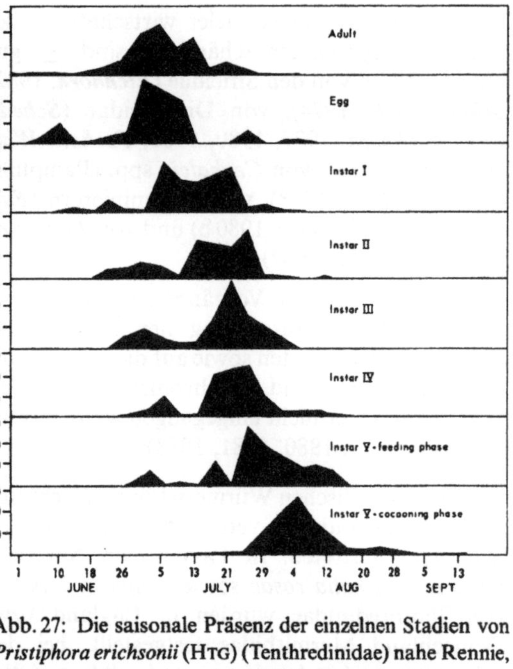

Abb. 27: Die saisonale Präsenz der einzelnen Stadien von *Pristiphora erichsonii* (Htg) (Tenthredinidae) nahe Rennie, Manitoba (Kanada) im Jahr 1958 (***Turnock***, 1960).

kapselung mit dichten Hüllen von Blutzellen unschädlich zu machen vermögen, wie das auch bei Larven von Farnblattwespen (*Strongylogaster lineata* und *St. xanthoceros*) an Eiern von *Mesoleius niger* festgestellt wurde (***Adam***, 1965). Diese Resistenz tritt zur Zeit nur in einigen zentralen Teilen Nordamerikas auf, während Lärchenblattwespen-Populationen z. B. in Neufundland, Britisch-Kolumbien oder New York nach wie vor in hohem Maße parasitiert werden (***Mulldrew***, 1953; ***Schwerdtfeger***, 1968).

Der Altersaufbau einer Pflanzenwespen-Population ändert sich im Laufe des Jahres (Imagines – Eier – Larvenstadien – Puppen ...) und kann bei bi- bis multivoltinen Arten oder durch Überlagerung von mehreren Schlüpfwellen auch bei univoltinen Arten kompliziert werden (***Eichhorn***, 1979). Bei den meisten ± unauffälligen in den Biozönosen lebenden Arten hält sich der Massenwechsel auf einem Niveau, ohne daß stärkere Ausschläge vorkommen. In anderen Fällen, besonders bei für den Menschen als Schädlinge bezeichneten Arten, werden ausgeprägte Gradationen der Populationen beobachtet. Auftreten und Form dieser Massenvermehrungen können bei gradierenden Arten örtlich differieren. Man kann dann Fluktuationstypen (***Thalenhorst***, 1958) unterscheiden: 1. latent, d. h. die Art ist ständig in niedriger Dichte vorhanden z. B. *Gilpinia hercyniae* in Europa, 2. temporär in verschiedener Abstufung, wobei z. B. die Dauer der einzelnen Gradationen bei *Cephalcia abietis* im Riesengebirge und bei *Pristiphora abietina* in NW-Deutschland distriktiv ist, d. h. die Gradationen dehnen sich über längere Zeiträume aus oder kontraktiv, d. h. die Massenvermehrung ist auf eine kurze Zeitspanne zusammengedrängt z. B. bei *Pachynematus scutellatus* (***Thalenhorst***, 1958; ***Kalandra***, 1963), 3. permanent, d. h. die Populationen liegen ± dauernd in hoher, auffälliger Individuendichte vor (***Thalenhorst***, 1958) (Tab. 3).

Die genannten Typen lassen sich nicht immer scharf voneinander abgrenzen. Nahverwandte Arten mit ± gleicher Lebensweise können im selben Gebiet verschiedene Fluktuationstypen zeigen (***Schwerdtfeger***, 1968). Die ständigen Dichteänderungen in Symphyten-Populationen führten zu intensiven Studien über die Abundanzdynamik (z. B. ***Schwenke***, 1960; ***Eichhorn***, 1982; ***Hanski***, 1987).

Welche Widersacher (Opponenten) bei Symphyten von Bedeutung für die Populationen sind, wurde schon bei den Kapiteln Episitie, Parasitie und Pathogenie behandelt, sie wirken sich maßgebend auf die Abundanzdynamik aus (z. B. ***Schedl***, 1939; ***Ohnesorge***, 1957; ***Ohnesorge u. Thalenhorst***, 1966). In manchen Fällen, so bei seltenen Arten, kann eventuell nur ein Widersacher die Populationsbewegung bestimmen, bei anderen Arten wird das Wirken der Widersacher auf die Wirtspopulation (= Opponenz) von mehreren bis vielen Widersachern kontrolliert, d. h. es liegt multiple Opponenz vor z. B. bei *Diprion similis* (Abb. 28), Gregärparasiten, Superparasitismus etc. Es spielen manchmal eine große Zahl von endogenen und exogenen Faktoren bei der Steuerung der Populationsdynamik eine Rolle. Zu ersteren gehören vor allem die Fruchtbarkeit, das

Tab. 3: Die Fichten-Nematinae (Tenthredinidae) und ihre Massenwechsel-Typen (aus ***Thalenhorst***, 1958).

Massenwechsel-Typus[1]	Kalamitäten	Vertreter
Temporär-distriktiv	jahrzehntelang	*Pristiphora abietina* (Christ)
Temporär-kontraktiv	selten und kurz	*Pachynematus scutellatus* (Htg.) *Pachynematus montanus* (Zadd.) *Pristiphora subarctica* (Forssl.)[2]
Latent	nicht bekannt	*Nematus insignis* (Htg.) *Pachynematus pallescens* (Htg.) *Pachynematus nigriceps* (Htg.) *Pristiphora leucopodia* (Htg.) *Pristiphora saxeseni* (Htg.) *Pristiphora compressa* (Htg.) *Pristiphora pallida* (Kon.) *Pristiphora robusta* (Kon.)[2] *Pristiphora ambigua* (Fall.) *Pristiphora amphibola* (Först.)[3]

[1] Nach SCHWERDTFEGER, 1954
[2] Im Untersuchungsgebiet noch nicht gefunden.
[3] Vorkommen im Untersuchungsgebiet noch nicht mit Sicherheit nachgewiesen (s. BENSON, 1948).

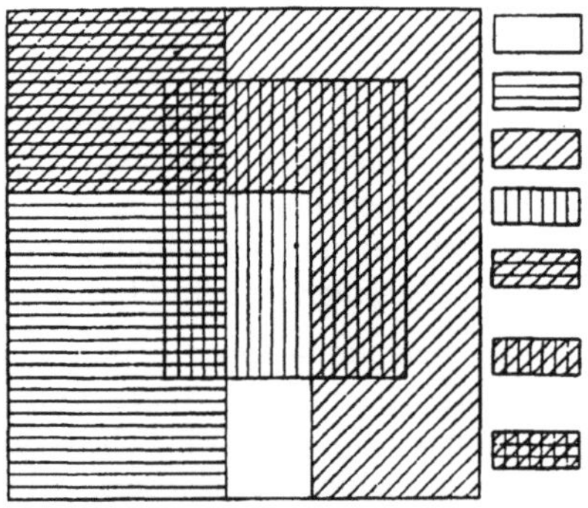

Abb. 28: Allgemeines Schema der multiplen Opponenz bei *Diprion similis* (HTG) (Diprionidae) (nach ***Hardy***, 1939, aus ***Schwerdtfeger***, 1968).

Geschlechterverhältnis und die herkunftsspezifischen Schlupfwellenmuster (Voltinismus). Von den exogenen Faktoren ist die Temperatur und das Wetter von ausschlaggebender Bedeutung für die Populationsdynamik. Diese Faktoren beeinflussen nicht nur die Entwicklung aller Stadien, sondern auch Fruchtbarkeit und Sexualindex sowie den Ablauf und die Populationsdynamik aller Gegenspieler (Praedatoren, Parasitoide, Pathogene) wie auch der Wirtspflanze(n). Standortfaktoren (z. B. Boden, Klima) und die Futterqualität wirken direkt und/oder indirekt auf die Wirte (***Eichhorn***, 1982). Theorien über die Ursachen der Massenwechsel phytophager Insekten gibt es viele, so auch von den Symphyten mit angewandt-zoologischer Bedeutung (z. B. ***Schwerdtfeger***, 1968, 1978; ***Thalenhorst***, 1942; ***Klimetzek***, 1976; ***Hanski***, 1987). In einigen Fällen werden von der Populationsdichte unabhänig wirkende Faktoren als Ursachen für das Anwachsen oder den Rückgang der Dichte angesehen, andere betonen besonders die dichteabhängigen Regulationsprozesse.

Ethologie

Ethologie der Larven

Zuerst die allgemeinen Bewegungsformen. Die normalen Schreitbewegungen der Larven mit Thorakal- und Abdominalbeinen zeigen keine Besonderheiten. Formen, denen Abdominalbeine fehlen (z. B. manche Pergidae) tragen das Abdomen häufig leicht aufgebogen mit sich, einige können sogar sozial im Gänsemarsch hintereinander laufen, wobei der Nachschieber des Vordermannes am Hinterkopf des nächsten Individuums angesetzt ist (siehe Kapitel Sozialverhalten). Die Larven der Megalodontoidea können sich nur in ihren Gespinströhren fortbewegen, die Spinnfäden werden nahe dem Hypopharynx aus paarigen Spinndrüsen abgegeben. Blattminierende Formen weisen sehr reduzierte Abdominalbeine auf und bewegen sich nur langsam in ihren Minen. Abdominalbeine fehlen auch den endophytisch lebenden Cephidae- und Siricoidea-Larven, die sich in ihrem Wirtssubstrat nur langsam fressend fortbewegen. Beim Einspinnen der Larven in einen Kokon werden vom Vorderkörper charakteristische s-förmige Bewegungen durchgeführt, mehrmaliges Umdrehen im frischen Kokon ist für die Fertigstellung des Kokons notwendig.

Orientierungs- und stoffwechselbedingtes Verhalten: Bei Larven von *Neodiprion banksianae* (Diprionidae) ist Orientierung nach polarisiertem Licht nachgewiesen (***Wellington et al.***, 1951). Von manchen Pergidae Australiens ist bekannt, daß diese im Larvenstadium nach Entlaubung eines Wirtsbaumes gezielt und in Heerform auf den nächsten Wirtsbaum zukriechen (***Meyer-Rochow***, 1974). Altlarven ± aller freilebenden Symphyten wandern phototaktisch-negativ zu dunklen Stellen des Bodens oder zu Rindenpartien. Bei vielen Arten kennt man bezüglich der Aktivität einen Tag- und Nachtrhythmus, wobei die Larven nachts auf ihre Wirtspflanzen klettern und dort fressen. Mit dem Tageslicht verstecken sie sich in Bodennähe oder unter Blättern etc., manchmal wie bei einigen Pergidae, zu vielen Individuen in Klumpen (***Evans***, 1934; ***Carne***, 1962). Zum stoffwechselbedingten Verhalten wurde schon im Kapitel Ökologie-Habitatbindung einiges erwähnt. Ergänzend dazu noch die Gliederung der blattfressenden Larven in Blattrandfresser und in Blattflächenfresser. Erstere sind häufig Nematinae unter den Tenthredinidae, sie sind meist einförmig grün gefärbt und dem Blattrand angeschmiegt. Sie halten eine Äquidistanz voneinander ein, bei Gefahr schwingen sie das Abdomenende auf die Blattunterseite. Die Blattflächenfresser verursachen entweder Schabefraß (z. B.

Caliroa spp.) oder Loch- oder Skelettierfraß, manchmal von ganz charakteristischer Gestalt (Abb. 29 A, B). Zum Verhalten vieler Blattfresser siehe nächstes Kapitel.

Verhalten des Schutzes und der Verteidigung: Von den Schutzmitteln, die den freilebenden Symphyten-Larven gegen zahlreiche Feinde zur Verfügung stehen, sind optische, motorisch-taktile und chemotaktische zu nennen. Manchmal werden zwei der genannten auch in Kombination angewandt. Viele freilebende Larven sind in Farbe und Zeichnung ihren Wirtspflanzen angepaßt (Tarntracht, Mimese), einige auch morphologisch wie z. B. die flach asselförmig an den Unterseiten der Wirtspflanzenblätter anliegenden Larven von *Platycampus luridiventris* (Tenthredinidae) (Abb. 30 A, B). In der Farbgebung des Integuments kann man zwei extreme Methoden erkennen, entweder auffallend bunt (aposematisch) verbunden mit sozialem Verhalten oder unauffällig (kryptisch) mit solitärem Auftreten der Larven. Manchmal sind diese beiden Extreme innerhalb kleiner taxonomischer Gruppen entwickelt z. B. bei den Diprionidae *Diprion pini* (= sozial) und *D. similis* (= solitär) (***Benson***, 1950). Viele Formen sind larval schon durch ihren Aufenthaltsort geschützt, indem sie im Holze, in Stengeln, in Gallen (Abb. 31 c), im Innern von Früchten, in umgeschlagenen Blatträndern, in Blattminen oder in eigens angefertigten Blattrollen (Zigarren) (Abb. 31 b) oder in einzelnen oder dicht beisammenliegenden Gespinströhren (Abb. 31 a) leben. Ein gewisser Schutz vor Praedatoren und Parasitoiden wurde bei manchen Larven durch Haar- oder Dornenbedeckung des Integuments erworben. Manche Dornen sind konisch zugespitzt oder gegabelt z. B. bei *Periclista lineolata* (Abb. 30), *Trichiocampus viminalis* und *Nematus ribesii* (Tenthredinidae), sie sollen taktilen Schutz vor Spinnen gewähren (***Benson***, 1950) bzw. auch gegen Ameisenangriffe (***Boeve et al.***, 1985). Schutz bietet den schon oben erwähnten Larven der Megalodontoidea ihr Spinnvermögen und ihr Leben in Gespinströhren, in denen sie Blätter bzw. Nadeln von außerhalb hereinziehen und dort verzehren (Abb. 31 a). Larven der Gattung *Pamphilius* fertigen z. T. einen Wohnköcher aus abgebissenen und zusammengerollten Blattstücken zusammen (Abb. 31 b).

Einen weißen (Wachs-)Überzug des Integuments tragen manche Larven, die keine Behaarung oder Bedornung zeigen z. B. manche Cimbicidae- und Blennocampinae (= Tenthredinidae)-Larven. Solche Larven leben zumeist auf Blattunterseiten. Die Larven von *Eriocampa ovata* sehen aus wie Kot von Singvögeln. Mit Schleim überzogen sind die Larven von *Caliroa* spp. (Tenthredinidae) auf den Blättern diverser Laubbäume, noch dazu verjüngt sich der Rumpf gegen die Abdomenspitze, sodaß diese Larven wie kleine Nacktschnecken aussehen (***Bischoff***, 1923; ***Kaestner***, 1973).

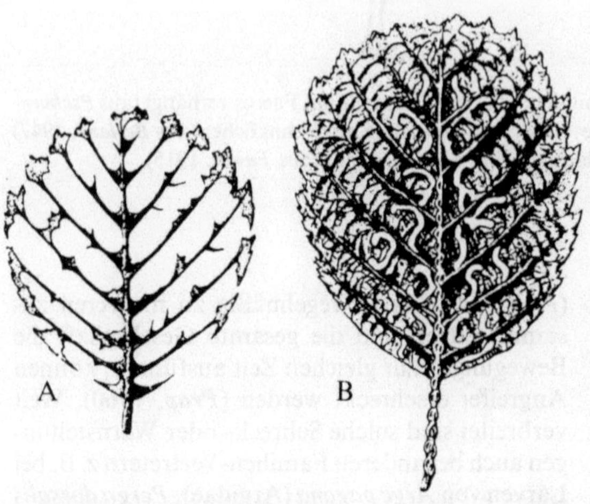

Abb. 29: A) Larvenfraß an *Alnus* sp. von *Eriocampa ovata* (L.), B) Eiablage am Stiel und Larvenfraß auf der Blattfläche von *Alnus* sp. durch *Hemichroa crocea* (GEOFFR.) (aus ***Pschorn-Walcher***, 1982).

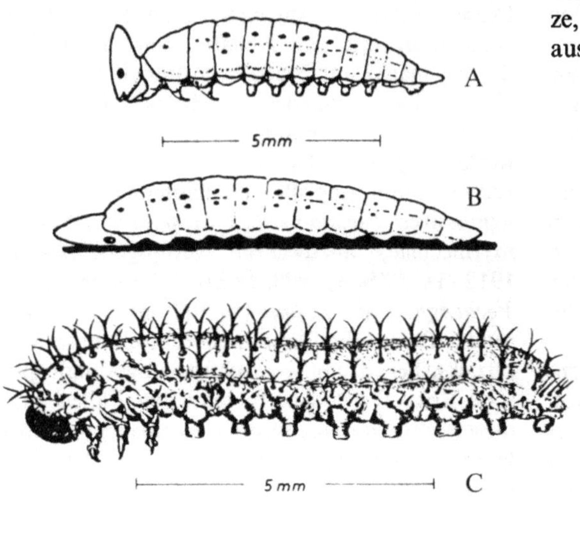

Abb. 30: Tenthredinidae-Larven: A) *Platycampus luridiventris* (FALL.) mit aufgerichtetem Kopf B) an das Blatt angeschmiegt C) *Periclista lineolata* (KLUG) (alle aus ***Escherich***, 1942).

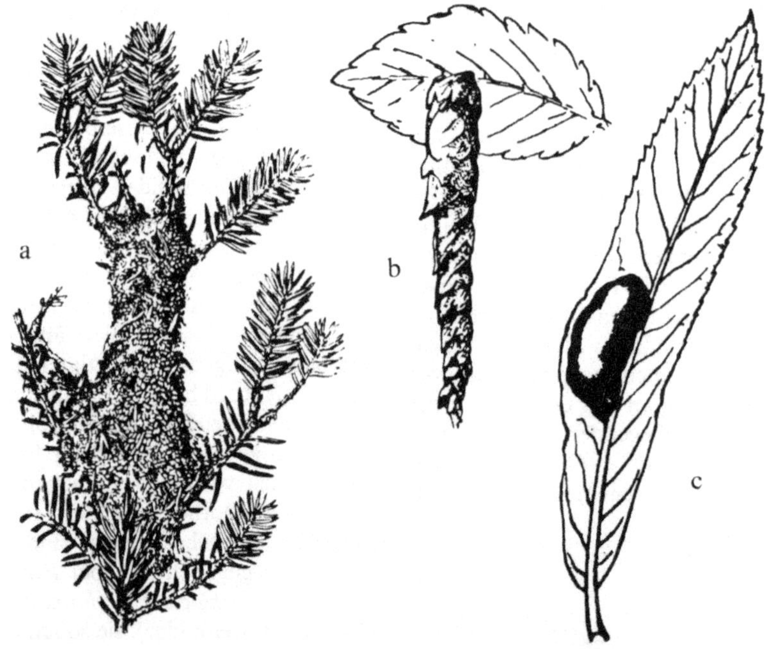

Abb. 31: Schutz der Larven a) *Cephalcia abietis* (L.) (Pamphiliidae), Larven-Gespinste mit Faeces verhängt (aus ***Pschorn-Walcher***, 1982) b) *Pamphilius inanitus* (Vill.) (Pamphiliidae) – Larve in Blattröhre als Wohnköcher (aus ***Berland***, 1947) c) *Pontania vesicator* Bremi (Tenthredinidae) – Larve in Blattgalle von *Salix purpurea* (aus ***Enslin***, 1915).

Aktive Abwehr: Weitverbreitet ist bei freilebenden Symphyten-Larven das Verhalten des Sichfallenlassens, wenn optische oder vibrationsmäßige Gefahrenreize auftauchen. Andere Larven rollen sich bei Gefahr spiralig ein (Spiralreflex) z. B. bei Cimbicidae-Larven (***Enslin***, 1912–18; ***Löhner***, 1920). Die auf *Populus* spp.-Blättern sozial fressenden Larven von *Stauronematus compressicornis* (Tenthredinidae) sind grün und unscheinbar. Sie bauen um sich Schaumpalisaden aus einem getrockneten Sekret des Mundraumes. Diese Sekrete enthalten Salizylsäure aus den Blättern der Wirtspflanzen. Der Effekt dieses „Palisadenzaunes" ist noch nicht ganz geklärt. Es wird von verschiedenen Autoren angenommen, daß er gegen Verpilzung, Spinnen- und Ameisenangriffe hilft (taktile Warnung) (***Benson***, 1950; ***Cavalcaselle***, 1968). Eigenartig ist auch das Anfertigen von aus dem After ausgestoßenen Schaumklümpchen bei Larven von *Blasticotoma filiceti* (Blasticotomidae), wobei sie in Stengeln von verschiedenen Farnen minieren und aus den Luftlöchern bis zu walnußgroße Schaumkugeln bilden, die an solche von Schaumzikaden (Cercopidae) erinnern (***Bischoff***, 1923; ***Schedl***, 1974).

Die im allgemeinen trägen Larven der Kiefernbuschhornblattwespe *Diprion pini* (wie auch von anderen Diprionidae) schlagen, wenn sie gestört werden, plötzlich ihren Vorderkörper, häufig auch gleichzeitig das Abdomenende, nach oben (Abb. 32a). Da sie regelmäßig zu mehreren zusammensitzen und die gesamte Gesellschaft die Bewegungen zur gleichen Zeit ausführen, können Angreifer erschreckt werden (***Prop***, 1960). Weit verbreitet sind solche Schreck- oder Warnstellungen auch bei anderen Familien-Vertretern z. B. bei Larven von *Arge pagana* (Argidae), *Perga dorsalis* (Pergidae) und *Croesus septentrionalis* (Tenthredinidae) (Abb. 32b). Sie recken dabei das Abdomen in die Höhe und halten sich nur mit den Thorakalbeinen am Blattrand fest. Dabei wird das Abdomenende in parabolischer Krümmung oder sogar S-förmig gebogen und hin- und hergeschwungen. Dieses plötzliche Aufrichten von Körperteilen gemeinsam mit der Abgabe von chemischen Stoffen macht auf Prädatoren und Parasitoiden einen „überraschenden Eindruck" besonders, wenn es von mehreren Tieren gemeinsam bewerkstelligt wird. Es ist nachgewiesen, daß die Larven damit Angriffe von Ichneumonidae und aggressiven *Pseudomyrmex tachigaliae* (Pseudomyrmecinae) abzuwehren vermögen (***Enslin***, 1912–18, ***Löhner***, 1920; ***Evans***, 1934; ***Prop***, 1960; ***Verhaagh***, 1988). ***Löhner*** (1920) konnte als auslösende Reize für diese Schreckstellungsreflexe Druck-, Berührungs-, Erschütterungs- und optische Reize feststellen. In manchen Fällen wird dieses Verhalten noch durch Warnfarben (gelber Grundton und schwarze Warzen) z. B. bei *Arge pagana* unterstützt.

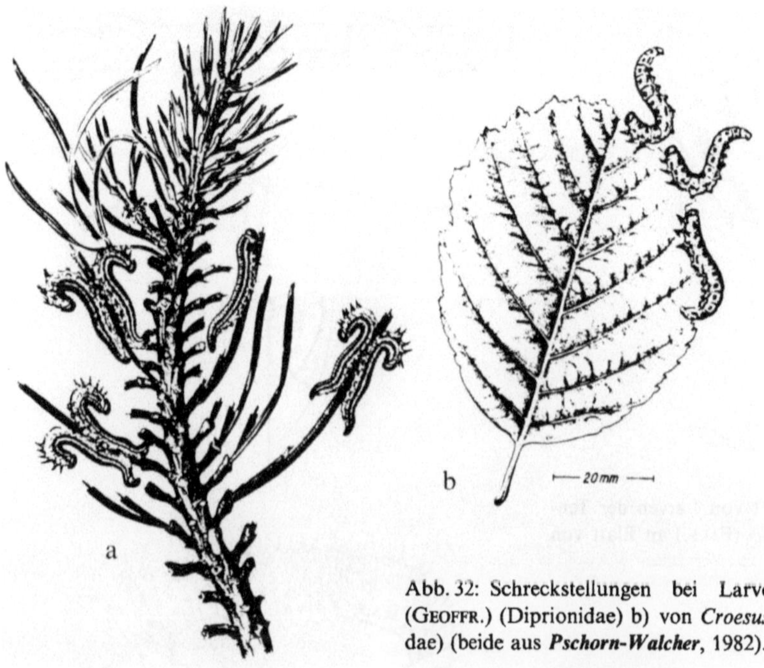

Abb. 32: Schreckstellungen bei Larven a) von *Neodiprion sertifer* (GEOFFR.) (Diprionidae) b) von *Croesus septentrionalis* (L.) (Tenthredinidae) (beide aus ***Pschorn-Walcher***, 1982).

Viele Blattwespenlarven (Dolerinae, Tenthredininae) geben bei Beunruhigung Flüssigkeiten aus der Mundhöhle ab. Manchmal ist dieses Verhalten kombiniert mit Sichfallenlassen. Diprionidae-Larven, u.a. *Neodiprion sertifer*, bleiben auf den Nadeln sitzen, erheben den Kopf und geben einen viskösen Flüssigkeitstropfen ab. Diese Flüssigkeit enthält terpenoides Harz der Wirtspflanze *Pinus sylvestris*. Diese Flüssigkeit ist durch das Fressen der Nadeln gewonnen worden und wird in zwei kompressiblen Taschen des Mundraumes aufbewahrt, sie wirkt abschreckend auf Prädatoren z.B. auf Ameisen (***Eisner et al.***, 1974). *Perga affinis*-Larven (Pergidae) machen es ähnlich mit der Verwendung von *Eucalyptus*-Öl gegen Ameisen, Vögel und Mäuse (***Prop***, 1960; ***Morrow et al.***, 1976). In Queensland (Australien) wurde ein toxisches Octapeptid bei Larven von *Lophyrotoma interrupta* (Pergidae) entdeckt. Herbivore Vertebraten, u.a. Rinder, wurden bei der Aufnahme von Blättern, die auch von den Larven dieser Pergidae befallen waren, vergiftet (***Callow***, 1955; ***Dadswell et al***, 1985; ***Boevé and Pasteels***, 1985). Ähnliches gibt es auch beim Gefressenwerden von Larven einer europäischen Argidae durch Schafe (siehe Kapitel über veterinärmedizinische Bedeutung).

Bei manchen Cimbicidae-Larven ist bei Störung ein abwehrendes Spritzen von weißer bis hellgrüner Flüssigkeit aus Lateralporen unterhalb der Stigmata 2-8 zu beobachten. ***Cholodchovsky*** (1896) konnte feststellen, daß diese Flüssigkeit aus Drüsenreservoirs der Hypodermis stammen und nicht, wie häufig geschrieben wurde, ausgespritzte Haemolymphe ist. Mit chemischen Waffen verteidigen sich auch Nematinae-Larven (Tenthredinidae), häufig kombiniert mit Abdomenschwingen (***Benson***, 1950). Es warnt potentielle Feinde visuell und taktil bei Berührung. Diese Larven besitzen medioventral am Abdomen (Segmente 1-7) Drüsen, die bei Störung auch für den Menschen sichtbar ausgestülpt werden können. Diese „Stinkdrüsen" entlassen eine duftende, sich verflüchtigende Substanz. Die Zusammensetzung dieses Sekretes ist bei einer Reihe von Genera der Nematinae untersucht worden, es enthält eine oder mehrere flüchtige Komponenten wie Benzylaldehyde, Monoterpene, aliphatische Aldehyde oder Acetate (***Barlet***, 1982; ***Boevé et al.***, 1984; ***Jonsson et al.***, 1988). Sie geben einen gewissen Schutz gegen Ameisenangriffe und gegen Meisen (***Jonsson et al.***, 1988). Diese und ähnliche Substanzen wurden mehrfach als defensive Sekrete bei Insekten gefunden und werden nicht als spezifisch toxisch klassifiziert, sondern als irritierende Stoffe (***Boevé and Pasteels***, 1984).

(Prä-)Sozialverhalten: Ein soziales Verhalten von Symphyten-Larven ist schon in den vorhergehenden Zeilen angeklungen. In der nördlichen Hemisphaere sind Gruppen-Freßgemeinschaften bei Diprionidae, Argidae und Tenthredinidae (besonders Nematinae)-Larven schon lange bekannt (Abb. 33). Die Larven von *Neodiprion pratti banksianae* Rohwer, die an *Pinus banksianae*-Nadeln fressen, werden als Beispiel für Sozialverhalten bei Diprionidae-Larven erörtert (***Ghent***, 1960). Die Junglarven streben der Nadelspitze zu, der Nadelduft und der Speichel fressender, junger

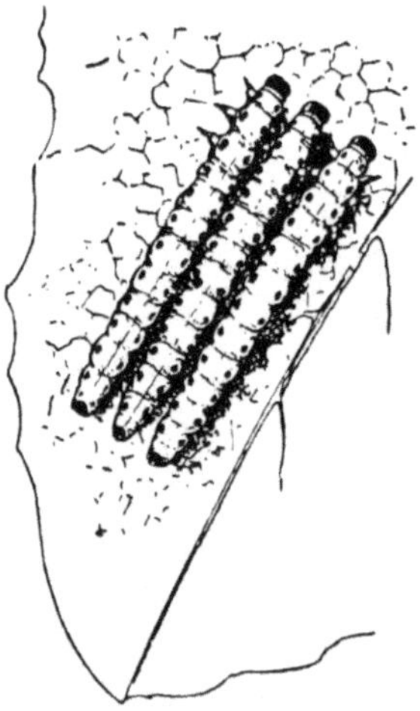

Abb. 33: Soziale Fraßgemeinschaft von Larven der Tenthredinidae *Trichiocampus viminalis* (FALL.) an Blatt von *Populus* sp. (aus ***Berland***, 1947).

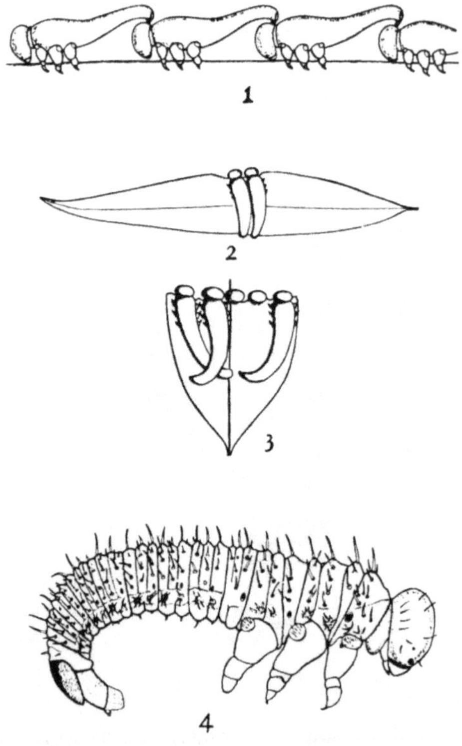

Abb. 34: *Perga dorsalis* LEACH (Pergidae): 1) Larven-Fortbewegung 2 u. 3) gemeinsames Fressen 4) ausgewachsene Larve (aus ***Evans***, 1934).

Geschwisterlarven lockt weitere an, sodaß sich Gruppen bilden. Der Auslesevorteil des Bevorzugens offener Schnittstellen von Nadeln dürfte darin liegen, daß die schwachen Eilarven leichter gemeinsam die schwere Aufgabe des Anschneidens der Nadelspitze lösen. Die Kopfzahl der an der Nadelspitze fressenden Gruppe sinkt mit dem Wachsen der Kopfkapseln d. h. mit dem Alter und dem Nahrungsbedarf der einzelnen Larve. Das Aussaugen der Larven durch die Pentatomidae *Podisma modestus* erfolgt an der Peripherie der Kolonien deutlich stärker als im Zentrum (***Tostowaryki***, 1971). Aggregationen von Junglarven wurden auch bei *Arge nigrinidosa* (Argidae) im Vergleich mit *Arge nipponensis* untersucht (***Adachi***, 1981).

Von der südlichen Hemisphaere werden zwei Beispiele für Sozialverhalten bei Larven erwähnt: Larven von *Perga dorsalis* (Pergidae) fressen *Eucalyptus obliqua*-Blätter. Ist ein Fraßbaum entlaubt, wandern die Larven als Heerstraße im Gänsemarsch gezielt zum nächsten. Dabei hält der voranschreitende Partner den nachfolgenden mit dem Nachschieber am Kopf fest (***Evans***, 1934) (Abb. 34). In Zentralbrasilien leben die Larven von *Themos olfersii* (Argidae) vom Eischlüpfen bis zum Einspinnen ins Kokon (ca. 30 Tage) gemeinsam. Larven mit dicken Kopfkapseln (und starken Mandibeln) fressen an den harten Blättern von *Eriotheca pubescens* (Bombacaceae). Diese Larven zeigen ein eigenartiges, sinnvolles Verhalten, um in Gruppen ein Blatt der Wirtspflanze nebeneinander zu verzehren. Dabei bilden sich Kolonien von 40–50 Individuen. Bei Störung schwingen sie die Abdomina nach oben, bei starker Störung spritzen sie eine visköse Flüssigkeit aus der Abdomenspitze. Bei Schlechtwetter und untertags aggregieren sie unter Blättern und bilden massive Klumpen (***Dias***, 1975). Larven einer weiteren neotropischen Argidae, *Dielocerus diasi*, fressen gregär die Blätter von *Sclerobium aureum* (Caesalpinaceae) bei Tag und Nacht in einer geordneten Art und Weise in dichten Gruppen (Abb. 36). Einzelne Kolonien vereinigen sich manchmal zu mehr als 500 Larven. Diese Larven präsentieren durch ihr Sozialverhalten einen bemerkenswerten Schutz vor Feinden. Sie spinnen sich auch gemeinsam am Fuß der Wirtsbäume in individuelle Kokons ein und bilden dabei große Klumpen (***Dias***, 1976). Ganz besonders untypisch für Symphyten ist aber die von ***Curtis*** (1845) geschilderte gemeinsame Verpuppung sozialer Larven von *Dielocerus ellisii* (Argidae) in einem beutelförmigen, im Längsschnitt ellipsoiden Nest von 10–18 cm Länge in Brasilien (Abb. 35). Diese Nester werden an Ästen hängend von den Larven gemeinsam gesponnen mit einer rauhen, elastischen Außenhülle. Im Innern werden die Verpuppungskokons in horizontaler Lage und übereinander angeordnet, wobei die im Zentrum gelegenen „Kokonzellen" einen hexagonalen, die gegen die Hülle gelegenen Kokons einen ± runden Querschnitt erreichen. Beim Aufschneiden sol-

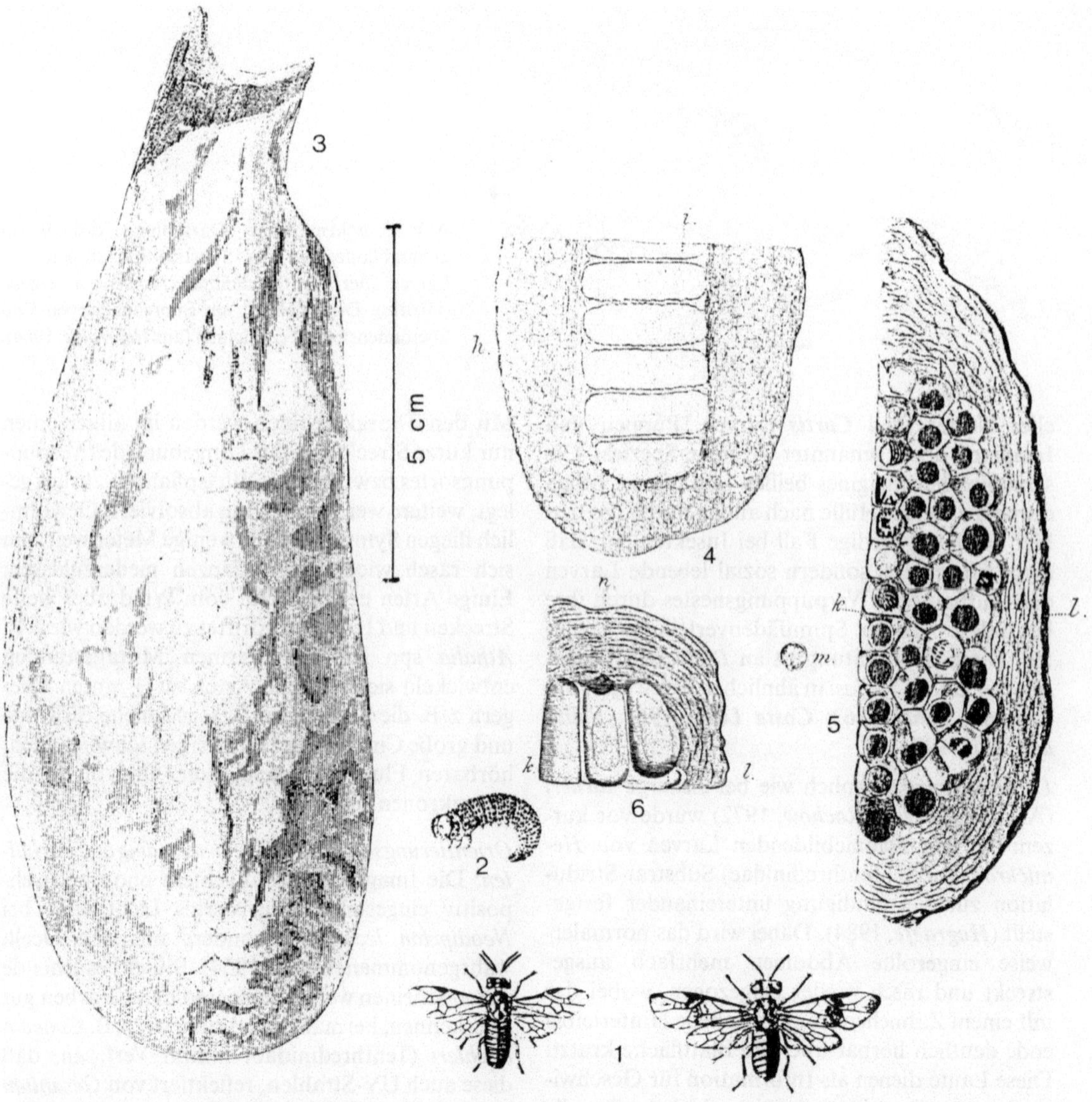

Abb. 35: Larvennestbau bei *Dielocerus ellisii* CURTIS (Argidae): 1) Männchen und Weibchen 2) Larve 3) Larvennest in Seitenansicht 4) lateraler Längsschnitt 5) Längsschnitt eines Nestes mit Larvenhäuten in den Zellen 6) Querschnitt am Nestrand. h = Gespinsthülle, i = Zellen im Nestinneren, n = Zelle mit Puppenhüllen, Schlupfloch einer Imago zeigend, k,l = Schnittebenen zeigend (*Curtis*, 1845).

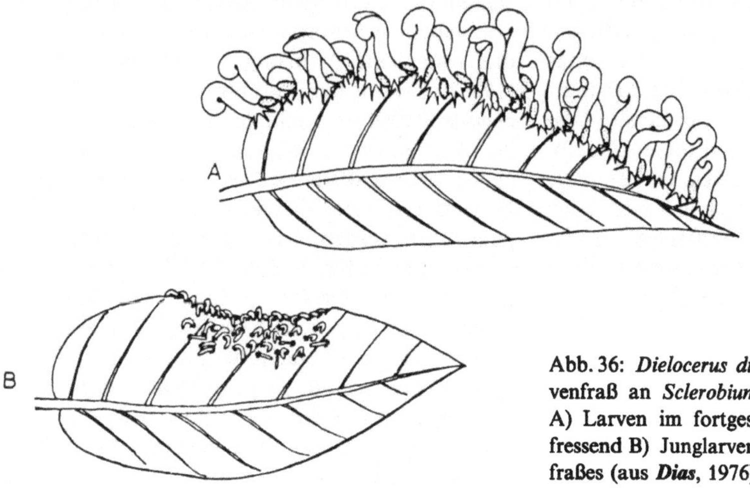

Abb. 36: *Dielocerus diasi* SMITH (Argidae); sozialer Larvenfraß an *Sclerobium aureum* (TUL.) (Caesalpinaceae): A) Larven im fortgeschrittenen Stadium am Blattrand fressend B) Junglarven am Beginn des sozialen Blattrandfraßes (aus ***Dias***, 1976).

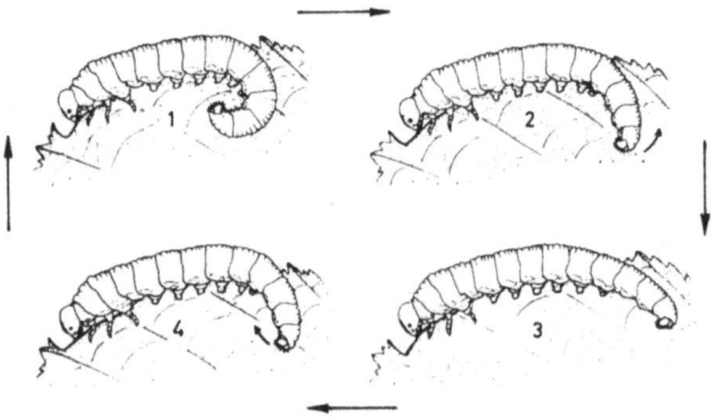

Abb. 37: Schematische Darstellung des Bewegungsablaufes bei der Substrat-Stridulation von Larven der Tenthredinidae *Hemichroa crocea* (GEOFF.). Die „Zähne" am Supraanallappen sind überdimensioniert gezeichnet (aus ***Hofgraefe***, 1984).

cher Nester fand ***Curtis*** Larven, Puppen und Imagines oben genannter Argidae-Spezies. Die schlüpfenden Imagines beißen sich offensichtlich durch die weiche Hülle nach außen durch. Es tritt hier der merkwürdige Fall bei Insekten ein, daß nicht Elterntiere, sondern sozial lebende Larven den Aufbau eines Verpuppungsnestes durch ihre besondere Art der Spinnfädenverteilung gestalten. Diese Beobachtung ist an *Dielocerus formosus, fasciatus* und *diasi* in ähnlicher Weise bestätigt worden (***Sichel***, 1862; ***Costa Lima***, 1960; ***Smith and Adis***, 1984).

Lauterzeugung: Ähnlich wie bei *Zenarge turneri* (Argidae) (***Meyer-Rochow***, 1972) wurde vor kurzem bei den koloniebildenden Larven von *Hemichroa crocea* (Tenthredinidae) Substrat-Stridulation zur Verständigung untereinander festgestellt (***Hograefe***, 1984). Dabei wird das normalerweise eingerollte Abdomen mehrfach ausgestreckt und rasch wieder eingezogen, wobei das mit einem Zähnchenkranz versehene Hinterleibsende deutlich hörbar über die Blattfläche kratzt. Diese Laute dienen als Information für Geschwisterlarven für eine günstige Nahrungsquelle (Abb. 37).

Ethologie der Imagines

Zu den allgemeinen Bewegungsformen der adulten Stadien ist folgendes zu berichten. Nach dem Verlassen der Puppenhaut verbleibt die junge Imago einige Tage im Schutz ihres Verpuppungsortes. Dabei wird das Integument gehärtet (***Benson***, 1950). Bei *Diprion pini* kann dieser Zeitabschnitt 1–7 Tage dauern (***Eliescu***, 1932). Alle anderen Schätzungen fallen zwischen diese beiden Extreme mit Ausnahme der Überwinterung von manchen Imagines bei Siricidae im Substrat Holz (***Chrystal***, 1928). Nach dem Ausschlüpfen aus dem Kokon oder der Verpuppungshöhle im spezifischen Substrat geben die Symphyten, wie auch bei vielen anderen Insekten, einen milchigen Saft von sich, der die während der späten Larven- und Puppenzeit gebildeten Ausscheidungsprodukte, das Meconium, enthält.

Mit den Thorakalbeinen werden im allgemeinen nur kurze Strecken in der Umgebung des Verpuppungsortes bzw. auf den Wirtspflanzen zurückgelegt, weitere werden im Flug absolviert. Gewöhnlich fliegen Symphyten nur wenige Meter weit, um sich rasch wieder auf Pflanzen niederzulassen. Einige Arten neigen dazu, vom Wind über weite Strecken und Höhen verdriftet zu werden wie z. B. *Athalia* spp. In den warmen Mittagsstunden entwickeln sich manche Arten zu ± guten Fliegern z. B. die Megalodontidae. Manche Siricidae und große Cimbicidae zeigen einen schwirrenden, hörbaren Flug über viele Meter und bis in die Baumkronen hinauf.

Orientierungs- und stoffwechselbedingtes Verhalten: Die Imagines sind allgemein phototaktisch-positiv eingestellt. Polarisiertes Licht wird bei *Neodiprion lecontei* besonders mit den Ocelli wahrgenommen (***Green***, 1954). Blütenbesuchende Arten scheinen weiße, gelbe und blaue Farben gut zu erkennen, bei manchen Arten, wie z. B. *Cuneala koehleri* (Tenthredinidae) nimmt Verf. an, daß diese auch UV-Strahlen, reflektiert von *Geranium* spp.-Blüten, wahrnehmen können. Bisher sind nur tagaktive Pflanzenwespen bekannt, an Lichtfallen gelegentlich anfliegende Stücke stammen aus der unmittelbaren Umgebung des Standortes. Frisch geschlüpfte Imagines nehmen sofort Flüssigkeit auf in Form von Regen- oder Tautropfen; von manchen Autoren wird bestritten, daß Siricidae irgendeine Nahrung aufnehmen, ***Eichhorn*** (1982) erwähnt die Aufnahme von Baumsäften. ***Benson*** (1950) beobachtete bei *Tenthredo amoena* die Aufnahme von sogenannten Kuckucksspeichel der Kleinzikade *Philaenus spumarius*, manche Nematinae-Arten, die normal nicht von Blüten angezogen werden, fand derselbe Autor an Honigtau und reifen Früchten. Blütenbesuchende Symphyten fressen Pollenkörner, wie auch ganze Stamina und Petale, auch saugen viele Nektar auf. Das Fressen von Petalen bei *Ficaria verna* HUDS. ist z. B. von *Sciapteryx consobrina* (Tenthredinidae) bekannt (***Ermolenko***, 1961) (Abb. 38). Über den Blütenbesuch bei Pflanzenwespen und deren funktionsmorphologische Grundlagen berichtet

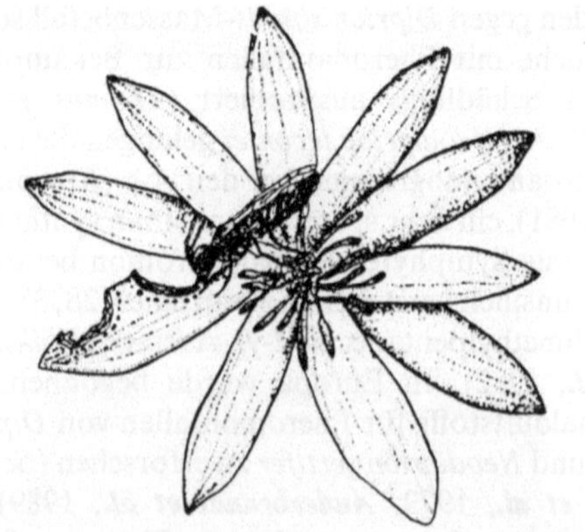

Abb. 38: *Sciapteryx consobrina* KLUG (Tenthredinidae) – Imago beim Fressen von Blütenblättern der Ranunculaceae *Ficaria verna* HUDS. (aus ***Ermolenko***, 1961).

Tavčar (1986). Im allgemeinen werden nur Blüten und Blütenstände mit leicht zugänglichen Pollen und Nektarien aufgesucht, nur wenige Arten wie Megalodontidae, einige kleine Cimbicidae, Argidae, Pergidae, Cephidae und wenige Tenthredinidae haben einen entsprechend längeren Labiomaxillarapparat, angepaßt für einen Blütenbesuch mit tiefer gelegenen Nektarien, entwickelt. Als konsequente Blütenbesucher spielen Symphyten-Imagines wohl nur eine untergeordnete Rolle. Es gibt für manche Arten die Tendenz, die Blüten ihrer Wirtspflanzen als Rastorte oder Rendezvousplätze zum Auffinden ihrer Geschlechtspartner aufzusuchen. Andere fressen von den Blütenblättern so z. B. *Tenthredo scrophulariae* von *Scrophularia* spp., *Abia sericea* bevorzugt Blüten von *Symphoricarpus racemosus* und *Scabiosa* spp., *Arge gracilicornis* von *Rubus* spp.

Frühfliegende Nematinae, angelockt durch *Salix*-Arten, fressen Pollen an den ♂-Kätzchen und sind kaum an anderen Blüten anzutreffen. Unter den Xyelidae sind Pollenfresser ebenfalls bekannt (***Benson***, 1950; ***Schedl***, 1978). Daß manche Arten in Nordamerika auf das Abweiden von Pubescenzen spezialisiert sind, wurde schon beim Kapitel Ökologie erwähnt (***Ross***, 1933).

Daß eine Reihe von Blattwespen, besonders die Weibchen, sich als Imagines auch carnivor ernähren, berichtet schon ***Enslin*** (1912–18). Es sind unter den Tenthredinidae vor allem Selandriinae, Tenthredininae (*Tenthredo*, *Macrophya*, *Tenthredopsis* etc.) und einige Blennocampinae, sie besuchen Blütenstände, um dort kleine blütenbesuchende Dipteren, Coleopteren, Hymenopteren, Lepidopteren u. a. zu erbeuten und aufzufressen, auch andere Blattwespen, sogar die ♂♂ der eigenen Art (***Hobby***, 1932). ***Clausen*** (1940) erwähnt, daß *Tenthredo nigropicta* in Japan ausgewachsene Larven und Puppen von Chrysomelidae der Genera *Melasoma* und *Plagiodera*, 2–3 Exemplare pro Tag, fressen. *Dolerus niger* Imagines fressen in Rußland Psyllidae-Larven (***Korolkow***, 1914).

Verhalten des Schutzes und der Verteidigung: Viele Symphyten, besonders Tenthredinidae, erreichen den Schutz vor Feinden durch unauffällige Färbung des Integuments. Viele sind von grüner Grundfarbe z. B. Nematinae, Tenthredininae, besonders bei ♀♀, sie dient ihnen als Schutz besonders bei der Eiablage, bei der sie kurzfristig nicht so rasch flüchten können. Bei den dazugehörigen ♂♂ kann man häufig die grüne Farbe durch gelb ersetzt erkennen. In einigen Fällen ändert sich die Farbe der Imago im Laufe ihres Lebens, so ist bei *Amauronematus puniceus* (Tenthredinidae) das ♀ nach dem Schlüpfen grün, doch wird es bald gelb (***Benson***, 1950). Andere Symphyten-Imagines „schützen sich" mit aggressiver Färbung z. B. wespenartig (Mimikry) bei *Tenthredo vespa*, *Urocerus gigas* etc. So eine Färbung verleitet viele Menschen und wohl auch Tiere in dem Sinne, daß es sich um Wespen oder Hornissen handelt. Es kann etwas bedeuten, daß Wespenartigkeit (Sphekoidie) zu einer Gruppe von Symphyten gehört, die z. T. andere Insekten verzehren (***Heikertinger***, 1920; ***Benson***, 1950). Auffällig gefärbte Symphyten können in zwei Gruppen geteilt werden, unabhängig von ihrer taxonomischen Zugehörigkeit, die zu Assoziationen mit ***Bates***'scher bzw. ***Müller***' Mimikry gehören. Die eine von diesen zeigt ein hellgelbes oder orangerotes Abdomen mit schwarzem Mesonotum (viele Selandriinae, Nematinae, alle Athaliini und andere Blennocampinae, weiters einige Argidae, Pamphiliidae, etc.). Die andere von diesen ist hauptsächlich schwarz mit blutrotem Mesonotum (z. B. die Nematinae *Hemichroa alni*, die Blennocampinae *Eriocampa ovata*, *Eutomostethus ephippium* und viele exotische Selandriinae, Argidae u. a.) (***Benson***, 1950). Manche Symphyten zeigen ihre Aggressivität mit kräftigen, bezahnten Mandibeln, die auch gegen Feinde zur Verteidigung benützt werden z. B. bei Megalodontidae, Cimbicidae, manche Tenthredinidae. Wie bei den Larven ist auch bei Imagines das Verhalten des Sichfallenlassens ausgeprägt (Zustand der Starre, Tanatose), wenn Gefahr in irgendeiner Form droht, so z. B. bei kleinen Tenthredinidae und bei Argidae mit zarten Mandibeln. In dieser Verstellung werden die Flügel, Antennen und Beine eng an den Körper gedrückt wie beim Puppenstadium. Dieses Totstellen dauert meist nur kurze Zeit, dann versuchen sie zu laufen und wegzufliegen (***Enslin***, 1912–18; ***Löhner***, 1920; ***Benson***, 1950).

Putzverhalten: Es kann bei Imagines immer wieder beobachtet werden (***Farish***, 1972). Es kommt doppeltes Antennenputzen vor, wobei die Putzsporne der Tibiae I verwendet werden, die z. B. bei

Cephidae nur einfach vorhanden sind, der Metatarsus I weist aber eine leichte Eindellung auf (***Grinfel'd***, 1962). Auch das Säubern der Mundwerkzeuge und Palpen läßt sich beobachten. Natürlich werden auch die Flügel nach Benetzung bewegt und mit den Hinterbeinen auseinandergehalten. Putzen des Abdomens erfolgt mit den Hinterbeinen, wobei auch die Sporne am Ende der Tibiae verwendet werden (***Grinfel'd***, 1962).

Partnerfindung und Kopulation: Das räumlich-zeitliche Zusammentreffen der Geschlechtspartner erfolgt bei Symphyten einerseits über optische, andererseits über olfaktorische Reize. Diesbezügliche Untersuchungen an Pflanzenwespen befinden sich erst im Anfangsstadium und sind auf wenige Arten beschränkt. Wie es Reizstoffe zum Auffinden der richtigen Fraßpflanze gibt, so ist seit ca. 30 Jahren auch bei Symphyten bekannt, daß Sexualduftstoffe (Ectohormone) der ♀♀ die artspezifischen ♂♂ von weither anlocken können. So wurde in Wisconsin (USA) bei Fallenversuchen mit 1 frisch geschlüpften ♀ je Falle bei *Diprion similis* (Diprionidae) 1000 und mehr ♂♂ angelockt, wobei diese aus Entfernungen bis zu 42 Metern je nach Windverhältnissen angeflogen kamen. Allerdings wurde bei *Neodiprion pratti pratti* festgestellt, daß die ♀♀ nicht jedes Jahr mit ihren Sexualpheromonen die gleiche Aktivität auf ihre ♂♂ ausüben (***Bobb***, 1964). So wurden bei Gradationen in Virginia (USA) 1960 die ♂♂ überaus stark angezogen und es kam zu einem hohen Prozentsatz an Kopulationen. 1963 dagegen zogen die frisch geschlüpften ♀♀ nur 2,5 % der ♂♂ zu Kopulationen an. Begattete ♀♀ legten 88 % ihrer Gesamteizahl der Ovarien ab, unbegattete ♀♀ legten nur ganz wenige Eier ab.

Die ersten Versuche mit „lockenden" ♀♀ ergaben auch, daß sich die Duftstoffdrüsen am Abdomen des Weibchens befinden müssen (***Coppel et al.***, 1960). Von *Diprion similis* wurden diese vermutlich pheromonproduzierenden Drüsen am 2. Abdominalsegment beschrieben (***Mertins and Coppel***, 1972) (Abb. 74). Wenige Jahre später war eine Stoffgruppe des Pheromons isoliert, 0,004 Mikrogramm davon lockte 500–1000 ♂♂ innerhalb von 5 Minuten aus 20–42 m Entfernung während der warmen Tagesstunden an. Man erkannte, daß der Lockstoff von den stark gefiederten Antennen der ♂♂ wahrgenommen werden muß (***Casida et al.***, 1963). ♀♀, die schon einmal kopuliert hatten, waren nicht mehr anlockungsfähig. ***Jewett et al.*** (1976) identifizierten ein synthetisches Acetat, das ♂♂ von *Neodiprion sertifer*, *lecontei* und *Gilpinia frutetorum* anlockte, ein synthetisches Proprionat, das die ♂♂ von *Diprion similis* und *Neodiprion swainei* anlockte. ***Borden et al.*** (1978) wiesen Sexualduftstoffe in England bei der Pamphiliidae *Cephalcia lariciphila* nach. In North-Carolina wurden gegen *Diprion similis*-Massenbefall schon Versuche mit Pheromonfallen zur Bekämpfung dieses Schädlings ausprobiert (***Thomas et al.***, 1982). An *Neodiprion lecontei* gelangen die ersten Electroantennogramme bei den ♂♂ (***Kraemer et al.***, 1981), ein Jahr später konnte man synthetisch das erste Symphyten-Sexualpheromon bei dieser Art künstlich herstellen in Form eines (2S, 3S, 7S)-3,7-dimethylpentadecan-2-yl Acetats (***Wilkinson et al.***, 1982). In Europa wurde begonnen, die Sexualduftstoffe für Pheromonfallen von *Diprion pini* und *Neodiprion sertifer* zu erforschen (***Schönherr et al.***, 1979; ***Anderbrandt et al.***, 1989). In Kanagawa (Japan) wurden an Pheromonfallen für die Cerambycidae *Anaglyptus subfasciatus* in einem Wald auch 23 Arten an Symphyten (2 Siricidae, 2 Xiphydriidae, 1 Pamphiliidae, 1 Argidae und 17 Tenthredinidae) angelockt (***Togashi***, 1988, 1990).

Die Kopulation findet gewöhnlich statt, wenn sich ein noch unbegattetes ♀ bei Sonnenschein auf einem Blatt oder einer Nadel, bei blütenbesuchenden Arten auf Blüten ihrer Wahl, niederläßt. Die ♂♂ von *Neodiprion pratti pratti* erheben ihre Antennen, wenn sie sich den ♀♀ nähern (***Bobb***, 1964). Dieses Verhalten kann man bei vielen Symphyten-♂♂ beobachten. *Cephus pygmaeus* kopulieren häufig, wie auch andere Cephidae, auf gelben oder weißen Blüten (***Ries***, 1926), bei Siricidae wird vermutet, daß sie hoch in der Luft in den Baumwipfeln kopulieren (***Benson***, 1950). Die Begattung wird bei manchen Arten von Balgereien der ♂♂ eingeleitet. So ist bei Keulenhornblattwespen des Genus *Cimbex* beobachtet worden, daß die ♂♂ brummend gegen einander anfliegen und sich mit den Mandibeln packen. Die Kopulation wird bei diesen Arten so ausgeführt, daß die ♂♂ rückwärts gehend sich den ♀♀ nähern und ihre Abdomenenden unter die der ♀♀ schieben. Die Begattung dauer 15–30 Minuten (***Enslin***, 1912).

Das Schwärmen der ♂♂ ist eine Art Sonnentanz, oft ohne irgendein in der Nähe erkennbares ♀. ♂♂ von *Trichiosoma lucorum* (Cimbicidae) umfliegen bei Sonnenschein die Spitzen der *Betula*-Bäume laut „brummend" wie Hummeln, wobei einmal auch ein Kampf zweier ♂♂ über 10 Minuten beobachtet wurde (***Benson***, 1950). ***Rohwer*** (1915) untersuchte auch das Paarungsverhalten bei einer Diprionidae, nämlich bei *Neodiprion lecontei*, die mehrere Generationen pro Jahr aufweist. Ein für den Menschen erkennbares Werbeverhalten wurde dabei nicht beobachtet. Das Paarungsverhalten und die Eiablage wurde im Labor bei der Tenthredinidae *Athalia proxima* studiert (***Hussain and Charta***, 1987). Während bei manchen Arten der Symphyten bei Ausfall einer Kopulation das entsprechende ♀ parthenogenetisch Eier legt und

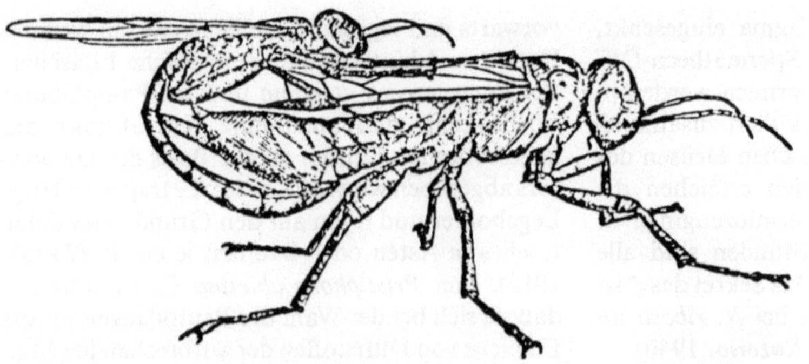

Abb. 39: Kopulationsstellung von ♂ und ♀ bei der orthandrischen *Xiphydria maculata* Say (Xiphydriidae) (aus ***Rohwer***, 1915).

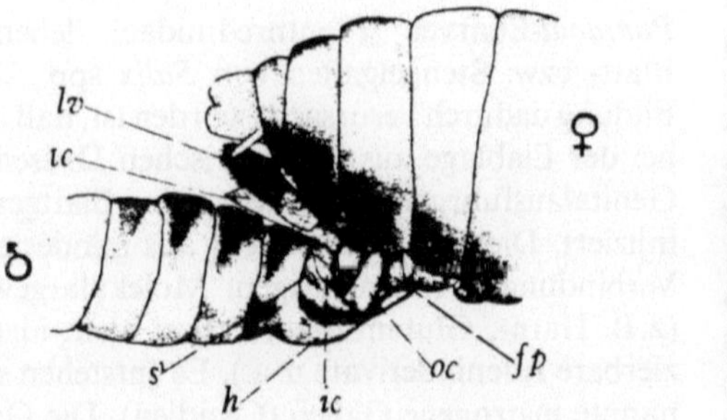

Abb. 40: Abdomenenden von ♂ und ♀ bei der Kopulation des strophandrischen *Nematus ribesii* (Scop.) (Tenthredinidae): fp – Subgenitalplatte des ♀ (7. Sternit), h – Hypandrium des ♂ (9. Sternit), ic – Volsellae, oc – Parameres, s' – Socii, te – Terebra (Ovipositorteil) (vom Verf. verändert, aus ***D'Rozario***, 1940).

daraus Larven und Imagines werden können, benötigen andere Arten unbedingt eine Kopulation für eine erfolgreiche Nachkommenschaft. Soweit bisher bekannt, kommen bei Symphyten-Kopulationen im Sinne von ***Richards*** (1927) zwei verschiedene Körperstellungen der Geschlechtspartner in Frage:

1) Die männliche vertikale Stellung: Im ursprünglichen Zustand der orthandrischen Symphyten sind die äußeren Genitalien nicht in der Längsachse verdreht (z. B. Cephidae, Pamphiliidae, Siricidae, Xiphidriidae). Es wird die Beobachtung von ***Rohwer*** (1915) an der Xiphydriidae *Xiphydria maculata* als Beispiel genommen. Das ♂ besteigt das Abdomen des ♀, wobei das ♂ seine Abdomenspitze zur Unterseite des Abdomenendes des ♀ krümmt. Die Parameren ergreifen Strukturen an der Basis des Ovipositors und das Hypopygium haftet in normaler Lage fest am männlichen Abdomenende (Abb. 39). ***Chrystal und Skinner*** (1932) beschreiben die Paarung der britischen *Xiphydria prolongata*: Die ♂♂ erscheinen vor den ♀♀ und pochen mit ihren Abdomenenden auf das Brutholz, aus dem auch die ♀♀ schlüpfen. Oft wurde beobachtet, daß ein sehr kleines ♂ mit einem großen ♀ kopulierte, wobei sich das ♂ mit allen Beinen auf dem Rücken des ♀ festhielt. ***Snodgrass*** (1941) fand, daß Xyelidae sowohl strophandrische wie auch orthandrische Genera aufweist.

2) Die lineare Stellung: Bei den strophandrischen Symphyten (*Xyela* ex Xyelidae, Argidae, Cimbicidae, Pergidae, Diprionidae und Tenthredinidae) hat das ♂ seinen äußeren Genitalapparat verkehrt, d. h. um 180° in der Längsachse gedreht (Abb. 40). Diese Stellung ermöglicht den Geschlechtspartnern sich rückwärts in der normalen Körperlängsachsensituation einander zu nähern. Das ♂ geht rückwärts auf das ♀ zu, hält mit den Flügelenden und den Hinterbeinen das ♀ nach unten, sodaß es schwer wegfliegen kann, Die ♀♀ „sträuben" sich oft bei diesen Kopulationsversuchen. Die Hinterbeine vieler Symphyten ♂♂ sind stark vergrößert z. B. bei *Cimbex* spp., *Tenthredo* spp., *Macrophya* spp. u. a., sie scheinen bei der Copula eine Rolle bei dem Stabilisieren des weiblichen Abdomenendes zu spielen. Bei Tenthredinidae dauert die Kopula meist 1–2 Minuten (***Benson***, 1950), bei *Cephus pygmaeus* (Cephidae) werden auch 10 Minuten angegeben (***Ries***, 1926), bei *Cimbex* (Cimbicidae) 15–30 Minuten. ***Chrystal und Skinner*** (1932) erwähnen, daß die ganze Prozedur der Paarung und Kopulation bei *Xiphydria prolongata* (Xiphydriidae) 10–45 Minuten dauert, wobei das ♂ mit seinen Antennen diejenigen des ♀ berührt. Die ♀♀ paarten sich auch mehrmals mit verschiedenen ♂♂, wobei sie dazwischen Eier ablegten. Bei *Nematus ribesii* paarte sich ein ♂ bis zu 6 × mit verschiedenen ♀♀. Die ♂♂ „erkennen" an den Antennenbewegungen der ♀♀, ob sie schon begattet sind oder nicht. Bei dieser Art scheint 1 ♀ nur einmal im Leben zu kopulieren. Nach der Kopula ist bei manchen Arten Putzverhalten der Abdomenspitze mittels der Hinterbeine beobachtet worden (z. B. ***D'Rozario***, 1940). Anhand von Schnittserien an betäubten und danach fixierten Individuen von *Nematus ribesii* (Tenthredinidae) wurde festgestellt, daß die Subgenitalplatte des Weibchens von den äußeren Zangen des Männchens gehalten wird, während die inneren Zangen (= Penisvalven) von der Innenseite der Vagina nach außen drücken. Der

Aedoeagus wird tief in die Vagina eingesenkt, wobei seine Spitze unter der Spermatheca-Öffnung zu liegen kommt. Die Spermien werden in großer Menge in die Vagina ejakuliert zusammen mit einem Sekret der akzessorischen Drüsen des Männchens. Nur freie Spermien erreichen die Spermatheca, während die Spermiozeugmen in der Vagina bleiben. Nach 6 Stunden sind alle Spermien in der Spermatheca. Das Sekret des ♂ ist absorbiert. Die Kopula dauert bei *N. ribesii* im Durchschnitt 45 Sekunden (***D'Rozario***, 1940).

Die Eiablage: Viele Symphyten legen ihre Eier (40–250, maximal 1000/♀) an Blätter ab (am Blattrand oder auf die Spreite), einige Arten in Stengel (z. B. *Ametastegia, Phymatocera* u. a.), andere an oder in Fruchtknoten von Blütenpflanzen (z. B. *Hoplocampa*), andere an männliche Blüten von Koniferen (manche Xyelidae), wieder andere in Baumstämme oder Äste (Siricoidea) etc. Manche Pflanzenwespen legen ihre Eier nackt ab in einen winzigen Spalt des Wirtspflanzengewebes (z. B. Pamphiliidae), andere geschützt in gerollte Blätter von Farnen (z. B. *Strongylogaster*), wieder andere in entstehende Knospen (z. B. *Pontania, Euura*), immer aber in pflanzliches Gewebe von allerdings unterschiedlicher Qualität (***Enslin***, 1912; ***Iwata***, 1976). Eine regelmäßige Erscheinung kann bei den Symphyten-Eiern beobachtet werden nämlich, daß sie einige Zeit nach der Ablage wachsen, sodaß sie das mehrfache ihres ursprünglichen Volumens erhalten. Durch dieses Anschwellen der Eier wird auch die Stelle des Blattes oder Stengels, an der sie liegen, aufgetrieben, sodaß gallenartige Pusteln (= Procecidien) entstehen (***Enslin***, 1912). Bei einigen Tenthredinidae werden die Eier anscheinend nicht auf die Futterpflanze selbst, sondern auf verschiedene bodennahe Kräuter im engen Umkreis der zukünftigen Fraßpflanze (meist Sträucher, Bäume) abgelegt. Dieses Verhalten dürfte eine Anpassung an die höhere Luftfeuchtigkeit in der Krautschicht sein, wodurch die trockenheitsempfindlichen Eier besser geschützt sind (***Pschorn-Walcher***, 1982).

An *Neodiprion pratti banksianae* sind die Eiablagen an den Nadeln der Wirtspflanze *Pinus banksiana* genau untersucht worden in ihrer Verteilung um die Nadelbasis bis zur Spitze, wobei von den ♀♀ deutlich die Nadelbasis bevorzugt wird (***Ghent***, 1955). Die Sägeblätter der blattwespenartigen Symphyten, geführt von der Stachelrinne (= 3. Gonapophysenpaar), bewegen sich alternierend vor und zurück und bewirken einen Spalt im bezüglichen Gewebe. Bei den Tenthredinidae wird durch die Bewegung der Sägeblätter und des gesamten Abdomens häufig eine Tasche im Gewebe ausgehöhlt, in die ein Ei verlegt wird. Die Sägeblätter werden zurückgezogen und das ♀ macht, z. B. bei *Nematus ribesii*, einen Schritt vorwärts und legt auf dieselbe Weise ein weiteres Ei (bis zu 4 hintereinander) in solche Eitaschen. Bei *Phymatocera aterrima* und bei Pamphiliidae ist bekannt, daß auch eine Kittsubstanz aus akzessorischen Drüsen an der Basis des Ovipositors abgegeben wird. Siricoidea ♀♀ tragen ± lange Legebohrer und legen auf den Grund eines tiefen Loches in Ästen oder Bäumen je ein Ei (***Enslin***, 1912). Von *Pristiphora abietina* ♀♀ ist bekannt, daß sie sich bei der Wahl der Brutpflanzen für die Eiablage von Duftstoffen der aufbrechenden Maitriebknospen von *Picea abies* leiten lassen (***Merker u. Adlung***, 1956).

Pontania-Eilarven (Tenthredinidae) leben in Blatt- bzw. Stengelgallen von *Salix* spp., deren Bildung dadurch verursacht worden ist, daß das ♀ bei der Eiablage aus akzessorischen Drüsen der Genitalausfuhrgänge ein Sekret ins Blattgewebe injiziert. Dieses Sekret besteht aus mindestens 6 Verbindungen von niedrigem Molekulargewicht (z. B. Harn-, Glutaminsäure, zwei nicht identifizierbare Adeninderivate u. a.). Es entstehen sogenannte matrogene Gallen (Cecidien). Die Gallen bilden sich auch dann, wenn die Eier entfernt werden, werden aber durch den Larvenfraß größer (***McCalla et al.***, 1962; ***Kaestner***, 1973), man spricht von wachstumsfördernder Aktivität von physiologischer Bedeutung.

Brutfürsorge und Brutpflege. Brutfürsorge wird nahezu von allen Symphyten ♀♀ bei der Ausführung der Eiablage betrieben. Die ♀♀ legen i. d. R. ihre Eier an die Wirtspflanze(n), die für die schlüpfenden Eilarven Nahrungsgrundlage für ihre Weiterentwicklung sein kann. Dieses Verhalten gilt auch für die ♀♀ der Orussidae, die, soweit bekannt, ihre Eier an potentielle Wirtslarven von anderen holzbewohnenden Insekten ablegen. Brutpflege hingegen wird in der Unterordnung der Symphyta nur von wenigen Arten betrieben, so z. B. bei der brasilianischen Argidae *Themos olfersii.* Jedes ♀ legt durchschnittlich 27 Eier in Form einer scheibenartigen Gruppe auf der Blattoberseite von *Eriotheca pubescens* (Bombacaceae) ab. Das ♀ stellt sich dann schützend über die Eipalette (***Dias***, 1975). Die Eier schlüpfen i. d. R. nach 23 Tagen. Bei Störung zeigt das ♀ 10 unterschiedliche Verteidigungsreaktionen gegenüber Prädatoren und Parasitoiden. Diese Brutpflegemaßnahmen scheinen sehr erfolgreich zu sein, weil die Eimortalität nur 7% ausmacht. Sogar die Junglarven werden vom ♀ noch geschützt, wenn diese zum Basalteil des Blattes wandern und gemeinsam nebeneinander Blattsubstanz fressen, In der Zeit, in der die Larven fressend die Blattspitze erreichen, bleibt das ♀ mit Verteidigungsreaktionen am Blattgrund stehen (Abb. 41). In einigen Fällen konnten ♀♀ bis zu 4 Wochen bei Brutpflegemaßnahmen beobachtet

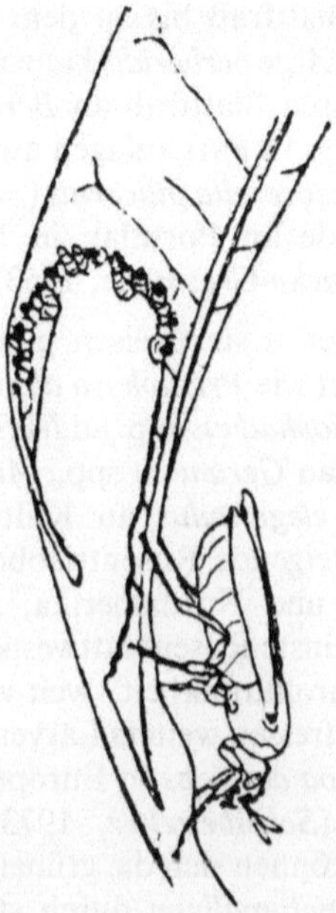

Abb. 41: Brutpflege eines Weibchens von *Themos olfersii* (Klug) (Argidae) an Junglarven an einem Blatt einer neotropischen Bombacaceae (aus ***Dias***, 1975).

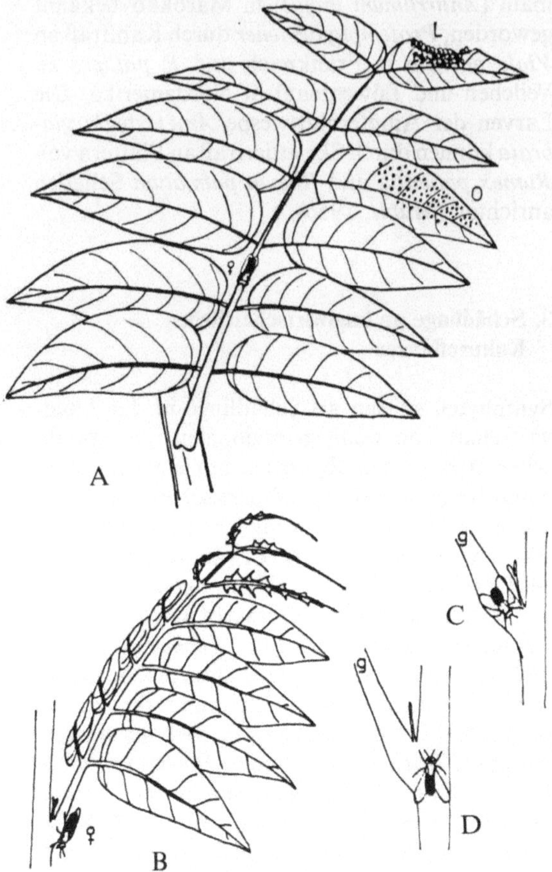

Abb. 42a: Brutpflege und Verteidigung eines „Blatt-Territoriums" von *Dielocerus diasi* (Smith) (Argidae) an Blättern einer neotropischen Caesalpinaceae (aus ***Dias***, 1976): O – Eier, L – Larven, g – Blattstielverdickung.

werden. Einige Male konnte festgestellt werden, wie das ♀ ihre Larven eskortierte, wenn diese auf ein anderes Blatt übergingen. Nur 4 % der beobachteten ♀♀ wurden Beute von Räubern. Die ♀♀ scheinen für viele Prädatoren ungenießbar zu sein, sie sind auch durch die orange-schwarzen Farben des Körpers mit Signalfarben versehen. Niemals wurde ein Wegfliegen oder eine Nahrungsaufnahme der behütenden ♀♀ gesehen (***Dias***, 1975).

Ein ähnlich ausgeprägtes (Prä-)Sozialverhalten konnte von ***Dias*** (1976) bei der Argidae *Dielocerus diasi* entdeckt werden. Diese gehört zu einer neotropischen Artengruppe, die bei Symphyten den höchsten Grad im Sozialverhalten erreicht zu haben scheint. Die ♀♀ legen ihre Eier in das Blattgewebe von *Sclerobium aureum* (Caesalpinaceae) und bewachen ihre Eier und Larven 3–4 Wochen gegen Prädatoren und Parasitoide. Das ♀ ist auffällig gefärbt und für viele Tiere ungenießbar. Es verteidigt ein „Blatt-Territorium" gegenüber anderen ♀♀ durch Flügelschläge und summende Signale (Abb. 42). Brutpflege wurde auch bei der an *Larix*-Nadeln lebenden Tenthredinidae *Pachynematus itoi* in Österreich in Ansätzen beobachtet. Das ♀ bleibt mit gespreizten Flügeln über dem Eigelege sitzen, bis die Junglarven geschlüpft sind (***Pschorn-Walcher u. Zinnert***, 1971).

Symphyten als Nutz- und Schadinsekten

Dieses Thema kann in diesem Rahmen nur kurz behandelt werden. Einige wichtige Arten können exemplarisch aus der Fülle genannt und besprochen werden. Auf Bekämpfungs- und Prognosemaßnahmen wurde bereits im Kapitel Ökologie stichwortartig eingegangen, eine bescheidene Ergänzung dazu wird in diesem Kapitel angefügt. Symphyten-Stadien sind eine ganz bedeutende Nahrungsgrundlage für viele andere Tiere in den verschiedenen Ökosystemen.

1. Bestäuber

Auf diese Rolle der Pflanzenwespen im Haushalt der Natur wurde schon bei der Behandlung der trophischen Faktoren hingewiesen. Das Artenspektrum an Blütenpflanzen, an denen Symphyten als Blütenbesucher festgestellt wurden, erstreckt sich auf über 40 Pflanzenfamilien (***Kugler***, 1970; ***Tavčar***, 1986). Es sind vor allem gelbe und weiße Blüten beziehungsweise Blütenstände von einfachem Bau (= mit leicht zugänglichem Nektar und Pollen), die von den adulten Blattwespen

i. w. S. und Halmwespen aufgesucht werden, so vor allem gelbblütige Ranunculaceae, Asteraceae, sowie weißblütige Apiaceae, Asteraceae u. a. Arten, die einen längeren und auf Blütenbesuch angepaßten Labiomaxillarapparat aufweisen (z. B. *Corynis* spp., Megalodontidae, *Cuneala* spp.), bevorzugen neben gelben und weißen auch rot-blau-violette Farbqualitäten. Nur bei Blütenstetigkeit im Besuch durch Imagines kann auch von einem für die Pflanzen nützlichen Effekt gesprochen werden. Darüber gibt es allerdings kaum Untersuchungen. Nach Meinung des Verf. sind die besser angepaßten Blütenbesucher unter den Symphyten einer Pflanzenart ± treu, so ist z. B. *Cuneala koehleri* in montanen Regionen der Westpalaearktis regelmäßig an Blüten von *Geranium silvaticum* und verwandten Arten anzutreffen, auch mit Wechsel der zu besuchenden Blüten. Einige vorwiegend boreo-montane und eurosibirische Arten sind häufig an Salicaceae-Kätzchenblüten beim Nektarsaugen oder Pollenfraß beobachtbar (***Schedl***, 1976). An Apiaceae-Blütenständen findet man eine Vielzahl von blütenbesuchenden Megalodontidae, Cephidae, Cimbicidae, Argidae und besonders Tenthredinidae. An der grünblütigen Orchidaceae *Listera ovata* wurden zahlreiche Arten verschiedener Familien mit oft mehreren Pollinien auf den Köpfen beobachtet (***Nilsson***, 1981; ***Schedl*** unpubl.). Die entsprechenden morphologisch-anatomischen Anpassungen im Labiomaxillar-Komplex bei Vertretern verschiedener Familien wurden von ***Tavčar*** (1986) untersucht. Besonders lang fällt dieser Komplex bei der australischen *Eurys kochi* (Pergidae) und der japanischen *Nipponorhynchus mirabilis* (Tenthredinidae) aus, leider ist über den Blütenbesuch beider Arten nichts bekannt. Daß beim Blütenbesuch durch Symphyten-Imagines wirklich Pollen übertragen wird, kann man an den dem Kopf und Thorax haftenden Pollenkörnern und bei den Listera ovata besuchenden Arten an den am Kopf haftenden Pollinien erkennen (***Schedl***, 1983).

2. Schädlinge an gärtnerischen Kulturpflanzen

Gelegentlich und meist regional beschränkt können Symphyten aus den Familien der Pamphiliidae, Argidae, Tenthredinidae und Cephidae an verschiedenen Zierpflanzen schädlich werden (***Balachowsky et Mesnil***, 1935/36; ***Zirngiebl***, 1942; ***Francke-Grosmann***, 1953; ***Pape***, 1964; ***Klinkowski et al.***, 1968). *Pamphilius inanitus*-Larven können an Zierrosen in Nord- und Mitteleuropa die Blätter zu tütenförmigen Röhren („Spirallokken") zusammenspinnen. Von den Argidae bewirken ♀♀ von *Arge rosae* durch die Art der Eiablagen („Steppstichnähte") eine Verkrümmung an Rosentrieben, deren Larven dann durch z. T. bedeutenden Blattfraß bis zu dem Mittelrippen schaden. Auch *Arge berberidis* kann mit 2 Generationen/Jahr durch Blattfraß an *Berberis vulgaris* und *B. thunbergi* in Parkanlagen auffallen (***Lindner***, 1971). *Schizocerella pilicornis* (= *Aprosthema zabriskei*) wurde an Portulak in Nordamerika schädlich (***Francke-Grosmann***, 1953).

Die Blattwespen s. str. weisen eine Reihe von Schädlingen auf wie *Pristiphora alnivora* an *Aquilegia* spp., *Monophadnus* spp. an *Iris* spp., *Protemphytus carpini* an *Geranium* spp., *Ardis* spp. und *Monophadnus elegantulus* an Kulturrosen (ab- und aufwärtssteigende Rosentriebbohrer) in Europa, Sibirien und Nordamerika, *Blennocampa pusilla* – die kleinste Rosenblattwespe – als Erzeuger der „Rosenrollkrankheit" weit verbreitet. An Rosenblättern fressen weiters Larven von *Cladius* spp. und *Caliroa aethiops* in Europa, Japan und Nordamerika (***Scheibelreiter***, 1973). An *Ligustrum vulgare* können sich die grünen Larven von *Macrophya punctumalbum* durch starken Blattfraß bemerkbar machen, weiters *Tenthredo marginella* und *T. atra* an Blättern von *Mentha gentilis*, *Melissa officinalis* und anderen Labiatae. *Athalia cordata*-Larven sind als Schädlinge am Löwenmaul (*Antirrhinum majus*) in Marokko bekannt geworden, *Protemphytus tener* durch Kahlfraß an *Viola odorata* in Frankreich und *P. pallipes* an Veilchen und Löwenmaul in Nordamerika. Die Larven der Ampferblattwespe *Ametastegia glabrata* können durch Skelettierfraß an Blättern von *Rumex patientia* und *Rheum palmatum* Schaden anrichten (***Mühle***, 1956).

3. Schädlinge an landwirtschaftlichen Kulturpflanzen

Symphyten spielen als Schädlinge in der Landwirtschaft von wenigen regionalen und spezifischen Ausnahmen abgesehen nur eine unbedeutende Rolle, wobei aus subtropischen und tropischen Regionen in den bezüglichen, angewandten Werken nahezu gar keine Erwähnung zu finden ist. Unter den schädlichen Symphyten im Anbau von Getreide und Futtergräsern werden häufig Cephidae genannt und zwar *Cephus pygmaeus* und *C. cinctus*, die Getreidehalmwespen, in Europa, Nordafrika, Westindien und die zuletzt genannte in Nordamerika, in viel geringerem Ausmaße *Trachelus tabidus* und *Hartigia viator* in Japan (***Ries***, 1926; ***Balachowsky et Mesnil***, 1935/36; ***Francke-Grosmann***, 1953; ***Keilbach***, 1966). Von den Tenthredinidae treten regional schädlich auf *Selandria serva* in Europa und Nordamerika sowie einige Dolerinae und Nematinae, die auch an Futtergräser und Klee (z. B. *Nematus myosotidis*) Blattfraß verursachen können (***Francke-Grosmann***, 1953; ***Mühle u. Wetzel***, 1965; ***Mühle***, 1971; ***Hill***, 1987). An Kartoffeln und Bataten sind Schäden von der Argidae *Sphacophilus cellularis* (= *Sterictophora ebena* und *privata*) aus den USA bekannt geworden (***Francke-Grosmann***, 1953), an verschiedenen Cruciferae (Raps, Senf, Meerrettich, *Beta* spp.) vor allem von *Athalia* spp. wie *A. rosae*, die Rübsenblattwespe, *A. furvipennis* (= *flacca*) (im ehemaligen Rhodesien), *A. sjöstedti* (in Ostafrika) und *A. proxima* (in Indien, Malaische Halbinsel) und *Ametastegia glabrata* (***Riggert***, 1939; ***Francke-Grosmann***, 1953; ***Le Pelley***, 1959; ***Benson***, 1962; ***Keilbach***, 1966; ***Hill***, 1983, 1987).

Am vielfältigsten sind Pflanzenwespen gelegentlich und regional als Schädlinge im Obstbau und an Beerensträuchern vertreten. Es handelt sich um Pamphiliidae (Gespinstblattwespen) so *Neurotoma saltuum* (= *N. flaviventris*) an Birnenzweigen und *N. nemoralis* an Aprikosen-, Pfirsich-, Pflaumen- und Kirschenzweigen in Teilen der Palaearktis, *N. iridescens* besonders an Kirsche in Ostasien, *N. inconspicua* an Steinobst in Nordamerika, *Pamphilius sylvaticus* an Obstbäumen in Mitteleuropa, *P. persicus* an Pfirsichbäumen in Nordamerika, *multisignatus* an *Ribes* spp. in Kanada etc. (***Francke-Grosmann***, 1953; ***Hill***, 1987).

Von den Pergidae sind *Haplostegus epimelas*, *H. scutator* und *Acorduleceros megacephalus* als auffallende Blattfresser an Guave (*Psidium guijava*) in Brasilien bekannt geworden, an derselben Nutzpflanze die Tenthredinidae *Metapedias pyensoni* sowie zwei weitere Arten (***Conde***, 1936; ***Benson***, 1940; ***Pyenson***, 1940).

Von den Blattwespen i.e.S. werden als Schadinsekten im Obstbau und an Beerensträuchern eine Reihe von Arten wirksam. So befallen mehrere *Hoplocampa* spp. die Fruchtknoten der Pflaumen, Birnen und die reifenden Äpfel (***Francke-Grosmann***, 1953; ***Kotte***, 1958; ***Keilbach***, 1966; ***Alford***, 1987; ***Hill***, 1987), *Caliroa* spp. mit Schabefraß die Blätter nützlicher Rosaceae, einige *Nematus* spp. mit Blattfraß Beerensträucher, so vor allem *N. ribesii* und andere Arten wie *Priophorus* spp. und *Micronematus abbreviatus*. Auch an Erdbeerpflanzungen (z.B. *Monophadnus geniculatus* und *Empria obscurata* (= *fragariae*), an Himbeer- und Brombeersträuchern sind Blattfresser bzw. Minierer als schädlich aufgefallen. *Eriocampa atripennis* entblättert in Nordamerika Walnuß- und *Carya squamosa*-Bäume.

Auch Cephidae kommen im Obstbau und in Beerenkulturen als Schadinsekten in Betracht z.B. *Hartigia trimaculata* an Brombeersträuchern in Nordamerika, *Janus compressus*, die Birnentriebwespe, in Europa, *J. piri* in Korea (***Francke-Grosmann***, 1953; ***Kotte***, 1958; ***Anderson***, 1966; ***Keilbach***, 1966).

Die im Weinbau von Europa und Nordamerika beschriebenen Schädlinge unter den Symphyta sind alle bedeutungslos (***Stellwaag***, 1928).

4. Veterinärmedizinische Bedeutung

Erst relativ rezent ist die Erkenntnis, daß zumindestens zwei Pergidae und eine Argidae-Art veterinärmedizinische Bedeutung erlangt haben. Aus bestimmten Gegenden des australischen Queensland kannte man schon lange eigenartige Vergiftungserscheinungen an Rindern und Schafen. Es handelt sich um Weideflächen mit Baumbewuchs u.a. mit *Eucalyptus melanophloia* u.a. Die Verluste unter den Weidetieren können beträchtlich sein, in manchen Großfarmen starben bis zu 1000 Rinder im Jahr (***Frogatt***, 1923; ***Roberts***, 1932; ***Callow***, 1955; ***Smith***, 1978). Bald stellte sich bei Obduktionen der verendeten Tiere heraus, daß sie Larven bzw. Larvenköpfe der Pergidae *Lophyrotoma interrupta* und *analis* oder Ironbark Sawflies gefressen hatten. Die Futterpflanzen dieser Pergidae-Larven sind die oben genannten *Eucalyptus*-Bäume. Bei starkem Befall, wenn die Bäume kahl gefressen wurden, sammeln sich die Larven in dicken Klumpen von bis zu 60 cm Durchmesser am Fuße der Bäume auf der Suche nach weiterem Futter an, gehen häufig dort zu Grunde und zersetzen sich zu einer gallertartigen Masse der ein fauliger Geruch entströmt. Dieser scheint geradezu magisch Weidevieh anzuziehen. Rinder und Schafe drängen sich um die Baumwurzeln, wo sie sowohl tote wie auch lebendige Larven verzehren (Abb. 42b). Innerhalb weniger Stunden treten die ersten Vergiftungssymptome auf, unkoordinierte

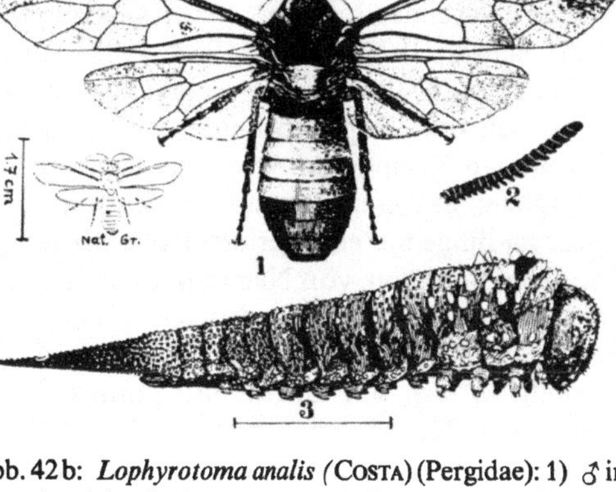

Abb. 42b: *Lophyrotoma analis* (Costa) (Pergidae): 1) ♂ in Dorsalansicht 2) Antenne von ♀ 3) Larve (aus ***Frogatt***. 1923).

Bewegungen, Muskelzuckungen und Nahrungsverweigerung. Diese Tiere gehen zumeist innerhalb von zwei Tagen infolge Leberversagens (Lebernekrosis) ein. Allein 1981 gab es einen Schaden von 1 100 000 austral. Pfund (***Dadswell et al.***, 1985). Kürzlich ist es nun gelungen, das für die Vergiftungssymptomatik verantwortliche Toxin aus den Larven zu isolieren und in seiner Struktur aufzuklären. Das sogenannte Lophyrotomin ist ein Octopeptid, das am Aminoende eine Benzoylgruppe trägt und das einen Teil der Aminosäuren in D-Konfiguration enthält (***Oelrichs et al.***, 1983). Seltsamerweise werden die Larven nur in bestimmten Gebieten von den Weidetieren gefressen, in anderen nicht. Man unterscheidet in Queensland „toxische" und „sichere" Regionen. Es ist unbekannt, welcher Stoff aus den Larven die Rinder und Schafe so anzieht und sie veranlaßt, diese in Mengen zu fressen. Mittlerweile kennt man in Europa, bisher nur in Dänemark, ähnliche Vergiftungen an Schafen, die Larven der Argidae *Arge pullata* von Birkenzweigen gefressen haben (***Thamsbourg et al.***, 1985). Die Identifikation des Giftstoffes ergab überraschenderweise ebenfalls das Octopeptid Lophyrotomin, das schon von der australischen Pergidae-Spezies bekannt war (***Kannan et al.***, 1988).

5. Schädlinge an Forstpflanzen

Wirtschaftlich spielen Pflanzenwespen in der Forstwirtschaft eine viel größere Rolle als bei landwirtschaftlichen oder gärtnerischen Kulturpflanzen. Der größte Teil der Symphyten-Arten der Erde ist forstwirtschaftlich bedeutungslos. Sie leben entweder nicht auf Waldbäumen oder sie sind mit genutzten Nadel- und Laubhölzern vergesellschaftet und kommen nur in geringen Populationsdichten vor, sodaß kein auffälliger Schaden entsteht. Manche Arten sind forstlich indifferent, weil sie wirtschaftlich belanglose Teile ihrer Futterpflanzen befallen wie z. B. einige der in den männlichen Blütenständen von Kiefern lebenden Xyelidae-Larven (***Francke-Grosmann***, 1953; ***Schedl***, 1978; ***Smith***, 1979, 1988). In das forstliche Schrifttum, nur wenig ist aus den Subtropen und Tropen bekannt, sind zwar eine Vielzahl an Symphyten-Arten eingegangen, davon spielen in dieser kurzen Übersicht die Laubholzschädlinge nur eine geringe Rolle. Es werden vor allem *Salix* spp. von Nematinae heimgesucht, gelegentlich auch *Populus*-, *Betula*-, *Alnus*-, *Quercus*-, *Fraxinus*-, *Ulmus*- und *Tilia*-spp. Dabei handelt es sich vor allem um Tenthredinidae (besonders Nematinae), seltener Pamphiliidae, Argidae und Cimbicidae, in Australien (inkl. Tasmanien) werden bestimmte Pergidae an *Eucalyptus*-Arten zu Forstschädlingen (***Frogatt***, 1927; ***Anderson***, 1966; ***Browne***, 1968). Die Schäden dieser Laubholzschädlinge treten meist lokal auf und beschränken sich zumeist auf Zuwachsverluste.

Unter den Koniferen leiden vor allem die *Pinus* spp. unter verschiedenen Pamphiliidae- und Diprionidae-Larven, die Genera *Picea*- und *Larix* unter Pamphiliidae- und Nematinae-Larven, während *Abies* wenig von Blattwespen als Primärschädlinge geschädigt wird, noch weniger *Juniperus*, *Tsuga* und *Cupressus* (***Francke-Grosmann***, 1953; ***Andersen***, 1966; ***Browne***, 1968; ***Pschorn-Walcher***, 1982). An Nadelhölzern treten bei Massenbefall nicht nur Verluste an Höhen- und Stärkenzuwachs ein, sondern es kann bei manchen Forstschädlingen unter den Symphyten auch zum Absterben von Bäumen, ja selbst von einzelnen Kulturen oder Beständen kommen. Zu diesen forstlichen Großschädlingen zählen als Primärschädlinge ca. ein Dutzend Symphyten-Arten, vor allem Pamphiliidae, Diprionidae und Nematinae unter den Tenthredinidae.

Acantholyda posticalis ist in der nördlichen palaearktischen Region weit verbreitet, ihre Larven ernähren sich in schützenden Gespinsten von Nadeln von *Pinus*-Arten, besonders an *Pinus sylvestris* entstanden Schäden in Europa. Ähnliches ist von *Acantholyda erythrocephala* zu berichten, die auch nach Nordamerika verschleppt wurde. *Cephalcia abietis*, die Gemeine Fichtengespinstblattwespe, wird durch ihren Larvenfraß in 60–120-jährigen Fichtenbeständen in montanen Lagen in manchen Jahren zu einem Massenschädling, so können 300–2000 Erdlarven/m^2 in manchen Gegenden Mitteleuropas gefunden werden. Von den Diprionidae gelten Vertreter der Genera *Diprion*, *Neodiprion* und *Gilpinia* zu bedeutenden Forstschädlingen. *Diprion pini*, die Gemeine Kiefernbuschhornblattwespe, befällt jede Altersklasse von verschiedenen *Pinus*-spp., bringt zwei Generationen pro Jahr zustande, der Nadelfraß der gesellig auftretenden Larven macht in Europa Bekämpfungen notwendig. Gradationen dauern i. d. R. 1–3 Jahre (***Browne***, 1968; ***Pschorn-Walcher***, 1982).

Vom Genus *Gilpina* sei die Art *hercyniae* genannt, die in Europa ohne forstliche Bedeutung ist, in Kanada und den nordöstlichen Staaten der USA aber ein Forstschädling ersten Ranges wurde. Die Larven fressen Nadeln von *Picea abies*, *glauca*, *mariana* und *rubens* (***Anderson***, 1966; ***Browne***, 1968). *Neodiprion sertifer*, die rotgelbe Kiefernbuschhornblattwespe, ist in ganz Europa, Nordasien bis nach Japan verbreitet, wurde im 20. Jahrhundert auch nach Nordamerika verschleppt. Die Larven leben gregär an Nadeln verschiedener *Pinus*-Arten Europas und Nordamerikas. Massenvermehrungen kommen besonders in Kulturen vor. Die Art ist streng univoltin. Neben natürlichen Feinden (Prädatoren und Parasitoide) spielt eine Virus-Erkrankung der Larven beim Zusammenbruch der Kalamitäten eine große Rolle (***Francke-Grosmann***, 1953; ***Browne***, 1968; ***Pschorn-Walcher***, 1982). Unter den Nematinae als Forstschädlinge sind vor allem *Pristiphora-* und *Pachynematus*-Arten von forstlicher Bedeutung. Vor allem *Pristiphora abietina*, die Kleine Fichtenblattwespe, ist ein wichtiger Fichtenprimärschädling in Mitteleuropa. Die grünen Larven schädigen durch Nadelfraß an Maitrieben von 20–60-jährigen *Picea abies* und anderen *Picea*-Arten, Wipfelmißbildungen, Mehrwipfeligkeit und später Ästigkeit sowie Zuwachsverluste des Stammes sind die Folge (***Francke-Grosmann***, 1953; ***Schedl***, 1953; ***Pschorn-Walcher***, 1982). Bezüglich der Prognose des Schadauftretens dieser Art sei z. B. auf ***Ohnesorge*** (1957 b) verwiesen. Eine Anzahl von weiteren *Pristiphora* spp. (*ambigua*, *amphibola*, *compressa*, *saxeseni* und *subarctica*) sind als ± unbedeutende Forstinsekten an *Picea-* bzw. *Abies*-Arten festgestellt worden, *P. glauca*, *P. laricis* und *wesmaeli* an *Larix decidua* und *L. leptolepis*, *Pristiphora erichsonii*, die Große Lärchenblattwespe, spielt als Schädling von mehreren *Larix* spp. in nördlichen Teilen der Palae- und Nearktis eine Rolle. Die Art tritt zumeist parthenogenetisch auf, hat nur eine Generation pro Jahr und weist Larvenkolonien auf. Gradationen treten vor allem an feuchten Standorten und bei Seeklima auf. In manchen Gegenden Nordamerikas werden durch epidemisches Auftreten sogar 80–100% der Lärchen abgetötet (***Francke-Grosmann***, 1953; ***Browne***, 1968; ***Pschorn-Walcher***, 1982).

Schließlich spielen Siricoidea, vor allem Vertreter der Familie Siricidae (Holzwespen), als sog. Sekundärschädlinge und technische Schädlinge in der Forstwirtschaft eine Rolle. *Sirex cyaneus*, *S. juvencus* und *S. noctilio* sind heute weltweit verbreitet an verschiedenen Nadelhölzern wie *Abies*, *Larix*, *Pinus*, *Pseudotsuga*. Während die Eiablage noch an stehendem oder gefälltem Holz erfolgt, leben die Larven mehrjährig mit Pilzsymbiose im Alt- beziehungsweise Schnittholz, wobei bei *Sirex noctilio* die Pathogenität für die Wirtsbäume durch ein Zusammenwirken des Ausstoßes der Mucusflüssigkeit mit der Übertragung des Pilzes *Amylostereum* sp. durch die ♀♀ erfolgt (***Coutts***, 1969). Der Schaden besteht einerseits in den Larvengängen, andrerseits in den Ausbohrlöchern der Imagines in schon verarbeitetem Holz, auch Bleibelege werden von den Imagines beim Schlüpfen durchbohrt. *Urocerus gigas* und *U. albicornis* gelten in Europa bzw. Nordamerika ebenfalls wie *Xeris* spp. in anderen Teilen der nördlichen Hemisphaere als technische Schädlinge in der Holzwirtschaft, dazu kommen an Laubholz, besonders an *Quercus* spp., *Tremex fuscicornis* in Europa und *T. columba* in Nordamerika (***Chrystal***, 1928 a; ***Ass u. Funtikow***, 1932; ***Francke-Grosmann***, 1953; ***Browne***, 1968; ***Eichhorn***, 1982).

6. Bekämpfung

Bei gärtnerischen, land- und forstwirtschaftlichen Schädlingen unter den Pflanzenwespen ist der Einsatz von modernen Insektiziden weitgehend problemlos geworden, besonders wenn es sich um ± freifressende Schadarten handelt. Größere Schwierigkeiten für eine Bekämpfung bereiten Symphyten, deren Larven als Minierer, Gallenbildner, Früchtefresser oder Holzschädlinge auftreten wie z. B. die stengelbewohnenden Getreidehalmwespen *Cephus pygmaeus* und *C. cinctus* oder einige Siricidae. In Frage kommen bei den freifressenden Arten je nach Umständen Spritz- bzw. Stäubemittel im ULV- oder Nebelverfahren mit Rücken- oder großen Motorspritzen. Bei großräumigen Kalamitäten werden Bekämpfungsaktionen vom Hubschrauber oder Flugzeug ausgebracht (z. B. ***Thalenhorst***, 1952; ***Smirnoff et al.***, 1962). Die ungünstigen Nebenwirkungen der meisten dieser chemischen Mittel hat in jüngster Zeit die Suche nach alternativen Techniken gefördert. So werden bei *Neodiprion sertifer*-Kalamitäten spezielle Virus-Suspensionen im Sprühverfahren in Kanada und Europa erfolgreich angewandt (***Bird***, 1953). Große Bedeutung kommt neuerdings, besonders im Forstschutz z. B. bei *Diprion pini* und *Pristiphora abietina*, den Häutungshemmstoffen Dimilin, Nomolt und Algystin zu. Diese führen, auf die Fraßpflanzen gesprüht und von den Larven mit der Nahrung aufgenommen, zur Unterdrückung der Häutung und damit zum Absterben der Larven (***Skatula***, 1975), wobei Alystin eine Eimortalität bei *Pristiphora abietina* von 80–100% verursacht (***Skatula***, 1989).

Eine biologische Bekämpfung schädlicher Blattwespen s. l. mittels Parasitoiden, Prädatoren, Parasiten oder Pathogenen wurde in Europa bisher nur in Einzelfällen versucht, in Nordamerika aber bei eingeschleppten Schadinsekten erfolgreich durchgeführt (***Schwenke***, 1964; ***Pschorn-Walcher***, 1982; ***Hill***, 1987; ***Krieg u. Franz***, 1989). In North-Carolina wurden gegen *Diprion similis*-Massenbefall schon Versuche mit Pheromonfallen dieses Schädlings ausprobiert (***Thomas et al.***, 1982), in Europa ist man bisher auch mit synthetischen Sexualpheromon-Fallen noch nicht so weit.

Morphologie, Anatomie und Physiologie

1. Eistadium und Embryologie

Eigrößen und Eiformen sind recht unterschiedlich, die Ausmaße liegen zwischen 0,35 × 0,15 und 3,9 × 0,93 mm. Die Eier können länglich, oval, elliptisch, zigarren- oder hühnereiförmig sein, manchmal an einem Ende schmäler oder zugespitzt, bei Xiphydriidae und Orussidae mit einem Appendix lang gestielt (Abb. 43). ***Cooper*** (1953) spricht von Ei-Gigantismus, bei *Orussus japonicus* erreicht ein Ei mit dem typischen Anhang 28 mm Länge (***Iwata and Togashi***, 1958). Die meisten Symphyten-Eier wachsen nach der Eiablage bedeutend, das ist nicht nur bei den in Pflanzengewebe (Eitaschen) eingefügten, sondern auch bei den im Freien abgelegten Eiern der Fall. Diese Größenzunahme dürfte einerseits mit Aufnahme von Umgebungsflüssigkeit andrerseits mit Wachstumsvorgängen des Embryos zusammenhängen. Die Eifärbung reicht von weißlich-farblos, über gelblich, grünlich-bräunlich bis leuchtend grün, blau oder schwarz (***Forsius***, 1919). Der anatomische Aufbau der Eier ist wie bei anderen Hymenoptereneiern, also aus Dotter mit Zellkern, innerer Dotterhaut (Serosa) und äußerer Eischale (Chorion) aufgebaut. Die Serosa ist weich und dehnbar, läßt verschiedene Flüssigkeiten durch, das Chorion ist etwas resistenter, weniger elastisch sowie für Wasser, Salze und Farbstoffe permeabel (***Ivanova-Kasas***, 1959) und zerreißt oft bei Wachstumsvorgängen des Embryos. Die Mikropyle ist als winzige, nach innen gestülpte Papille entwickelt. Die Eischale ist gewöhnlich glatt und glänzend, mit starker Vergrößerung erkennt man bei manchen Arten eine schwache, wenig hervortretende Punktierung (***Forsius***, 1919). Rasterelektronenoptische Ultrastrukturuntersuchungen an Symphyten-Eiern liegen Verf. nicht vor (siehe auch ***Hinton***, 1981).

Die Art der Eiablagen ist gruppen- bzw. artspezifisch und auch abhängig von der Gestalt der Ovipositoren. Die Zahl der Eier pro legebereites ♀ schwankt bei Symphyten bedeutend. ***Forsius*** (1919) berichtet, daß ein ♀ von *Acantholyda erythrocephala* (Pamphiliidae) nur 16 Eier enthielt, während er bei *Urocerus gigas* (Siricidae) einmal 322 Eier zählte, andere Autoren nennen sogar die Zahl 1000/♀. Bei den meisten Arten sind die Eier, die überhaupt abgelegt werden, beim Schlüpfen der ♀♀ schon fertig ausgebildet, bei anderen (z. B. Cimbicidae, *Tenthredo*) sind beim Schlüpfen nur einige Eier reif, was durch die verschiedene Größe der Eier bestätigt wird (***Forsius***, 1919). Normalerweise schlüpfen die Eilarven in der Natur nach 9–14 Tagen nach der Eiablage. Die Embryonalzeit ist aber temperaturabhängig. Bei den Siricidae *Sirex*- und *Urocerus* spp. nimmt die Embryonalentwicklung bei 25 °C 13–16 Tage in Anspruch (***Spradberry***, 1973). Bei wenigen Arten überwintern die Eier z. B. bei *Neodiprion sertifer* (Diprionidae) und bei *Apethymus* spp. (Tenthredinidae) und schlüpfen erst nach einigen Monaten (***Benson***, 1950). Im allgemeinen sind die

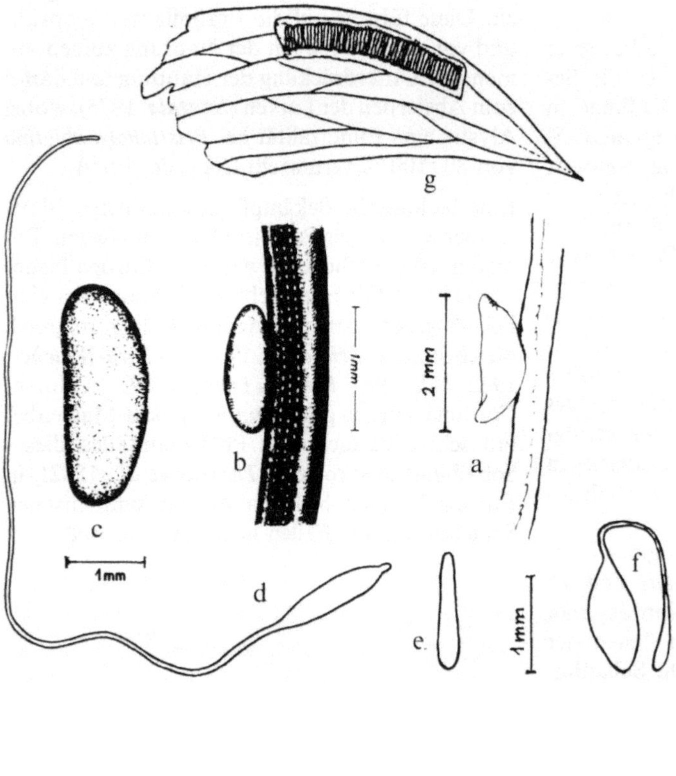

Abb. 43: Eiformen von a) *Acantholyda posticalis* MATS. (Pamphiliidae) b) *Pristiphora saxesenii* HTG. (Tenthredinidae) c) *Janus compressus* F. (Cephidae) d) *Orussus sayii* WESTW. (Orussidae) e) *Urocerus gigas* L. (Siricidae) f) *Xiphydria camelus* L. (Xiphydriidae) und g) Eigelege von *Perga dorsalis* LEACH (Pergidae) auf einem *Eucalyptus*-Blatt (***Forsius***, 1919, ***Tillyard***, 1926, ***Cooper***, 1953 ua.) c + d im gleichen Maßstab.

Eier der Symphyten empfindlich gegenüber extremen Umwelteinflüssen, besonders gegen Trockenheit, wenige sind kältetolerant. Auf die verschiedenen Modi der Eiablagen und deren Betreuung wurde beim Kapitel Ethologie eingegangen.

Das frühe Eistadium zeichnet sich durch eine große Dottermenge aus. Die Stadien der Embryonalentwicklung wurden vorwiegend an Tenthredinidae erforscht so bei *Nematus ribesii* durch **Shafiq** (1954), bei *Pontania capreae* durch ***Ivanova-Kasas*** (1959) und bei *Aglaostigma occipitosa* durch ***Ando and Okada*** (1958). Es folgen aufeinander mit fließenden Übergängen eine Periode bis zur Bildung des Keimstreifens, eine mit der Verlängerung, dann eine mit der Verkürzung des Keimstreifens und schließlich die Periode der erkennbaren Larvenbildung. Im Labor bei 20–24 °C begann beim Embryo von *Pontania capreae* die Segmentierung und es erscheinen die Anlagen der Mundteile und der Thorakalbeine, am 6. Tag begann die letzte Entwicklungsperiode und am 7.–8. Tag schlüpften die Eilarven. Die Furchung wurde typisch superfiziell bestätigt, bemerkenswert ist die frühe Degeneration des Amnions und damit einer 2. Embryonalhülle. Am Kopf lassen sich im Stadium der Segmentierung außer einem praeoralem Lappen das Antennen-, das Interkalar-, das Mandibel-, das Maxillar- und das Labialsegment erkennen, dahinter 3 Thorakal- und 10 Abdominalsegmente. Am Embryo von *Aglaostigma occipitosa* konnten am Interkalarsegment sogar kleine Extremitätenknospen erkannt werden, die in einem späteren Stadium wieder verschwanden. Auch die Bildung des inneren Kopfskelettes, des Tentoriums, ist von ***Ivanova-Kasas*** (1959) beobachtet worden. Interessant ist, daß an allen Abdominalsegmenten kurzfristig Gliedmaßen entwickelt sind. Bei *Pontania capreae* erfolgt die Sonderung der Keimblätter nach der bei den meisten Insekten üblichen Art. Das Mesoblastem bildet sich durch Auswanderung von Zellen vom Boden der Primitivrinne und das Entoblastem wahrscheinlich durch Proliferation von Zellen an den inneren Enden des Stomo- und Proctodaeums. Die Stemmata werden schon in der späten Embryonalzeit entwickelt. Mittel- und Enddarm sind schon bei der Eilarve miteinander verbunden im Gegensatz zu den bezüglichen Verhältnissen bei den aculeaten und parasitischen Hymenopteren (Abb. 44).

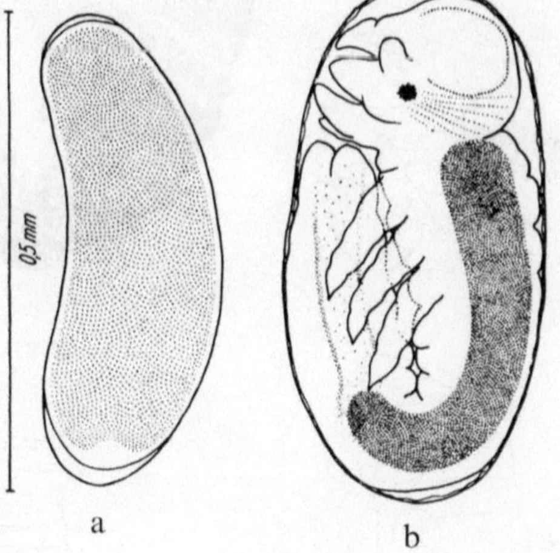

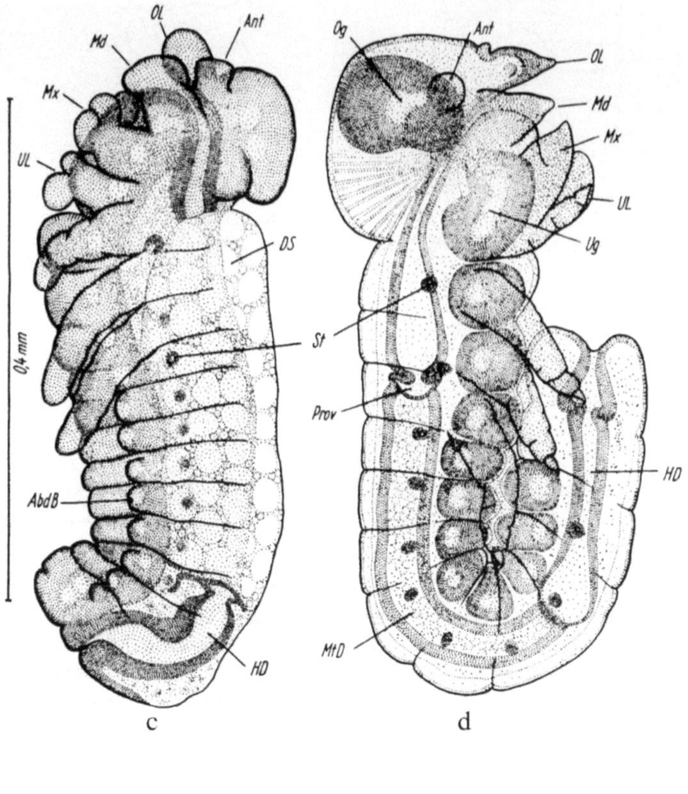

Abb. 44: Embroynalentwicklung von *Pontania capreae* L. a) Ei im Blastodermstadium b) das Ei am 6. Tage der Beobachtung c) und d) späte Embryonen nach Totalpräparaten (***Ivanova-Kasas***, 1959). Abkürzungen auf den Abbildungen: AbdB Abdominalbeine, Ant Antennen, DS Dottersyncytium, HD Hinterdarm, MD Mandibel, MtD Mitteldarm, Mx Maxille, OG Oberschlundganglion, OL Oberlippe, Prov Proventriculus, St Stigma, UG Unterschlundganglion, UL Unterlippe.

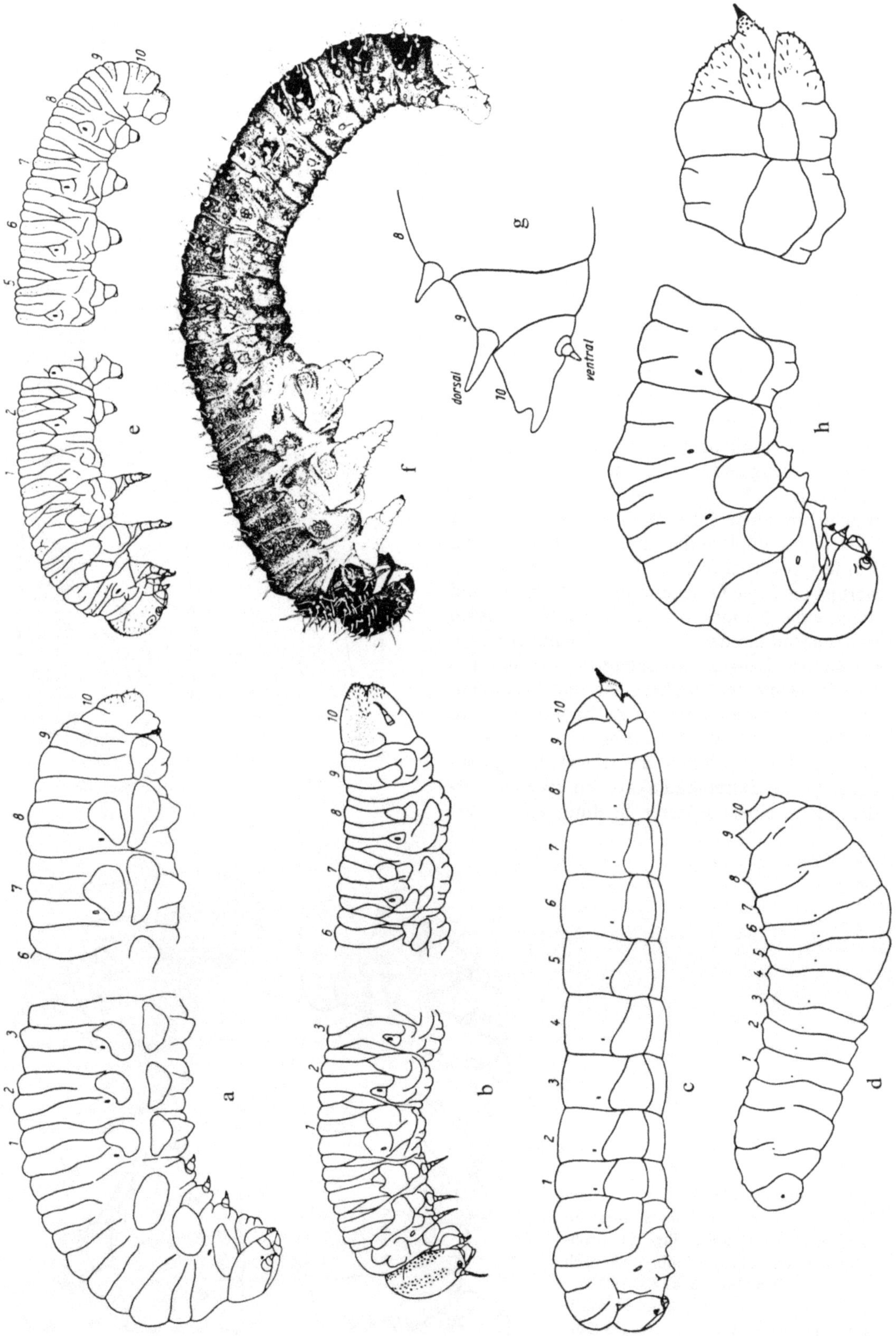

Abb. 45: Larven-Habitusformen von Vertretern einiger wichtiger Symphyten-Familien: a) *Xyela julii* (BRÉB.) (Xyelidae) b) *Pamphilius* sp. (Pamphiliidae) c) *Tremex columba* (L.) (Siricidae) (***Yuasa***, 1922) d) *Orussus occidentalis* (CRESSON) (Orussidae) (***Yuasa***, 1922) e) *Monostegia abdominalis* (F.) (Tenthradinidae) f) *Perga affinis* KIRBY (Pergidae) (***Carne***, 1962) g) *Blasticotoma filiceti* KLUG (Blasticotomidae) Abdomenende h) *Cephus* sp. (Cephidae) (alle oben nicht bezeichneten Abbildungen aus ***Lorenz*** u. ***Kraus***, 1957).

2. Larvenstadien

Die Larven der Symphyten erinnern in ihrem Aussehen sehr an Schmetterlingsraupen (Konvergenz). Es sind meist vielfüßige „Afterraupen" vom eruciformen Typus. Von den eidonomisch oft ähnlichen Lepidopteren-Raupen unterscheiden sich die der Symphyten wie folgt: Am Abdomen treten 6–8 Paar Beine auf (Abdominalsegmente 2 – 6 + 10, 2 – 7 + 10 oder 2 – 8 + 10), bei Lepidopteren-Raupen mit höchstens 5 Bauchbeinpaaren fehlen stets die vom 2. Abdominalsegment. Afterraupen und Symphyten-Larven mit reduzierten Beinen zeigen keine Hakenkränze an den Abdominalbeinen, sie besitzen weiters Stemmata (Lateralocelli) mit nur 1 Paar Punktaugen (fehlen bei Siricidae, Xiphydriidae, Anaxyelidae, Orussidae und vielen Cephidae), bei Lepidopteren-Raupen 1–8 Paare. Der Bau des larvalen Tentoriums wird von ***Maxwell*** (1955) und ***Wong*** (1963) beschrieben. Bei manchen Symphyten-Larven fehlen die Abdominalbeine und Stemmata (Abb. 45). Der sklerotisierte Kopf ist immer deutlich abgesetzt, Thorakalbeine sind vorhanden (manchmal ± reduziert), die Antennen meist segmentiert, die Mandibeln stark sklerotisiert, meist mehrzähnig und zum Zerkleinern von Pflanzenteilen geeignet. Der Kopf ist meist halbkugelig, selten abgeplattet, die Antennen sind sehr kurz 1–5-gliedrig, bei Megalodontoidea etwas länger und 7-gliedrig (Abb. 46). Der Rumpf der Larven ist meist zylindrisch, bei minierenden und einigen auf der Blattfläche fressenden Arten dorsoventral abgeflacht z. B. bei asselförmigen Larven von *Platycampus luridiventris*. Die Länge der Larven im vorletzten und letzten Stadium reicht von wenigen mm (bei Xyelidae, Minierern, Fruchtknotenfressern) bis über 4 cm (z. B. manche Siricoidea, Cimbicidae) (***Yuasa***, 1922; ***Lorenz* u. *Kraus***, 1957; ***Petersen***, 1967). Die Thorakalbeine

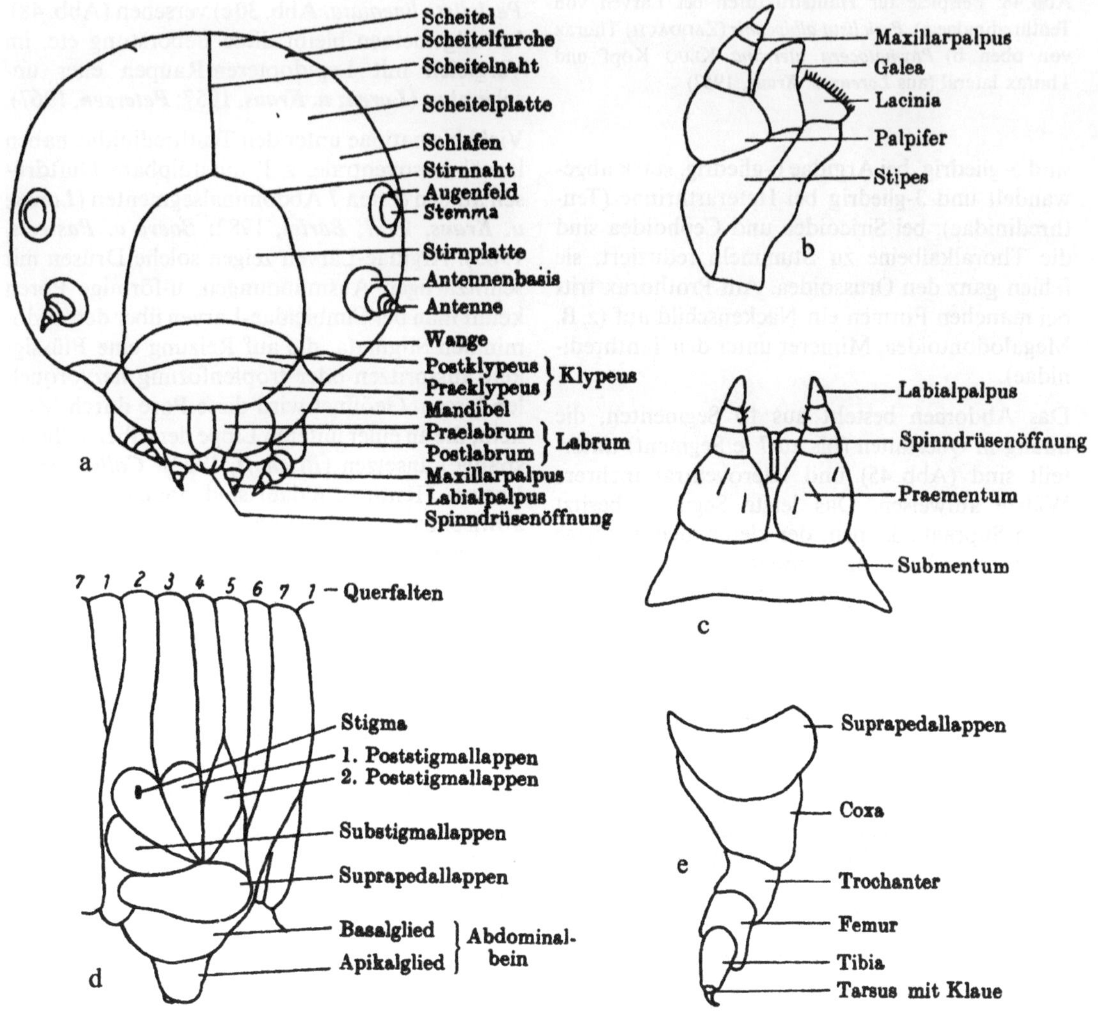

Abb. 46: Schemata morphologischer Larventeile: a) Kopf frontal b) Maxille c) Labium d) Abdominalsegment lateral e) Thorakalbein (aus *Lorenz* u. ***Kraus***, 1957).

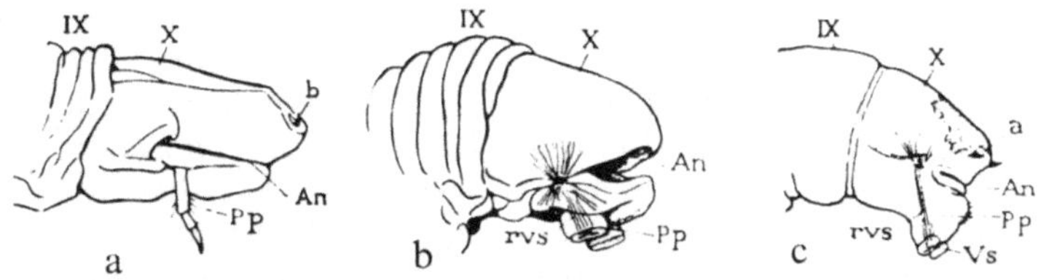

Abb. 47: Terminale Anhangsstrukturen bei Symphyten-Larven (aus ***Snodgrass***, 1931): a) *Cephalcia* sp. (Pamphiliidae), b) *Cimbex americana* Leach (Cimbicidae), c) *Nematus ribesii* (Scop.) (Tenthredinidae): IX, X–9. bzw. 10. Abdominalsegment, a – paarige Fortsätze am 10. Tergit, An – Anus, b – medianer Fortsatz am 10. Tergit, Pp – Postpedes oder Pygopodien, rvs – Retractormuskel des Plantarlobus, Vs – Planta.

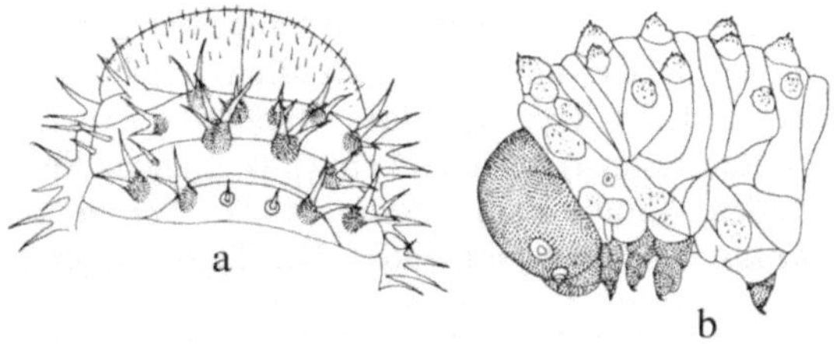

Abb. 48: Beispiele für Hautstrukturen bei Larven von Tenthredinidae a) *Periclista albipennis* (Zaddach) Thorax von oben b) *Phymatocera aterrima* Klug Kopf und Thorax lateral (aus ***Lorenz*** u. ***Kraus***, 1957)

sind 5-gliedrig, bei Argidae 6-gliedrig, stark abgewandelt und 3-gliedrig bei Heterarthrinae (Tenthredinidae), bei Siricoidea und Cephoidea sind die Thoralkalbeine zu Stummeln reduziert, sie fehlen ganz den Orussoidea. Am Prothorax tritt bei manchen Formen ein Nackenschild auf (z. B. Megalodontoidea, Minierer unter den Tenthredinidae).

Das Abdomen besteht aus 10 Segmenten, die häufig in Querfalten (bis zu 7 je Segment) unterteilt sind (Abb. 45) und lateroventral mehrere Wülste aufweisen. Das letzte Segment besitzt einen Supraanallappen, der kleine mehrgliedrige Cerci tragen kann, diese können auch am Subanallappen inseriert sein. Die stummelförmigen Abdominalbeine können wulstartig verwachsen, reduziert sein oder völlig fehlen z. B. bei Megalodontoidea, Blasticotomidae und manchen Minierern unter den Tenthredinidae. Die Beine am 10. Segment werden wie bei Lepidopteren-Raupen „Nachschieber" genannt, bei ***Snodgrass*** (1931) Postpedes oder Pygopodien, die zu den terminalen Plantae je einen Retraktormuskel entsenden. Am 10. Abdominaltergit befinden sich bei manchen Formen terminale, fest mit dem Integument verbundene Anhangsstrukturen in Form von paarigen oder unpaaren Höckern (Abb. 47a, c). Bei bohrenden Formen wie Siricoidea und Cephoidea erkennt man häufig einen unpaaren, sklerotisierten Dorn, der als Stemmvorrichtung im Substrat dient (***Bischoff***, 1927).

Die Reduktion der Thorakal- und Abdominalbeine, der Stemmata und abstehender Strukturen steht in Zusammenhang mit der Lebensweise der Larven, speziell minierender Tenthredinidae, stengelbohrende Cephidae und holzbewohnender Siricoidea. Bei einigen Tenthredinoidea-Larven sind 2–4 Wülste der Rumpfsegmente beborstet oder mit Warzen oder Spaltdornen (z. B. bei *Periclista lineolata*, Abb. 30c) versehen (Abb. 48). Im allgemeinen bleibt diese Beborstung etc. im Vergleich mit Lepidopteren-Raupen eher unscheinbar (***Lorenz u. Kraus***, 1957; ***Petersen***, 1967).

Viele Nematinae unter den Tenthredinidae haben larval mesoventrale, z. T. ausstülpbare Duftdrüsen an den ersten 7 Abdominalsegmenten (***Lorenz u. Kraus***, 1957; ***Barlet***, 1982; ***Boevé u. Pasteels***, 1985). Argidae-Larven zeigen solche Drüsen mit schlitzartigen Ausmündungen, u-förmige Poren kennt man bei Cimbicidae-Larven über den abdominalen Stigmata, die auf Reizung eine Flüssigkeit ausspritzen oder tropfenförmig hervorquellen lassen. Geöffnet wird diese Pore durch Muskeln, die an einer unteren Lippe derselben (Chitinspange) ansetzen (***Bischoff***, 1923). *Caliroa* spp.-Larven (Tenthredinidae) sind dorsal mit einem abwischbaren Schleim überzogen, der von Hautdrüsen erzeugt wird. Zwischen den Genae und dem Prothorakalbeinpaar erkennt man paarige Cervikaldrüsen, die es auch bei Xyelidae-Larven gibt (Funktion ?). Die Wachsdrüsen mancher Diprionidae- und Tenthredinidae-Larven sind über den gesamten Rumpf verstreut und überziehen diesen mit einem puderartigen oder flockigem Reif z. B. bei *Macremphytus varianus* und *Eriocampa ovata* (***Dusham***, 1928) (Abb. 49).

Bei den letzten weiblichen Larvenstadien vieler Siricidae (z. B. von *Sirex cyaneus*, *S. noctilio*, *Urocerus gigas* u. a.) fand man in der Hypopleuralregion des 1. Abdominalsegmentes artspezifische Mycetangien (Symbiontencrypten), die Oidien (eine Art von Überdauerungszellen der symbiontischen Pilze) der gleichen Pilzarten enthalten wie die adulten ♀♀ (***Parkin***, 1942; ***Francke-Grosmann***, 1957) (Abb. 50). Weitere Erläuterungen dazu siehe die Kapitel äußere weibliche Genitalorgane und Symbiose.

Die Färbung der Symphyten-Larven kann sehr verschieden sein und ist i. d. R. der Unterlage der Larven ± gut angepaßt oder, wie bei manchen gesellig auftretenden Arten, mit grellen Warnfarben versehen. Für die Färbung der Larven sind die Pigmente der Kutikula, der Hypodermis und der durchscheinende Darminhalt maßgebend. Die freilebenden Larven weisen häufig eine grüne, kryptische Grundfarbe auf, selten bräunlich oder schwärzlich, manchmal mit Flecken oder Streifen. Bei Minierern, Gallenbildnern und im Substrat bohrenden Larven dominieren farblose bis schmutzigweiße Larvenhäute. Die Kopfkapsel kann abgehoben von der Rumpffärbung braun, gelb bis schwarz sein oder sogar eine charakteristische dunkle Zeichnung erkennen lassen. Die Färbung und Zeichnung kann in den einzelnen Larvenstadien wechseln, in den letzten beiden sind sie am besten ausgeprägt. Es können 4–8 Larvenstadien durchlaufen werden je nach systematischer Zugehörigkeit. Die ♂♂ einer Art weisen häufig ein Larvenstadium weniger auf als die ♀♀, sie fressen auch eine kürzere Periode und sind meist kleiner als die ♀♀-Larven (***Benson***, 1950). Voll entwickelte Larven verwandeln sich i. a. in eine Praepupa oder Eonymphe, haben als solche die Futterpflanze schon verlassen und bilden im Substrat einen Hohlraum oder verspinnen sich in einem Kokon. Bei manchen Arten verbringen die Praepupa-Stadien 2–3 Jahre in Diapause z. B. *Acantholyda posticalis* (***Benson***, 1950). Erst dann folgt das letzte Larvenstadium, das Pronympha-Stadium, das sich von vorhergehenden etwas in der Gestalt und durch das Auftreten von „Puppenaugen" unterscheidet.

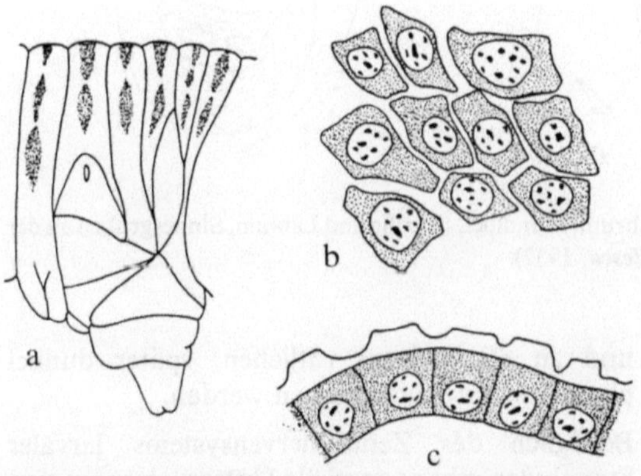

Abb. 49: *Macremphytus varianus* NORTON Larve a) 3. Abdominalsegment, Seitenansicht, punktierte Flekken zeigen wachssekretierende Hautteile b) Aufsicht auf wachssekretierende Zellen c) Integument mit wachssekretierenden Hypodermiszellen im Längsschnitt (aus ***Dusham***, 1928).

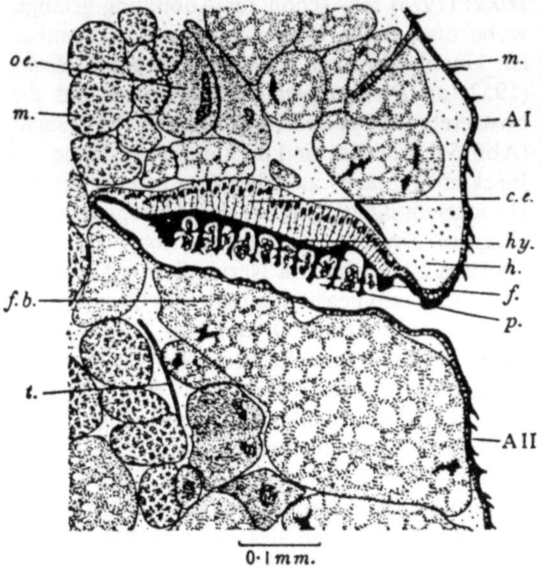

Abb. 50: Frontaler Längsschnitt durch die weibliche Larve von *Sirex cyaneus* F. (Siricidae) im Bereich des Hypopleuralorganes (aus ***Parkin***, 1942): A I, A II – 1. bzw. 2. Abdominalsegment, c. e. – columnares Epithelium, f – Pilzzellen, f. b. – Fettkörper, h – Haemocoel, hy – Hypopleuralorgan, m – Muskel, oe. – Oenocyte, p. – Kutikulare Grube, t. – Tracheole.

Einen Schlüssel zur Bestimmung der Symphyten-Larven der Erde wenigstens auf Familien-Niveau gibt es noch nicht, was damit zusammenhängt, daß man die Larvenstadien der meisten Arten noch nicht kennt. Verf. kann nur auf regionale Larven-Bestimmungstabellen verweisen so für Mitteleuropa (***Lorenz u. Kraus***, 1957), für Sibirien und den fernen Osten (***Verzhutsky***, 1973), für Japan (***Okutani***, 1934) und für den nearktischen Bereich (***Petersen***, 1967).

Integument und Drüsen: Auf die Färbung, Mikrostruktur und die Morphologie der Drüsen der Larven wurde schon im vorhergehenden Kapitel bzw. bei der Behandlung von Verhaltensweisen erörtert. Die Kutikula zeigt die typische Schichtung in Epi-, Exo- und Endokutikula (***Maxwell***, 1955). Viele Larven geben einen auch für den menschlichen Geruchssinn wahrnehmbaren Geruch von sich, besitzen Wehrdrüsen, so z. B. die Nematini und Hoplocampini (***Enslin***, 1912; ***Bischoff***, 1923; ***Barlet***, 1982; ***Boevé and Pasteels***, 1985).

Sinnesorgane, zentrales und endokrines Nervensystem

Hautsinnesorgane in Form von verschiedenartigen Sinnesborsten und Sinnesgruben sind z. B. auf der Kopfkapsel, am Labrum innen und außen, an den Mandibeln, an den Stipites der Maxillen und

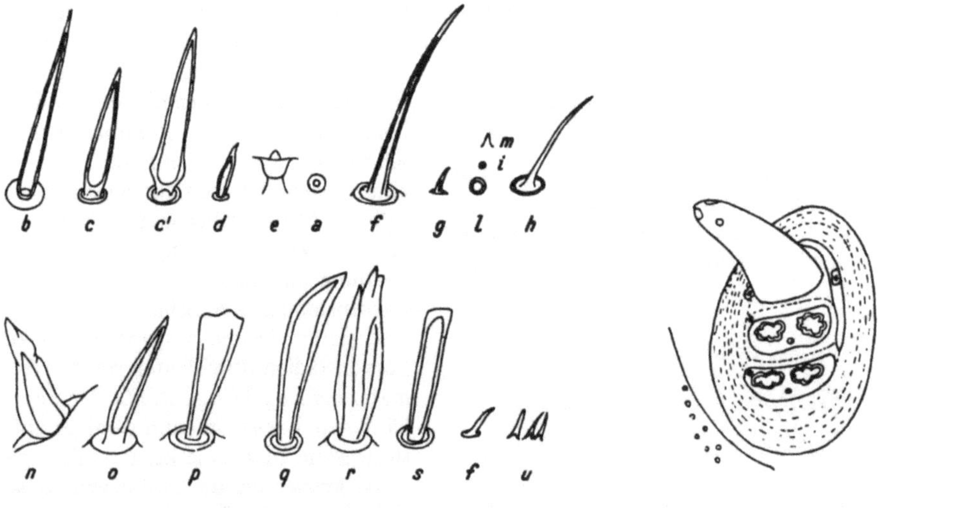

Abb. 51: Auswahl von Hautsinnesorganen an Kopfkapsel, Labrum, Mandibel, Maxille und Labium, Sinnesgruben an der 3-gliedrigen Antenne der Larve von *Diprion pini* (L.) (aus ***Eliescu***, 1932).

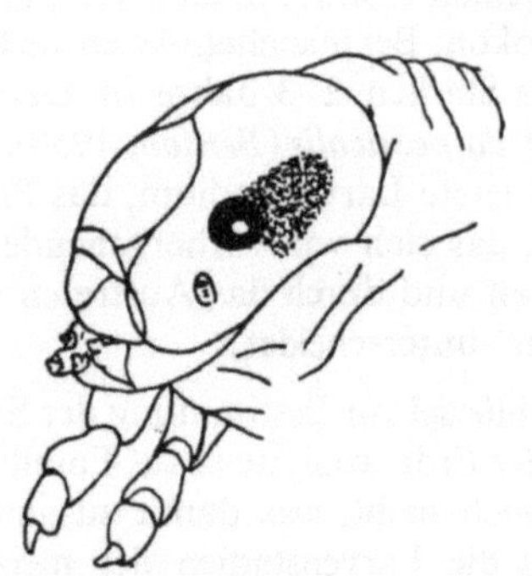

Abb. 52: Pronympha von *Diprion pini* (L.) mit Stemma und schon durchscheinendem Komplexauge (= Puppenauge) (aus ***Eliescu***, 1932).

am Labium von *Diprion pini* von ***Eliescu*** (1932) entdeckt worden.

Sinnesgruben wurden auch an den kurzen, 3-gliedrigen Antennen derselben Art festgestellt (Abb. 51). Die Struktur und Funktion der Larvenaugen von 3 Pergidae-Arten Australiens wurden von ***Meyer-Rochow*** (1974) untersucht. Jedes Stemma besteht aus einer biconvexen Linse, einer klaren Zone von corneagenen Zellen ohne Pigmente und einer Retina, die aus 8 Retinula-Zellen mit zentralem Rhabdom besteht. Pigmentwanderungen in Dunkel- und Lichtstellung wurden beobachtet. Bei physiologischen Untersuchungen wurde auch eine Sensibilität gegenüber polarisiertem Licht erkannt. Aus dem vorletzten Larven-Stadium, der Eonympha, wird die Pronympha, die sich in der Gestalt und durch das Auftreten von „Puppenaugen" (Abb. 52) von dem vorhergehenden Larvenstadium unterscheidet. Hinter den Stemmata bilden sich durch die Kopfkapsel durchscheinende Körnchen, die sich vermehren und zu oft anfangs rötlichen, später dunkel pigmentierten Augenflecken werden.

Bezüglich des Zentralnervensystems larvaler Symphyten gibt es spezielle Untersuchungen von ***Parker*** (1934) und ***Maxwell*** (1955). Sie zeigen die typische nervöse Organisation von Cerebrum, Suboesophagialganglion, 3 Thorakal- und 8 Abdominalganglien in der Art des Strickleiternervensystems, wobei jedes Ganglienpaar ziemlich genau in der Mitte des jeweiligen Segmentes zu liegen kommt, wie es bei einer Diprionidae in ***Hinks*** (1973) sehr schön zur Abbildung gelangt, wobei auch ein 9. Abdominalganglion erkennbar ist. Unabhängig von dieser Studie hat ***L'Helias*** (1952) an *Diprion pini* das Cerebrum und die postcerebralen endokrinen Drüsen untersucht (Abb. 54). Letztere sind im klassischen Sinne des Insektenbauplanes zu erkennen, es existiert ein Hypocerebralganglion über dem Oesophagus, die Corpora cardiaca sind gut sichtbar, ein Paar Corpora allata sind via Nervi allati mit ersteren verbunden und liegen unterhalb des Oesophagus. Die neuroendokrinen Organe von 3 *Neodiprion*-Arten bestehen aus solchen des Kopfes (u. a. mit neurosekretorischen Zellen im Cerebrum), des Thorax und des Abdomens, siehe Abb. 53 aus ***Hinks*** (1973), der auch eine histologische Untersuchung dieser Organe durchführte. Die Wirkung der Prothorax-Drüsen im Konnex mit den neurosekretorischen Zellen des Gehirns hat ***Church*** (1955) im Zusammenhang mit der Diapause bei der Cephidae *Cephus cinctus* untersucht.

Verdauungsorgane und Anhangsdrüsen

Der Darmkanal erstreckt sich als gerade Röhre von der Mund- bis zur Afteröffnung und besteht

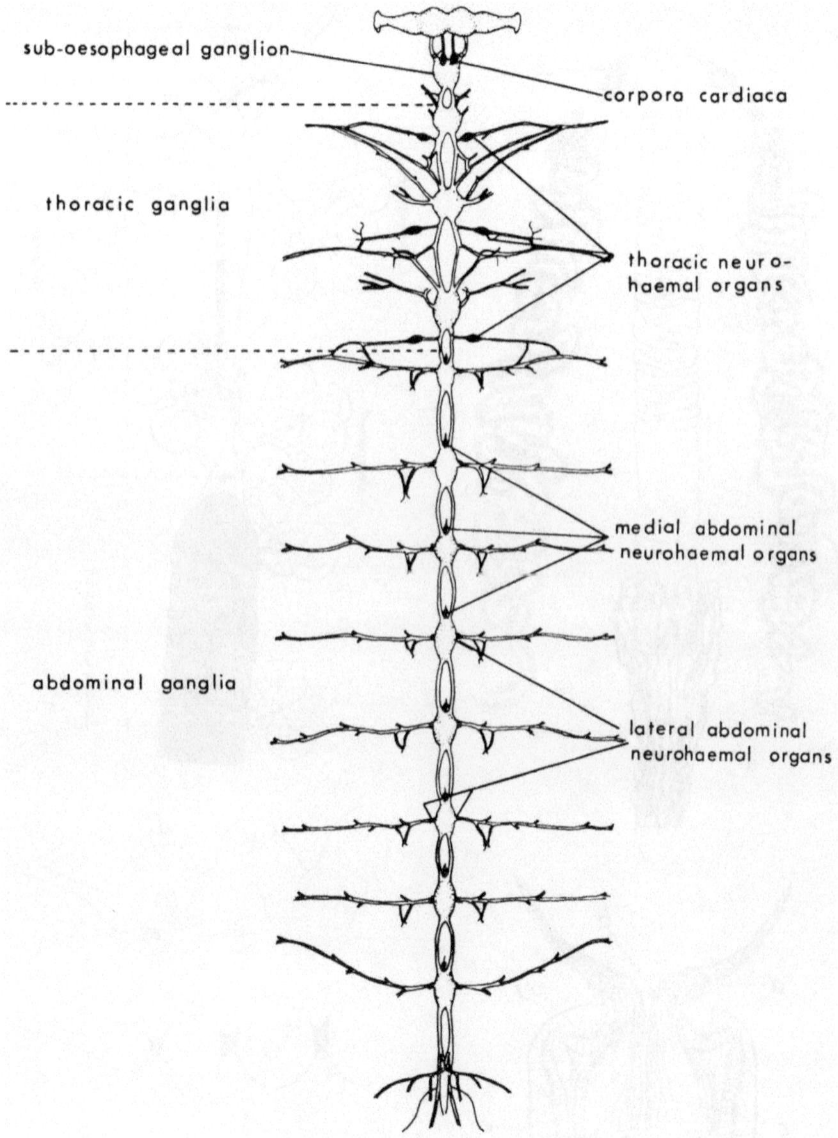

Abb. 53: Zentralnervensystem und neuroendokrine Organe einer *Neodiprion* sp. – Larve (Diprionidae) (aus ***Hinks***, 1973).

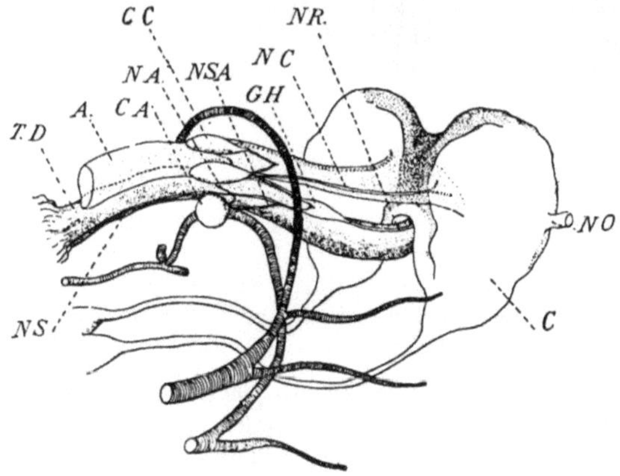

Abb. 54: Cerebrum und postcerebrale Drüsen von ***Diprion pini*** (L.): C Cerebrum, CA Corpus allatum, CC Corpus cardiacum, A Aorta, T.D. Ösophagus, GH Hypocerebralganglion, NR Nervus recurrens, NC Nervus corporis cardiaci, NS Nervus stomacalis, NA Nervus corporis allati, NSA Lateralzweig des Nervus stomacalis zum Corpus allatum, NO Nervus opticus (***L'Helias***, 1952).

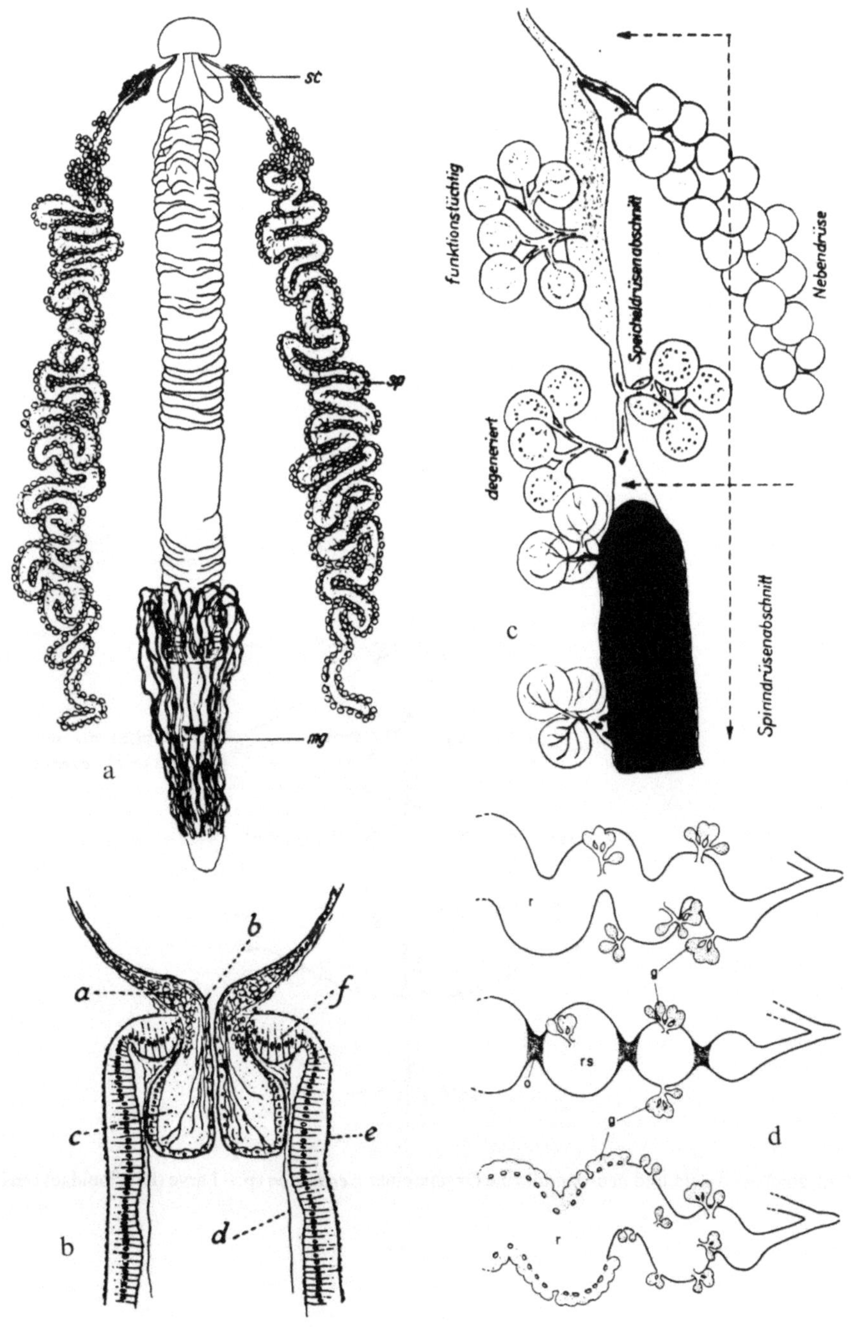

Abb. 55: a) Darmkanal und Anhangsdrüsen einer *Diprion pini*-Larve (aus ***Eliescu***, 1932) sc Sacci oesophagei, sp Spinndrüsen, mg Malpighische Gefäße b) Übergang von Vorder- in den Mitteldarm einer Tenthredinidae-Larve (aus ***Wigglesworth***, 1972) a Sphinktermuskel, b Längsmuskel, c Blutsinus, d peritrophische Membran, e Ringmuskel des Mitteldarms, f Ring von Mitteldarmzellen c) Spinndrüsenvorderende und Nebendrüse einer Tenthredinidae schematisch (aus ***Werner***, 1953): Spinnsekret wird gespeichert (dunkel), Vorderabschnitt mit Speichel angefüllt d) Skizzen, die die verschiedenen Beziehungen zwischen Drüsenzellen und Sekretreservoir der Spinndrüsen von *Nematus ribesii* (allgemeiner Typ), *Neodiprion abietis* und *Phymatocera aterrima* (von oben nach unten) zeigen (aus ***Kenchington***, 1969)

wie bei anderen Insektenlarven aus dem ectoblastischen Vorder-, dem entoblastischen Mittel- und dem ectoblastischen Hinterdarm (Abb. 55a). Der morphologisch-anatomische Aufbau des Darmkanals und deren Abschnitte wurde von ***Maxwell*** (1955) anhand von Vertretern aller Symphyten-Familien (insgesamt 132 Arten) untersucht. Nach einem kurzen Pharynx folgt ein meist birnförmiger Ösophagus, der bei einigen Gruppen eine kropfartige Struktur (z. B. bei Cimbicidae) bilden kann, und beim Übergang zum Mitteldarm stets einen muskulösen Sphinkter (Abb. 55b) aufweist. Am Mitteldarm treten Blindsäcke (Caeca) vor allem bei Cimbicidae-Larven auf. Eine peritrophische Membran scheint von Zellen des beginnenden Mitteldarms gebildet zu werden (***Wigglesworth***, 1972) (Abb. 55b). Sie ist bei *Perga affinis* (Pergidae) als dünne, mehrschichtige Struktur bekannt (***Tait***, 1962). Am Hinterdarm ist ein kurzes Ileum, ein kurzes bulböses Colon und ein großes, muskulöses Rectum zu unterscheiden. Auf Grund dieser Darmtraktstudien ist ***Maxwell*** (1955) zu einer Darstellung der Phyllogenie der gesamten Unterordnung gekommen, die aber nach Meinung des Verf. nicht das natürliche System widerspiegelt, was nicht verwunderlich ist, wenn man nur auf einem System des Bauplanes seine Schlüsse zieht. Abschließend zum Darmtrakt sei erwähnt, daß auch Enzyme im Darm einiger Symphyten-Larven untersucht wurden. So stellten ***Krieger et al.*** (1970) fest, daß bei der Tenthredinidae *Macremphytus varianus* Aldrin Epoxidase und Dihydroisodrin Hydroxylase nachgewiesen wurden. ***Rose*** (1987) berichtet von Aldrin Epoxidase Aktivität und von Cytochrome P-450 Gehalt in Larven der an *Eucalyptus*-Arten lebenden Pergidae *Pergagrapta polita*. Siricidae-Larven des Genus *Sirex* sind im Stande, Holzbestandteile zu verdauen. Dazu verwenden sie Cellulase und Xylanase von Ambrosiapilzen, die sie mit der Holznahrung aufnehmen. Die Aufbewahrung eines Teiles der Pilzenzyme im Mitteldarm wird für die Verdauung durch die endo-ectoperitrophische Zirkulation ermöglicht (***Terra*** 1990).

In Larven der Diprionidae *Gilpinia hercyniae* konnte in der Haemolymphe „true glucose" in 28 mg/100 ml und das für Insekten typische Disaccharid Trehalose in 926 mg/100 ml nachgewiesen werden (***Wyatt and Kalf***, 1957). Bei einigen Diprionidae und Tenthredinidae wurden pH-Messungen im vorderen, mittleren und hinteren Darmabschnitten sowie in der Haemolyphe durchgeführt (***Heimpel***, 1955). Im Darm von *Perga affinis* wurden Oberflächenspannung lösende Substanzen nachgewiesen, die von Mikroorganismen produziert werden sollen (***Ohmart et al.***, 1988).

Als Anhangsdrüsen am Beginn des Darmtraktes gelten einerseits paarige, einfache (Sacci oesophagei nach ***Eliescu***, 1832, bei *Diprion pini*) oder verästelte Nebendrüsen (Glandulae multifidae nach ***Cholodkovsky***, 1901, bei *Acantholyda erythrocephala* und zusätzlich noch paarige ***Filippi***sche Drüsen). Daß beim Pamphiliidae 2 Paar Nebendrüsen existieren, wird auch in ***Maxwell*** (1955) zur Abbildung gebracht. Über den anatomischen Aufbau und die Verschiedenartigkeit der viel auffälligeren Spinndrüsen (= Labialdrüsen) der Symphyten-Larven gibt es ein reiches Schrifttum (***Cholodkovsky***, 1895, 1901; ***Saint-Hilaire***, 1927; ***Pfugfelder***, 1934; ***Maxwell***, 1955; ***Werner***, 1956). Diese Spinndrüsen sind mindestens körperlange, oft in Windungen gelegte Schläuche an der Unterseite zu beiden Seiten des Darmtraktes. Die eigentlichen Drüsenzellen sind einzellige Acini und treten in großer Vielfältigkeit bei verschiedenen Taxonen auf (***Kenchington***, 1969). Die Spinndrüsen der Tenthredinidae *Pontania viminalis* bestehen nach ***Pflugfelder*** (1934) nur im vordersten Teil aus Einstülpungen des Ectoblastems, der weitaus größte Abschnitt der Ausfuhrgänge wie auch die Fülle an Acini entstehen aus mesoblastischem Coelomwandmaterial. Die verschiedene ontogenetische Herkunft macht sich histologisch vor allem darin geltend, daß der ectoblastische Abschnitt mit Kutikula ausgekleidet ist, während die mesoblastischen Ausfuhrgänge einen charakteristischen Stäbchensaum besitzen, was ultrastrukturell überprüft gehörte, und distal keine Kutikula zu erkennen ist. Die sekretorische Tätigkeit der Drüsen beginnt schon kurz vor dem Schlüpfen der Eilarve. Anfangs scheinen die Neben- und Spinndrüsen eine Art Speichel zu erzeugen oder dieser ist nach cytomorphologischen und cytophysiologischen Untersuchungen (***Werner***, 1956; ***Kenchington***, 1969) auf den vorderen Hauptdrüsenteil und auf die Nebendrüsen beschränkt (Abb. 55c, d), während die Bildung des Spinndrüsensekretes im größeren, hinteren Abschnitt der Hauptdrüse erfolgt. Es scheint ein Sekretionszyklus in der Speichel- und Spinnsekretausschüttung zu bestehen. Das Spinnsekret ist wasserunlöslich, enthält aromatische Aminosäuren, der Stickstoffgehalt liegt bei 4%, die Faserproteine setzen sich aus Fibroin, Polyglycin und Collagen zusammen (***Rudall and Kenchington***, 1971).

Eigentümlich ist die verschiedene Zeit der Funktion der Spinndrüsen. Bei den meisten Familien sezernieren die Larven das Spinndrüsensekret erst am Ende der Larvenperiode, wenn der Kokon angefertigt wird. Bei den Megalodontoidea wird reichlich Spinnmaterial während der gesamten Lebenszeit der Larven produziert, dagegen verlieren diese gegen Ende der Larvalperiode das Spinnvermögen vollständig und verwandeln sich ohne Anfertigung eines Kokons (***Enslin***, 1912). Es gibt auch Larven, die überhaupt in keiner Periode eine Spinnfähigkeit zeigen, obwohl sie die Drüsen, wenn auch mit wenig üppigen Acini, angelegt haben.

Die Malpighischen Gefäße (Vasa Malpighii) sind bei den verschiedenen Symphyten-Taxonen unterschiedlich in Anzahl (4 bei *Blasticotoma* sp., 100 bei *Cimbex americana*) und Anordnung, ***Maxwell*** (1955) hat insgesamt 16 verschiedene Typen festgelegt. Jedes Gefäß beginnt in einer ringförmigen Zone am Ende des Mitteldarms kurz vor der Einmündung in den Hinterdarm. Die Gefäße verlaufen zunächst nach vorne parallel dem Mitteldarm, biegen dann um und gehen in welliger Linie zurück zum Rectum, auf dem sie z. B. bei Diprionidae liegen (***Eliescu***, 1932). Bei anderen Taxonen flottieren sie frei im hinteren Körperabschnitt, mehr oder weniger gut im Fettkörper eingebettet. Bei *Pontania proxima* durchziehen die distalen Teile der Gefäße den Muskelmantel des Rectums und enden in unmittelbarer Nähe der Epithelzellen, was auf Cryptonephria hinweist (***Slepan and Gabarayeva***, 1978).

Das larvale Zirkulationssystem besteht aus einem langen Dorsalgefäß, das sich vom Prothorax bis zum Rectum erstreckt, und dem Haemolymphraum des Mixocoels. Das Dorsalgefäß ist im hinteren Bereich mit segmentalen Ostien (meistens 7 Paar abdominale und 1 Paar thorakale) versehen, im vorderen Thoraxbereich ohne Ostien als „Herz" ausgebildet, unter dem ein Pericardialseptum mit Flügelmuskeln zu erkennen ist (***Maxwell***, 1955). Die Pulsationen des Rückengefäßes kann man bei lebenden Larven gut beobachten (***Enslin***, 1912). Im Zusammenhang mit dem Studium von Abwehrreaktionen des Blutes von zwei *Strongylogaster*-Arten (Tenthredinidae) durch Parasiteneier von *Mesoleius niger* (Ichneumonidae) wurden die Haemocyten-Gruppen dieser Larven klassifiziert (***Adam***, 1965). Dabei wurden Proleukocyten, Makronucleocyten, Mikronucleocyten, Amöbocyten, Plasmatocyten, Sphaerulazellen, Adipoleukocyten und Oenozytoide beschrieben. Über segmentale Blutbildungszentren im Bereich des Fettkörpers von Tenthredinidae berichtet ***L'Helias*** (1953), über die Akkumulation von Harnsäure im Fettkörper bei Diprionidae und Tenthredinidae ***Smirnoff and Philogene*** (1968). Nach ***Schmieder*** (1928) ist der larvale Fettkörper eine caenogenetische Anpassung und ist in dieser Form imaginal nicht vorhanden: ohne mitotische Zellteilungen während der postembryonalen Phase, Vorhandensein von Zellen mit Fett bzw. Albumenoiden, von Exkretions- und Uratzellen und Verschwinden des Fettkörpers während der Metamorphose durch Histolyse und vielleicht Phagocytose. Die Anordnung der Fett-

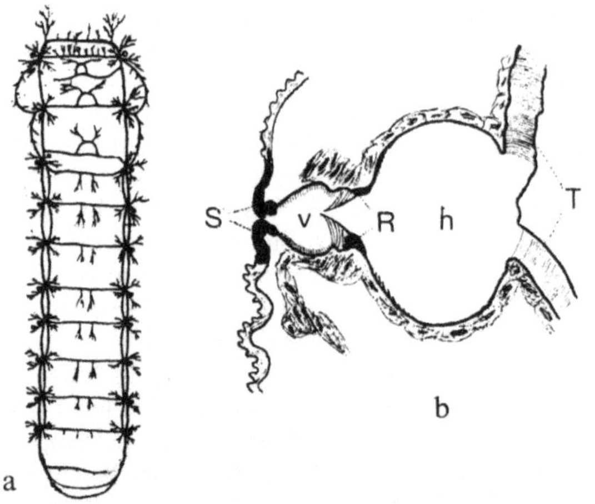

Abb. 56: a) Tracheensystem von *Pseudoclavellaria amerinae* (L.) in Aufsicht (PARKER, 1934) b) Längsschnitt eines Abdominalstigmas von *Cimbex* sp., S Stigmenklappen, R innerer, sklerotisierter Ring mit Härchen, T Tracheenäste, v vorderes Atrium, h hinteres Atrium (verändert vom Verf. aus ***Solowiow***, 1910).

zellen um die Organe ist nach ***Maxwell*** (1955) nicht so deutlich drei-regional wie es ***Eliescu*** (1932) bei *Diprion pini* schildert. Im allgemeinen scheinen die weiblichen Larven einen dickeren Fettkörper aufzuweisen als die männlichen. Oenocyten wurden nahe der Hypodermis, Leukocyten-Kolonien im peripheren Fettkörperbereich festgestellt (***Pflugfelder***, 1934; ***Maxwell***, 1955; ***Heron***, 1955).

Das Tracheensystem der Symphyten-Larven ist ungenügend bekannt. Von der Cimbicidae *Pseudoclavellaria amerinae* hat ***Parker*** (1934) die wichtigsten Tracheen dargestellt (Abb. 56a). Die Tracheenlängsstämme sind durchwegs mit segmentalen Querverbindungen versehen. Alle 3 Thorakalsegmente weisen paarige Stigmen auf, am Abdomen nur die ersten 7. Den Bau der Stigmata und eines Muskelapparates, der die Stigmenöffnung reguliert, hat schon ***Solowiow*** (1910) bei *Cimbex* sp. beschrieben (Abb. 56b). Das Tracheensystem einer abgeleiteten, weil in Blattgallen lebenden Tenthredinidae-Larve (*Pontania proxima* wurde von ***Slepan and Gabarayeva*** (1976) behandelt, wobei der Feinbau der Tracheenverästelungen bis zu den Tracheolen und sternförmigen Zellen gut illustriert dargestellt wird. Bei dieser Art fehlen die prothorakalen Stigmata und am Abdomen befinden sich 8 Stigmenpaare.

Die Muskulatur des Larvenkopfes ist bei *Pseudoclavellaria amerinae* detailliert von ***Parker*** (1934) bearbeitet worden (z. B. Abb. 57a). Von der Darmtrakt-, Thorax- und Abdominalmuskulatur ist bei Larven von Symphyten wenig bekannt. Die

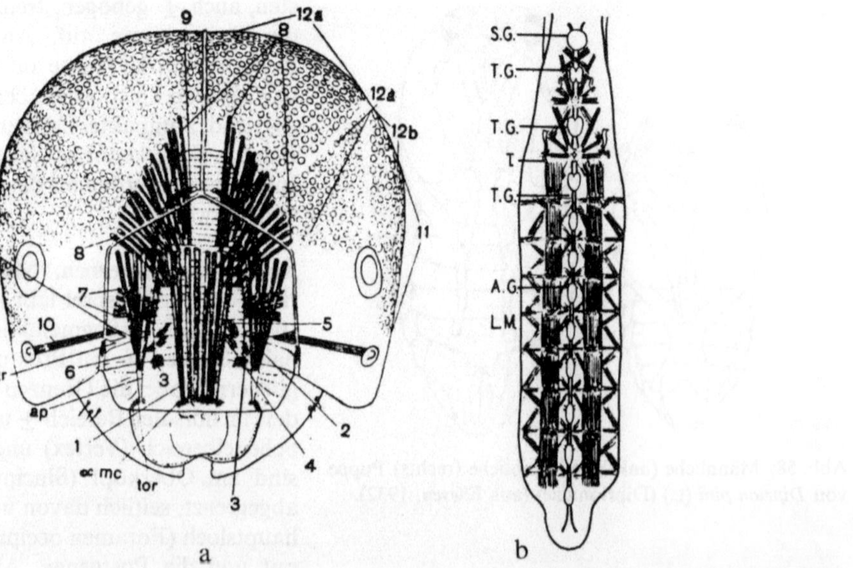

Abb. 57: a) Kopf von *Pseudoclavellaria amerinae* (L.) von vorne einen Teil der Mundgliedmaßenmuskulatur zeigend (aus ***Parker***, 1934) b) *Neodiprion lecontei* Fitch.: Strickleiternervensystem und Verteilung der ventralen Muskulatur zeigend (aus ***Maxwell***, 1955).

Anordnung der ventralen Längsmuskeln sowie einiger anderer hautnaher Rumpfmuskeln sind von *Neodiprion lecontei* (Abb. 57b) in groben Ansätzen bei ***Maxwell*** (1955) erkennbar.

Die Gonadenanlagen, identifizierbar als Ovarien oder Testes, sind bei den Larven in Fettzellentaschen eingebettet dorsolateral der Spinndrüsen an beiden Seiten des Darmtraktes im Bereich des 5. Abdominalsegmentes. Diese Gonaden sind mittels Ligamenten an der dorsalen Körperwand befestigt (***Maxwell***, 1955). Bei *Perga affinis* beginnen sich die reproduktiven Organe ab dem 6. Larvenstadium erkennbar zu entwickeln, sie werden dabei von Tracheen umsponnen (***Tait***, 1962).

Auf Tatsachen und Probleme des larvalen Stoffwechsels wird im Kapitel Gesamtstoffwechsel eingegangen.

3. Puppenstadium

Die meisten Arten der Symphyten stellen nach der letzten Larvenhäutung den Fraß ein (z. B. Diprionidae, mehrere Unterfamilien der Tenthredinidae), manche nehmen noch etwas Nahrung zu sich (z. B. Dolerinae, Nematinae), bevor sie die Futterpflanzen verlassen. Letzteres geschieht durch Abwandern, Abspinnen oder Fallenlassen, die ausgewachsene Larve zieht sich an einen gesicherten Ort für die spätere Verpuppung zurück. Viele Symphyten-Larven wandern in die obersten Bodenschichten, andere bohren sich in Stengel, Borke, Früchte usw. ein, die oft nichts mit ihren Futterpflanzen zu tun haben. Von den Minierern verbleiben nur die meisten Heterarthrinae in ihren Minen, die Larven der Gallenbildner verlassen fast alle die Nährpflanzen und gehen in den Boden zur Verpuppung über (***Pschorn-Walcher***, 1982). Die eigentliche Verpuppung läßt immer noch auf sich warten. Häufig wird ein verschiedenfarbiger Kokon um die Larve gesponnen, der ein- bis mehrwandig sein kann (***Schedl u. Klima***, 1980; ***Schedl***, 1981). Es gibt kompakte Kokons (z. B. Diprionidae, Pergidae) oder zarte (Cephidae) bis derbere Gitterkokons (z. B. Argidae, manche Cimbicidae). Es scheint in den farbveränderlichen Kokons von Blattwespen s. l. Dopa vorhanden zu sein und dieser scheint für die Melaninbildung der Kokons verantwortlich zu sein (***Przibram***, 1924).

Die Verpuppungskokons der symphyten Hymenopteren bestehen aus verschiedenen Faserproteinen (Fibroin, Polyglycin, Collagen) (***Rudall and Kenchington***, 1971). Sie werden in den zu Spinndrüsen umgewandelten paarigen Labialdrüsen der Larven gebildet. Das fertige Kokon ist das Produkt der Spinndrüsensekrete, an der Luft getrocknet, gekoppelt mit gruppenspezifischen Verhaltensweisen der Larven während einer etwa 1-stündigen Einspinnphase. Zahlreiche Tenthredinidae, alle Megalodontoidea und Siricoidea fertigen überhaupt keinen Kokon an, sie verpuppen sich frei in einer Erdhöhle oder in einem Bohrgang. In diesen Verpuppungsorten ruht nun das letzte Larvenstadium, die „Eonymphe" oder Praepupa, je nach Entwicklungszyklus der Spe-

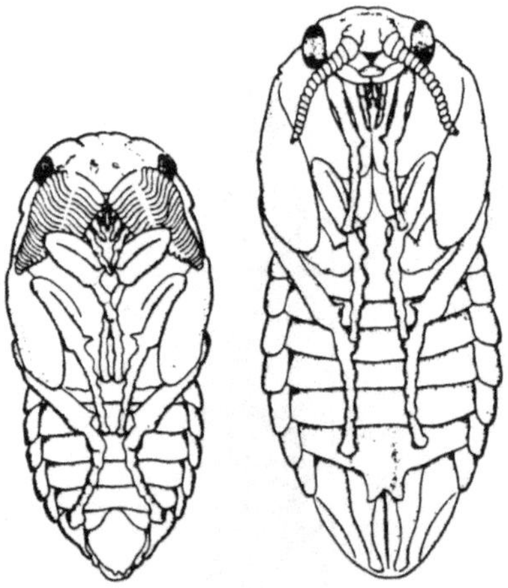

Abb. 58: Männliche (links) und weibliche (rechts) Puppe von *Diprion pini* (L.) (Diprionidae) (aus ***Eliescu***, 1932).

zies einige Tage bis Wochen, bei Eintreten einer Diapause auch einige Monate und Jahre. 5–14 Tage vor dem Ausschlüpfen der Imagines werden die Larven zu „Pronymphen" mit Puppenaugen, aus diesen werden freigliedrige, dünnhäutige Pupae liberae (Abb. 58). Männliche und weibliche Puppen sind meist gut unterscheidbar innerhalb einer Spezies. Anfangs sind die Puppen weißlich bis gelb, bald nimmt die Pigmentierung zu, es folgt das Verlassen der Puppenumhüllung, wobei mit den Mandibeln ein Schlupfloch durch den Kokon bzw. durch die Erdhöhlung oder sonstigem Substrat gebissen wird. Univoltine Arten überwintern als Eonymphen oder Pronymphen, nur wenige Arten als Puppen oder sogar fertig entwickelte Adulte im Kokon oder Substrat. Schon bei der Behandlung der Ethologie von Larven wurde auf das eigenartige, gemeinsame Verpuppen mancher australischer Pergidae und neotropischer Argidae eingegangen.

4. Imaginalstadium

Integument: Die mehrschichtige Kutikula über der Hypodermis kann bei den Imagines verschiedenartige Mikrostrukturen aufweisen, sie kann spiegelglatt, chagriniert, leicht bis grob punktiert (manchmal kraterartig oder rissig) sein. Am Abdomen sind die Tergite bei manchen Gruppen leicht querrissig fein strukturiert. Die Farbe der Kutikula kann von weiß, gelb, grünlich, rötlich, dunkelbraun bis tiefschwarz gehen, bei einigen Familien treten metallisch schillernde Oberflächenstrukturen auf. Die Beborstung kann kurz und dicht bis lang wollig sein, bei manchen Cimbicidae-♂♂ können filzig abgesteckte Zonen auf den Tergiten auftreten, bei Cephidae kranzartige Beborstung an Apikalsterniten. Lange Borsten, auch ± gebogen, treten an apikalen Teilen der Ovipositoren auf. An den Beinen treten beweglich starke Haare auf in Form von Apikalbzw. Praeapikalspornen, bei einigen Cimbicidae-♂♂ sind kompakte Dornen, besonders an den Femora III, erkennbar. Spezielle Sinneshaare des Integuments werden bei den betreffenden Körperteilen erwähnt.

Kopfkapsel, Antennen, Mundwerkzeuge, Tentorium: Die Kopfkapsel läßt sich, wie bei anderen Insekten, aus der Segmentanordnung der embryonalen Stadien in ein Pro- und Gnathocephalon gliedern, wobei die Grenzen beim Adultus besonders im dorsalen Bereich ± unerkennbar sind. Ein Scheitelbereich (Vertex) und ein Postocellarfeld sind am Oberkopf (Sinciput) zumeist deutlich abgegrenzt, seitlich davon und gegen das Hinterhauptsloch (Foramen occipitale) liegen das Occiput und die Postgenae. Als Occiput wird der Skleritbereich zwischen Occipitalsutur oder Carina (nicht immer deutlich) und der Postoccipitalsutur bezeichnet. Dort liegt das Foramen und seitlich die hinteren zwei Tentorialgrübchen (***Richards***, 1956). In den Bereich der Wangen (Genae) reichen die ventralen Teile der Komplexaugen (Oculi), ein ± breiter Teil um die Komplexaugen wird Orbita genannt. Distal des Scheitels beginnt die Stirn (Frons) mit den drei Stirnaugen (Ocelli), unter Einbeziehung der vorderen Ocelle das Stirnfeld, schwach oder deutlich umrandet. Darunter kann median eine Suprantennalgrube (Fovea) ausgebildet sein (***Enslin***, 1912), eine weitere grubenartige Vertiefung oder eine kielförmige Struktur kann zwischen den Antennen (Antennalfeld) erkennbar sein. Die Antennen sitzen in ± deutlichen Antennalgruben oder können aus Antennalsockeln hervortreten. Die Verengung der Wangen zwischen den Komplexaugen und den Basen der Mandibeln nennt man Wangenanhang. Im ventralen Bereich des Interantennalfeldes tritt eine Quersutur auf, die die beiden Tentorialgruben (= vordere paarige Aufhängung des Tentoriums) verbindet. Ventral dieser Sutur liegt der Kopfschild (Clypeus). Er kann ausgerandet sein, gerade abgestutzt, selten gezähnt (Abb. 59), darunter befindet sich der Epipharynx.

Die Lichtsinnesorgane Oculi und Ocelli sind bei Symphyten ungenügend erforscht. Es liegen keine Daten über die unterschiedliche Anzahl an Ommatidien bei den einzelnen Familien vor. Der Feinbau der Ommatidien wird nur von ***Geyer*** (1912) bei *Urocerus gigas* (Siricidae) kurz skizziert: Cornea außen sehr flach, ragt aber stark gewölbt nach innen vor, Kristallkegel mit ***Semper***'schen Kernen ziemlich lang und zugespitzt, die Nebenpigmentzellen weisen langgestreckte Kerne auf, die Retina besteht aus 8 Retinulazellen. Bei funktionellen Untersuchun-

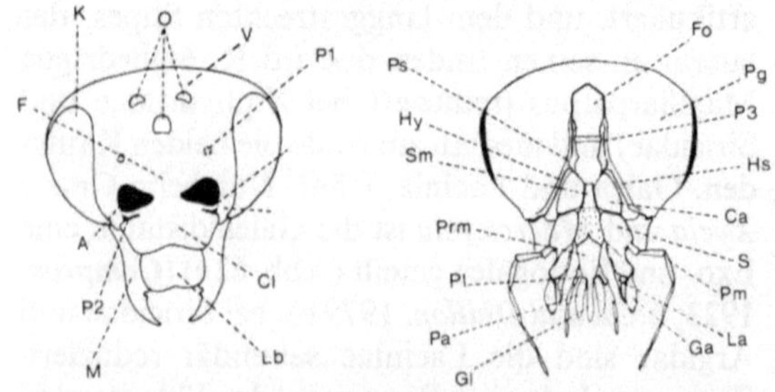

Abb. 59: Kopf von *Macrophya pluricincta* NORTON (Tenthredinidae) von vorne und hinten (vom Verf. verändert aus ***Matsuda***, 1957): A – Antenne, Ca – Cardo, Cl – Clypeus, F – Frons, Fo – Foramen occipitale, Ga – Galea, Gl – Glossa, Hs – Hypostomalsuture, Hy – Hypostoma, K – Komplexauge, La – Lacinia, Lb – Labrum, M – Mandibel, O – Ocellen, Pa – Paraglossa, Pg – Postgena, Pl – Palpus labialis, Pm – Palpus maxillaris, Prm – Praementum, P1 – Ansatzpunkt des dorsalen Tentorialastes, P2 – vordere Tentorialgrube, P3 – hintere Tentorialgrube, S – Stipes, Sm – Submentum, Te – Tentorium, V – Vertex.

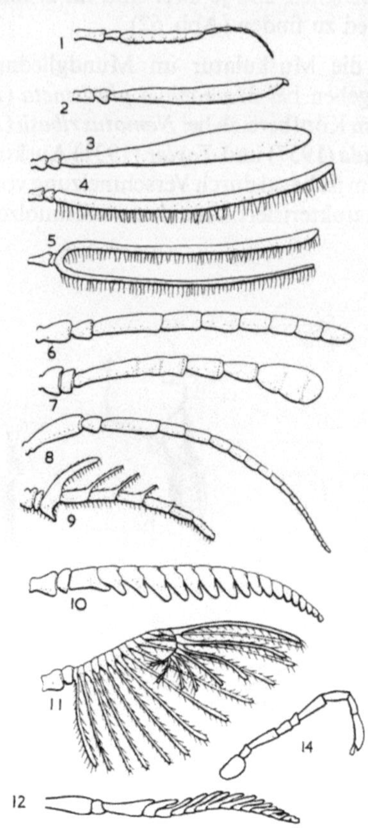

Abb. 60: Antennen von 1) *Xyela* sp. (Xyelidae), 2) ***Blasticotoma*** sp. (Blasticotomidae), 3) ***Arge*** sp. ♀ 4) ***Arge*** sp. ♂ 5) ***Sterictophora*** sp. ♂ (alles Argidae), 6) *Tenthredo* sp. (Tenthredinidae), 7) *Cimbex* sp. (Cimbicidae), 8) *Xiphydria* sp. (Xiphydriidae), 9) *Cladius* sp. ♂ (Tenthredinidae), 10) *Diprion* sp. ♀, 11) *Monoctenus* sp. ♂ (beides Diprionidae), 12) *Megalodontes* sp. (Megalodontidae), 13) *Cephus* sp. (Cephidae), 14) *Orussus* sp. ♀ (Orussidae) (aus ***Enslin***, 1917, ***Berland***, 1951, ***Benson***, 1951).

gen der Oculi und Ocelli von ***Green*** (1954a) an *Neodiprion lecontei* wurde der Nachweis erbracht, daß diese Art polarisiertes Licht wahrnimmt. Die beiden Lobi optici und die dem Protocerebrum aufsitzenden Ocelli von *Nematus ribesii* werden von ***Taylor*** (1931) zur Abbildung gebracht.

Die Antennen zeigen eine reiche Vielfalt an Ausprägungsformen mit 3 bis über 30 Gliedern (meist nur 9) (Abb. 60). Der Schaft (Scapus) und Pedicellus sind meist gedrungen und kurz, die Fühlergeißel (Flagellum) faden- oder spindelförmig, manchmal mit ausgebildeter Keule (Cimbicidae, manche Pergidae, manche Cephidae) oder die Fühlerglieder sind gesägt (Diprionidae ♀♀, manche Pergidae), mit lappenförmigen Fortsätzen (Megalodontidae) oder kamm- bis geweihförmig (Diprionidae ♂♂, einige Nematinae und Pergidae). Bei anderen Formen ist das 3. Fühlerglied durch Verschmelzung aller Geißelglieder extrem verlängert (Argidae), manchmal ist das verlängerte 3. Fühlerglied gespalten (♂♂ einiger Argidae), es kann aber auch ein knopfartiges Endglied dem 3. verlängerten Fühlerglied aufsitzen (Blasticotomidae) oder eine dünne, vielgliedrige, peitschenförmige Geißel ausgebildet sein (manche Xyelidae).

Bei *Nematus ribesii* wurden 3 Muskeln nachgewiesen, die für die Bewegung der Antenne verantwortlich sind: ein Extensor, ein Flexor und ein Depressor. Sie inserieren z. T. am Innenskelett (Tentorium) z. T. an der Kopfkapsel. In dieser Art konnte ***Taylor*** (1931) makroskopisch an den Antennengliedern 3 Typen von Sinneshaaren entdecken: kleine, lange feine und hakenförmige Sinneshaare. Schon ***Wacker*** (1925) hatte Tasthaare und verschiedene Kegelhaare bei einigen Symphyten-Antennen erkannt. An *Neodiprion sertifer* hat ***Hallberg*** (1979) den Feinbau der antennalen Sensillen vorbildlich aufgezeigt. Bei den ♂♂ dieser Art (und aller Diprionidae) ist die Antennenoberfläche größer als bei den ♀♀. Sie weist eine große Zahl von langen Sensillen mit umwallter Basis an den Gliedästen auf. Bei den ♀♀ sind die Geißelglieder gesägt und die Sensillenhaare kürzer und in geringerer Zahl. Beide Geschlechter zeigen an den Antennen zusätzlich 4 Typen von Sensillen: ein dritter Typ von Haarsensillen mit umwallter Basis, terminale Porensensillen, doppelt umwallte Sensillen und porenlose Sensillen. Auch der anatomische Feinbau wird in TEM-Bildern bewiesen. ***Walther*** (1981, 1983) hat die Sensillenmuster an den Antennen von *Syntexis libocedrii* (Anaxyelidae) und anderer Symphyten-Vertreter untersucht, wobei sich ergab, daß die mechanosensitiven Sensillen auf der Antennenachse, die olfaktorischen Sensillen vorwiegend auf Fortsätzen der Antennengliedern zu liegen kommen. An Antennen von Xiphydriidae und Siricidae wurden Sen-

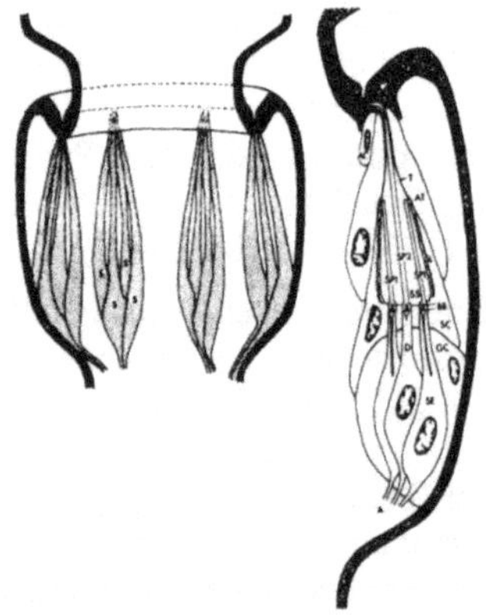

Abb. 61: a) Schematische Darstellung der Lage der Scolopidien im Pedicellus der Antenne von *Neodiprion sertifer* (GEOFFR.) (Diprionidae) b) Anordnung der Zelltypen in einem Scolopidium (aus ***Hallberg***, 1981): A – Axon, AC – akzessorische Zelle, AT – Hüllzelle, BB – Basalkörper, D – Dendrit, GC – Gliazelle, S – Scolopidium, SC – Scolopalzelle, SE – Sinneszelle, SL – Scolopale, SP1 – kurzer Sinnesfortsatz, SP2 – langer Sinnesfortsatz, SS – Scolopalraum, T – Tubus.

silla basiconica und coeloconica festgestellt, am 3. Fühlerglied von *Xyela* sp. (Xyelidae) fand schon ***Börner*** (1919) sogenannte Rhinaria, die ***Walther*** (1983) als langgestreckte Sensilla placodea identifizieren konnte.

Im Pedicellus der Antennen wurde auch bei Symphyten das ***Johnston***'sche Organ entdeckt (***Taylor***, 1931), die Ultrastruktur in TEM-Technik klärte an diesem Organ ***Hallberg*** (1981) bei *Neodiprion sertifer* auf (Abb. 61), wobei sich ein Geschlechtsdimorphismus in der Anzahl der Skolopidien-Gruppe ergab.

Das Gnathocephalon ist nach Meinung des Verf. an der Kopfkapsel äußerlich mit der dorsal beweglichen Oberlippe (Labrum), eine ± abgerundete Platte, häufig mit Haarsensillen bestückt. Die Mandibeln sind typisch orthopteroid und triangulär. Die Innenkante dient als Kaulade und weist einen Incisiv- und einen z. T. mit kräftigen Zähnen versehenen Molateil auf. Die Incisivi sind bei Megalodontidae säbelartig entwickelt, während sie bei den meisten Symphyten kurz und gedrungen sind, besonders bei den Siricidae. Dorsal artikuliert die dicondyle Mandibel mit dem dorsolateralen Angelpunkt am Clypeus, ventral mit der hypostomalen Verdickung durch einen Condylus. Adduktoren und Abduktoren ermöglichen die Bewegungen des Mandibelschließens und -öffnens. Als Einheit fungiert das Mandibelpaar getrennt vom folgenden Labiomaxillar-Komplex (***Richards***, 1956).

Die Maxillen bestehen aus einem dreieckigen Angelstück, der Cardo, die mit dem Postocciput artikuliert, und dem langgestreckten Stipes, der lateral an seinen Enden den i. d. R. 6-gliedrigen Maxillarpalpus (reduziert bei Xiphydriidae und Siricidae) und median am Ende die beiden Kauladen, Galea und Lacinia, trägt. Nur beim Genus *Xyela* und *Macroxyela* ist die Galea distal in eine Exo- und Endogalea geteilt (Abb. 62e) (***Campton***, 1923; ***Saini and Dhillon***, 1979b), bei Siricidae und Argidae sind die Laciniae sekundär reduziert. Zusammenhalt und Bewegung der Sklerite und Kauladen untereinander und mit der Kopfkapsel ermöglichen Membrane und einzelne Muskeln. Gemeinsamen Ursprungs ziehen vom Tentorium ein vorderer Adduktormuskel vor zur Lacinia und ein hinterer vor zur Galea (***Taylor***, 1931; ***Matsuda***, 1957). Stipes und Galea kommunizieren ebenfalls durch einen Adduktormuskel. Vom Stipes ziehen außerdem zwei Muskelzüge zum Maxillarpalpus und setzen am 1. Palpenglied an, ein weiterer an der Lacinia. Zwei Antagonisten versorgen das 1. Palpenglied und je zwei sind im 2. und 3. Palpenglied zu finden (Abb. 62).

Über die Muskulatur im Mundgliedmaßenbereich geben bei *Macrophya pluricincta* (Abb. 62) bzw. im Kopfbereich bei *Nematus ribesii* (Abb. 63) ***Matsuda*** (1957) und ***Taylor*** (1931) Auskunft. Das Labium ist basal durch Verschmelzung von Skleriten charakterisiert. Aus den verschmolzenen Ba-

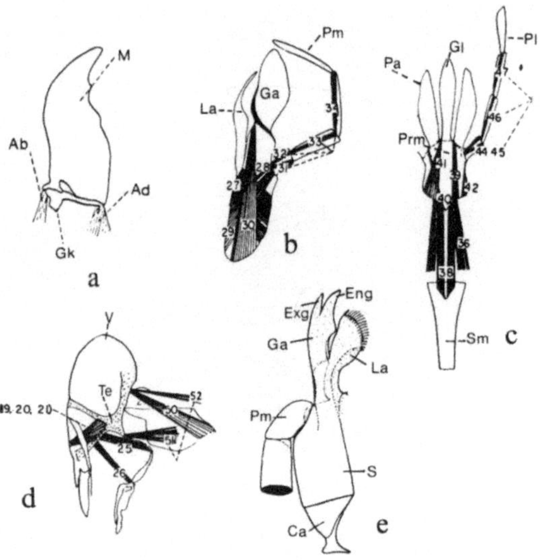

Abb. 62: *Macrophya pluricincta* NORTON (Tenthredinidae): wichtige Muskel der Mundgliedmaßen a) Mandibel b) Maxille c) Labium d) Kopfkapsel seitlich (Innenansicht) mit diversen Tentorialmuskeln (vom Verf. verändert, aus ***Matsuda***, 1957); e) *Xyela* sp. (Xyelidae) Maxille mit gespaltener Galea (vom Verf. verändert, aus ***Crampton***, 1923): Ab – Abduktormuskel, Ad – Adduktormuskel, Eng – Endogalea, Exg – Exogalea, Gk – Gelenkkopf, alle übrigen Abkürzungen siehe Legende zu Abb. 59. Die Zahlen beziehen sich auf Muskelbeschreibungen in ***Matsuda*** (1957).

sisteilen entwickelt sich nach ***Matsuda*** (1957) das basale Submentum. Ein Mentum als Sklerit fehlt bei den Symphyten, an dieser Stelle befindet sich meist eine ± breite Membran. Das Praementum trägt i.d.R. einen 4-gliedrigen Labialpalpus und distal bei Pflanzenwespen die immer unpaare Glossa (ursprünglich paarig) und beiderseits der sieben die beiden Paraglossae (***Richards***, 1956; ***Saini and Dhillon***, 1979c). In letzter Zeit haben ***Saini and Dhillon*** (1980) die Veränderungen im Bau von Mentum und Submentum bei Hymenopteren beleuchtet. Einen Einblick über die Vielzahl an lichtmikroskopisch sichtbaren Sinnesorganen im Bereich der Antennen und Mundwerkzeuge bei *Nematus ribesii* gibt Abb. 64 (***Taylor***, 1931). Maxillen und Labium bilden die funktionelle Einheit des Labiomaxillarkomplexes, der membranös untereinander mit seinen Teilen und in einer flachen Eindellung des Gnathocephalons mit dem Hypostom und der Kehlhaut (Cervix) verbunden ist. Bei manchen Familienvertretern treten im Labiomaxillar-Komplex Reduktionen auf, z.B. bei den Siricidae in Form der Totaglossa (***Arora***, 1956), bei anderen ist er in beiden Ge-

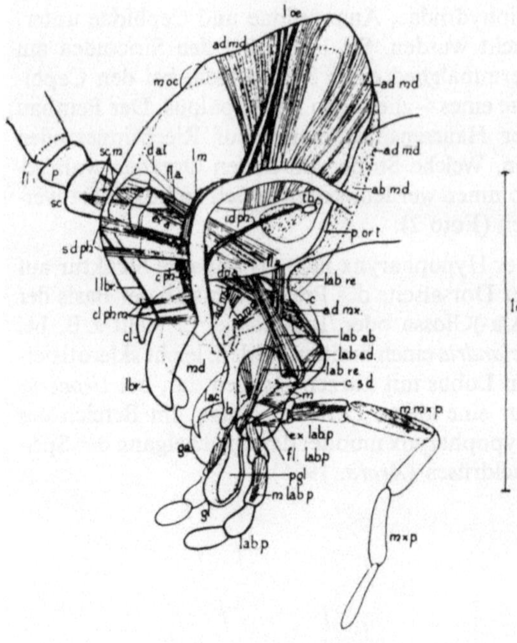

Abb. 63: Schema der Kopfmuskulatur von *Nematus ribesii* (Scop.) (Tenthredinidae) (*Taylor*, 1931): ab. md – Abduktormuskel der Mandibel, ad. md – Adduktormuskel der Mandibel, ad. mx – Adduktormuskel der Maxille, c – Cardo, Cl – Clypeus, c.ph. – Constrictormuskel des Pharynx, c.s.d. – allgemeiner Speichelgang, d.a.t. – dorsaler Arm des Tentoriums, dp.a. – Depressormuskel der Antenne, ex.a. – Extensormuskel der Antenne, fl.i. – 1. Glied des Flagellums, fl.a. – Flexormuskel der Antenne, i.d.ph. – unterer Dilatatormuskel des Pharynx, lab.ab. – Adduktormuskel des Labiums, lab.ad. – Adduktormuskel des Labiums, lab.re.-Retractormuskel des Labiums, l.lbr. – Levatormuskel des Labrums, lm – Longitudinalmuskel, l.oe. – Levatormuskel des Oesophagus, moc – Medianocellus, P – Pediculus, p.or.t. – hintere Öffnung des Tentoriums, sc. – Scapus, sc.m. – Scapusmuskel, s.d.ph. – oberer Dilatatormuskel des Pharynx, tb – Querarm des Tentoriums.

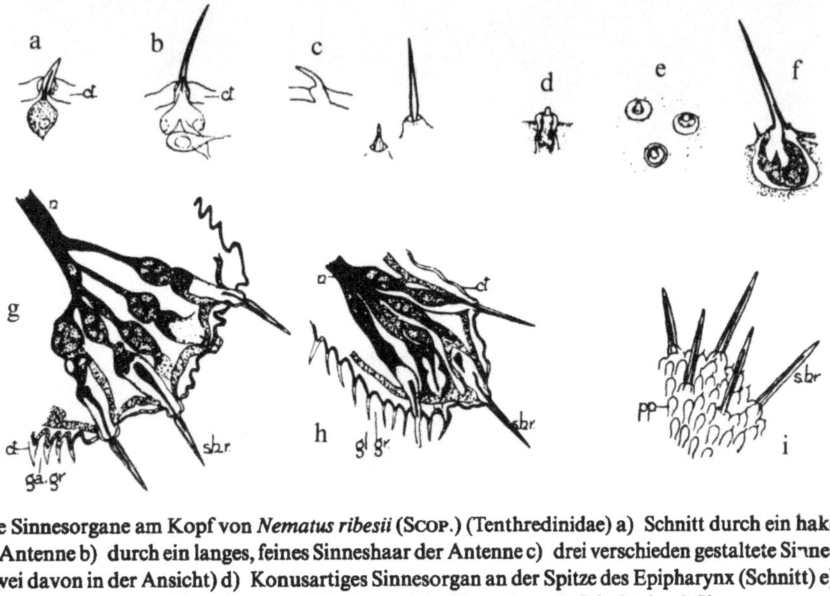

Abb. 64: Einige Sinnesorgane am Kopf von *Nematus ribesii* (Scop.) (Tenthredinidae) a) Schnitt durch ein hakenförmiges Sinneshaar der Antenne b) durch ein langes, feines Sinneshaar der Antenne c) drei verschieden gestaltete Sinneshaartypen der Antenne (zwei davon in der Ansicht) d) Konusartiges Sinnesorgan an der Spitze des Epipharynx (Schnitt) e) dieselben in der Ansicht f) Schnitt durch ein Sinneshaar am Gelenk zum Maxillarpalpus g) Schnitt durch Sinnesorgane am Apex der Galea h) Schnitt durch Sinnesorgane am Apex der Glossa i) Sinneshaare und Cuticularstrukturen auf der Unterseite der Paraglossa (vom Verf. verändert aus *Taylor*, 1931): ct – Cuticula, ga. gr – Vertiefungen, gl. gr. – Vertiefungen, n – Neurit, pp. – Papille, shr. – dornartiges Haar.

schlechtern stark verlängert im Zusammenhang mit Blütenbesuch und Nektarsaugen, z.B. bei Megalodontidae, manchen Pergidae, Cimbicidae, Tenthredinidae und Cephidae (***Takeuchi and Tokunaga***, 1941; ***Arora***, 1956; ***Benson***, 1963; ***Tavčar***, 1986). Besonders gut auf Blütenbesuch adaptiert sind *Eurys laetus* (Pergidae) (Abb. 65) und *Nipponorhynchus mirabilis* (Tenthredinidae). Die Maxillen und das Labium dieser Art sind sehr stark verlängert. Bei der Maxille ist speziell der Stipes extrem lang, die Lacinia ist dolchförmig, die 6-gliedrigen Maxillarpalpen sitzen basal an. Beim Labium ist das Praementum extrem stark verlängert, es trägt am Ende die 4-gliedrigen kürzeren Labialpalpen. Glossa und Paraglossae zeigen keinerlei Verlängerung. Die beiden Stipites und das Praementum bilden zusammen im kompletten Zustand 2 lange Kanäle. Leider gibt es über den zu erwartenden Blütenbesuch und sonstige biologische Daten keine Hinweise (Abb. 66).

Der Labiomaxillar-Komplex gewinnt durch seine Knickfähigkeit zwischen Cardo und Stipes und zwischen Submentum und dem membranösen Verbindungsstück zum Prämentum an Beweglichkeit. Dadurch kann er bei den abgeleiteteren Blütenbesuchern unter den Symphyten vor- und zurückgestreckt werden und so leicht sogar in Röhrenblüten zum Aufsaugen von Nektar verwendet werden. Die Länge dieses Komplexes hält sich bei weniger angepaßten Formen in Grenzen (durchschnittliche Glossa-Länge 0,3–0,5 mm), bei gut angepaßten Arten z.B. *Cuneala koehleri*, *Corynis obscura*, *Megalodontes klugii*, *Eurys kochi* u.a. weisen die Glossae Längen von 0,6–1,3 mm auf (***Tavčar***, 1986) (Foto 1).

Am Endglied des Labialpalpus konnte bei manchen Halm- und Holzwespen ± runde Öffnungen mit feinen Haaren entdeckt werden, die ***Demoll*** (1909) Stilboreceptoren nannte. Die Wiederentdeckung dieser Strukturen gelang ***Tavčar*** (1986, 1989), wobei mit REM- und TEM-Technik die dann als „Grubenorgane" bezeichneten Vertiefungen in beiden Geschlechtern bei Siricidae, Xiphydriidae, Anaxyelidae und Cephidae untersucht wurden. Sie liegen bei den Siricoidea am Terminalglied eines 3-gliedrigen, bei den Cephidae eines 4-gliedrigen Labialpalpus. Der Feinbau der Haarsensillen deutet auf Riechsinneszellen hin. Welche Stoffe von diesen Organen wahrgenommen werden, konnte noch nicht geklärt werden (Foto 2).

Der Hypopharynx liegt als unpaare Struktur auf der Dorsalseite des Prämentums an der Basis der (Ala-)Glossa oder Totaglossa. Er stellt z.B. bei *Selandria* einen breiten, ovalen, leicht sklerotisierten Lobus mit kurzen Dornen dar, bei *Urocerus* nur eine kleine Zone mit Setae. Im Bereich des Hypopharynx mündet der Speichelgang der Speicheldrüsen (***Arora***, 1956).

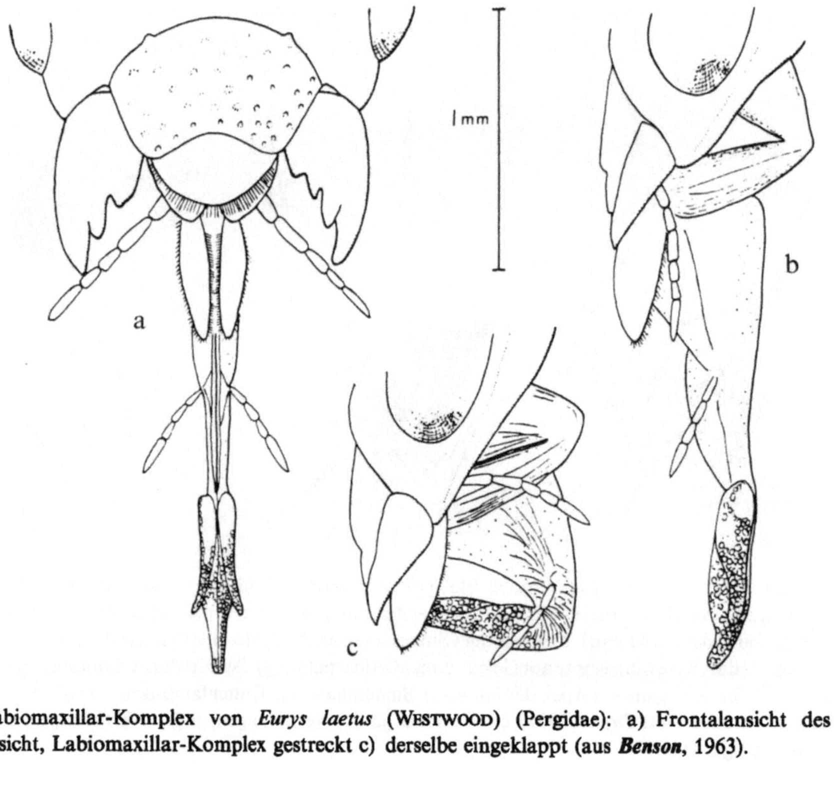

Abb. 65: Labiomaxillar-Komplex von *Eurys laetus* (Westwood) (Pergidae): a) Frontalansicht des Unterkopfes b) Seitenansicht, Labiomaxillar-Komplex gestreckt c) derselbe eingeklappt (aus ***Benson***, 1963).

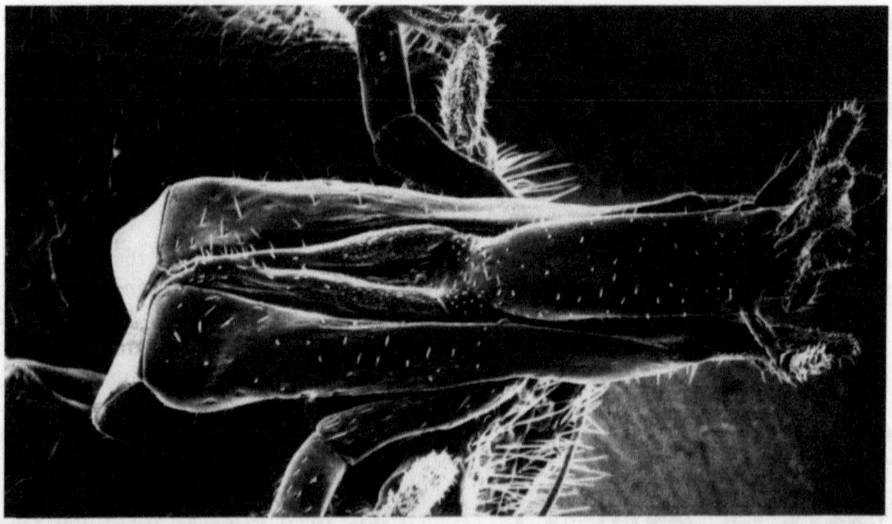

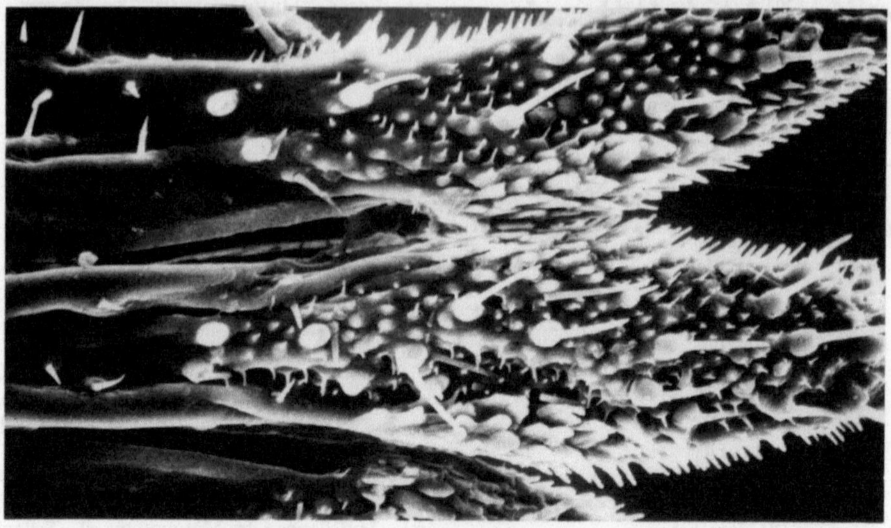

Foto 1: *Corynis obscura* (F.) (Cimbicidae) a) Labiomaxillar-Komplex ventrolateral (92 ×) b) Detail: Glossa und Paraglossa (oben) mit Macro- und Microtrichia (540 ×), REM-Aufnahmen (aus ***Tavčar***, 1986).

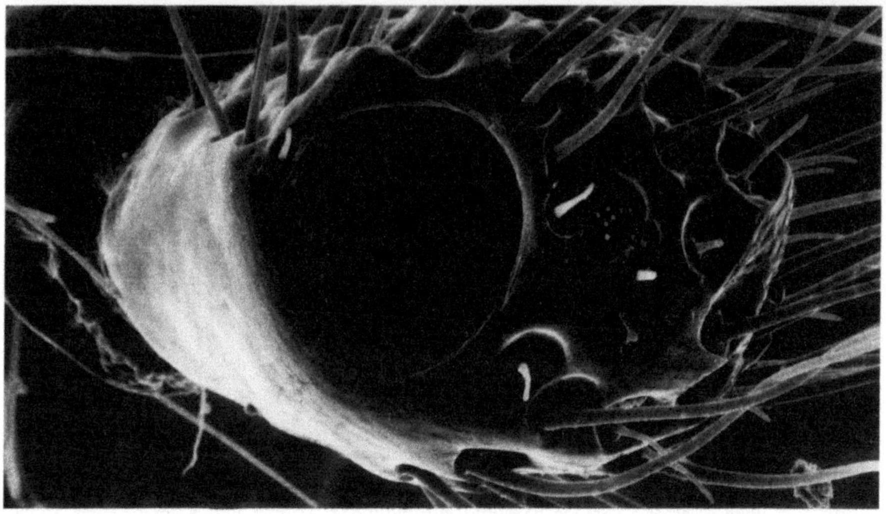

Foto 2: *Urocerus augur* (KLUG) (Siricidae): Labiales Grubenorgan, Riechsensillenhaare enthaltend, rechts kappenförmige Sensillen (468 ×) REM-Aufnahmen (aus ***Taschler-Tavčar***, 1989).

Das typische Symphyten-Tentorium ist H-förmig und besteht aus dem vorderen, dem hinteren und den dorsalen Armen, außerdem aus einer Tentorialbrücke oder bei manchen Taxa einem Körper, der quer zum Foramen occipitale verläuft (Abb. 63). Die Tentorialbrücke ist bei den meisten Formen schmal, breiter bei *Pamphilius* und *Megalodontes*, bei *Xiphydria* und *Urocerus* auffallend breit und tubusartig (mit einer dreieckigen Höhlung im Querschnitt). Die Ansatzpunkte der vorderen Tentorialarme sind die paarigen Tentorialgruben am Clypeusseitenrand, die der hinteren an den Seiten der Occipitalöffnung (***Arora***, 1956). Die dorsalen Tentorialarme reichen zu paarigen Stellen im Cranium der Kopfkapsel, ohne daß besonders erkennbare Vertiefungen äußerlich zu sehen sind.

Brustabschnitt (Thorax): Über diesen Körperteil der adulten Pflanzenwespen existieren grundlegende Betrachtungen von ***Snodgras*** (1910), ***Enslin*** (1912), ***Arora*** (1956), ***Richards*** (1958) und ***Königsmann*** (1977). Die Verbindung von Kopf und Brustabschnitt wird außen durch eine Membran (Cervix) gewährleistet, der seitlich paarige Cervicalsklerite, oft engst verbunden mit den Propleurenvorderteilen, aufliegen können z. B. bei *Xyela* (***Weber***, 1927; ***Richards***, 1956). Bei Xiphydriidae ist dieser „Halsabschnitt" verlängert und gut

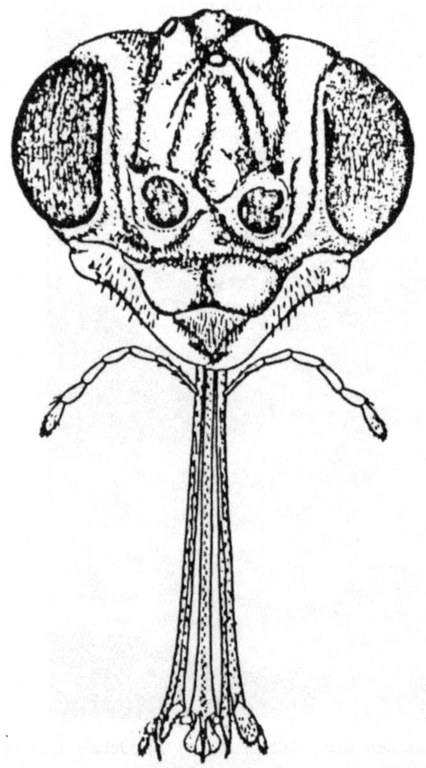

Abb. 66: *Nipponorhynchus mirabilis* TAKEUCHI ♂ (Tenthredinidae): Vorderansicht des Kopfes, Antennen entfernt (aus ***Takeuchi*** and ***Tokunaga***, 1941).

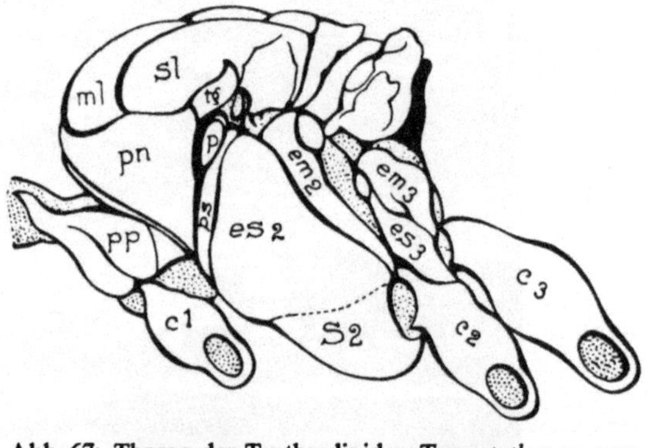

Abb. 67: Thorax der Tenthredinidae *Tomostethus* sp. von der Seite (aus ***Enslin***, 1912): pn Pronotum, pp – Propleura, ml – Mittellappen des Mesonotums, sl – Seitenlappen des Mesonotums, tg – Tegula, p – Parapterum, ps – Praesternum, em_2 – Mesepimeron, es_2 – Mesepisternum, s_2-Mesosternum, em_3-Metepimeron, es_3-Metepisternum, c_1, c_2, c_3 – Coxa I–III.

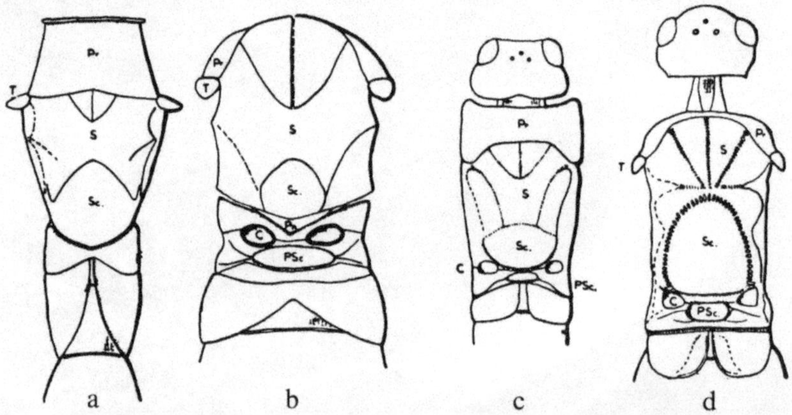

Abb. 68: Thorax von oben a) einer Cephidae b) einer Tenthredinidae; Thorax und Kopf c) einer Siricidae d) einer Xiphydriidae (aus ***Benson***, 1951): c – Cencher, p.n. Posttergit des Mesoscutellums, pr – Pronotum, p.sc. – Metapostscutellum, s – Mesoscutum, sc – Mesoscutellum, t – Tegula.

sichtbar. Der Thorax entsteht aus 3 Segmenten der Larve, die sich auch am Adulttier nachweisen lassen. Als Anhänge trägt der Thorax die 3 Paar Schreitbeine und der Pterothorax die 2 Paar Flügel, auf die später eingegangen wird. An jedem der 3 Brustabschnitte kann ein Rückenschild (Notum oder Tergum), die Flanken (Pleurae) und der Brustschild (Sternum) unterschieden werden. In allen 3 Sterna überwiegt das Basisternit, am stärksten am Mesosternum. Über die Bedeutung von Praesterniten, Furcasterniten und Spinae am Tenthredinidaen-Thorax berichtet ***Weber*** (1927). An den Pleuren lassen sich je Segment in einem vorderen Teil das Episternum und in einem hinteren Teil das Epimeron erkennen (Abb. 67).

Bei Betrachtung des Thorax von oben erscheint vorne ein bei den einzelnen höheren Kategorien vielgestaltiges Pronotum (Abb. 68). An dieses stoßen seitlich die Flügelschuppen (Tegulae) an. Im Bereich des Brustabschnittes ist der Mesothorax am kräftigsten entwickelt. Das findet darin seine Erklärung, daß er am meisten Anteil an der Flugmuskulatur hat. An ihm setzen auch die Vorderflügel an, die beim Flug hauptsächlich aktiv sind, während die Hinterflügel sich nur mitbewegen und von den Vorderflügeln mitgezogen werden (Verbindung durch feine Härchen). Das Mesoscutum (Mesonotum) ist durch deutliche Praescutal-Furchen (Notaulices) in mehrere Abschnitte unterteilt, nämlich in die beiden Seitenlappen und den Mittellappen (Praescutum II), der meist eine Längsfurche aufweist. Zum Mesonotum gehört auch das Schildchen (Mesoscutellum), an das sich eng der Schildchenanhang (Posttergit des Mesoscutellums) anschließt. Beiderseits des Scutellums sind i. d. R. zwei dreieckige Sklerite zu erkennen, die Axillae II, die morphologisch zum Mesoscutum gehören (***Richards***, 1956). Dahinter beginnt das Metanotum. Lateral vom Schildchenanhang liegen 2 bläschenartige Gebilde von meist heller Farbe, die Rückenkörnchen oder Cenchri. Bau und Funktion der Cenchri wurden von ***Mallach*** (1936) lichtmikroskopisch untersucht, von ***Schrott*** (1986) als Teil des Cenchrus-Dornenfeldapparats (Singular auch Cencher) bezeichnet und in REM- und TEM-Technik studiert. Die Cenchri mit ihren unzähligen feinen Läppchen treten bei Ruhelage der Flügel in Kontakt mit einem Dornenfeld auf dem Analfeld des Vorderflügels (Adhäsion) (Foto 3a–c). Mit Ausnahme der Cephidae besitzen alle Familien der Symphyta Cenchri und Dornenfelder. Ob das Dornenfeld nervös versorgt wird, ist derzeit unbekannt. Kurz hinter den Cenchri befindet sich in der Mitte des Metanotums das Hinterschildchen (Metapostscutellum oder Metapostnotum), das in der Färbung meist mit dem des Schildchens übereinstimmt.

Betrachtet man den Thorax von der Seite und schräg unten, so kann man folgende Abschnitte erkennen (Abb. 67). Unter dem Pronotum liegen die Propleurae (manchmal geteilt und/oder mit den Cervicalskleriten beweglich verbunden), von denen nur der als Episternum aufzufassende Teil

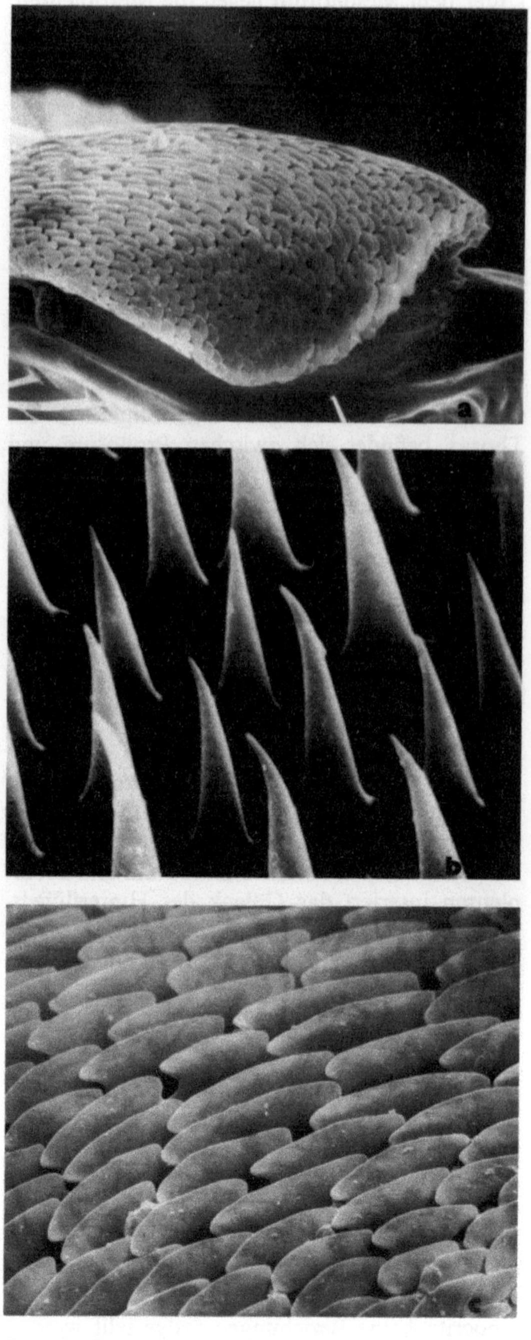

Foto 3: Cenchrus-Dornenfeldapparat am Beispiel von Tenthredinidae: a) rechter Cenchrus von hinten gesehen bei *Dolerus* sp., ca. 60 × b) Teil des Dornenfelds am Vorderflügel von *Megalodontes klugii*, (Leach) 4500 × c) Cenchrus-Blättchen von *Dolerus* sp., 2000 x. a + c TCM-Aufnahmen von K. Pfaller, b aus ***Schrott*** (1986).

gut entwickelt ist. Die Propleuren laufen vorn in einen Fortsatz aus, mit dem der Kopf gelenkig verbunden ist. An die Propleuren setzen die Hüften (Coxae I) des ersten Beinpaares an. Das Prosternum ist klein und dreieckig, bei manchen Symphyten gibt es ein Skleritrudiment des Trochantinus I im Bereich zwischen Coxa I und Prosternum oder Propleuron (***Richards***, 1956). Unter dem Mesonotum liegen die Mesopleuren, an denen Mesepisternum und Mesepimeron meist gut zu unterscheiden sind. Das Episternum II ist viel stärker ausgebildet als das Epimeron II. Die Hüften (Coxae II) schließen sich an die Mesopleuren an, ventral gehen sie in das Mesosternum über. Bei Xyelidae ist dieses ursprünglich entwickelt und weist sogar eine mediane Sutur auf (***Richards***, 1956). Die Grenze zwischen Mesopleuren und Mesosternum ist i. d. R. nicht durch eine Naht gekennzeichnet, jedoch hat das Mesosternum, besonders bei Tenthredinidae, häufig eine besondere Mikrostruktur oder Färbung. Zwischen Mesonotum und Mesopleuren liegt das Gelenk des Vorderflügels. Das Stigma 1 des Thorax befindet sich zwischen Pronotum und Episternum II. Etwas oberhalb davon erkennt man noch einen plättchenförmigen Sklerit, das Parapterum, dessen Lage und Ausbildung verschieden ist. Bei manchen Taxa der Tenthredinidae ist vorn an den Mesopleuren noch ein schmaler Abschnitt durch eine ± gut sichtbare Furche oder einen Kiel erkenntlich, der Praepectus (auch Prepectus) (***Snodgrass***, 1910; ***Benson***, 1958).

Unter dem Metanotum erkennt man die Metapleuren. Sie zeigen durch eine Sutur getrennt Metepisternum und Metepimeron. Mit den Metapleuren artikuliert die Hüfte des letzten Beinpaares (Coxae III). Zwischen Metanotum und Metapleuren inseriert das Gelenk des Hinterflügels, dort liegt auch das Stigma 2 des Thorax. Bei manchen Tenthredinidae, z. B. *Macrophya* spp., kann man am Metepimeron einen rundlichen, flachen Skleritanhang beobachten (Funktion ?). Das Metasternum ist ± reduziert (***Enslin***, 1913).

Über die Muskulatur des Symphyten-Thorax hat Verf. nur sehr wenig im Schrifttum gefunden. Es gibt Untersuchungen über pro- und mesothorakale Strukturen (***Gibson***, 1985) und etwas über die Gelenkung und Muskelversorgung von Coxae II und eine mögliche phylogenetische Konsequenz, derzufolge die Orussidae und Apocrita Schwester-Gruppen wären, während zwischen Cephidae und Apocrita keine Beziehungen festgestellt werden könnten (***Johnson***, 1988).

Flügel (Alae): Symphyta sind wie andere Hymenopteren charakterisiert durch zwei Paar Flügel, die durch Häkchen (Hamuli) zusammengehalten werden, die vom Vorderrand des Hinterflügels ausgehen und im nach unten gefalteten Hinterrand des Vorderflügels einkuppeln. Eine teilweise bis totale Flügelreduktion tritt bei dieser Unterordnung der Hautflügler nur in wenigen Fällen ein, worauf später eingegangen wird.

Die Flügelfläche eines Flügels wird wie bei vielen anderen Insektenflügeln in 3 Teilflächen unterteilt, in das vordere Costalfeld (Remigium), das hintere Analfeld (Vannus) zwischen der Plica vannalis und Plica jugalis, und das thoraxnahe, kleine Jugalfeld (Jugum), wobei letzteres bei Symphyten nur im Hinterflügel ausgebildet ist. Die Flügelmembran wird von einer Reihe von Längs-, zusammengesetzten und Queradern gestützt, die mit dem Thorax an der Flügelbasis mittels Syndesen und oder Axillarskleriten gelenkig in Verbindung stehen. In Abb. 69 a sind diese an der Flügelbasis einer Siricidae ablesbar. Ähnlich liegen die Verhältnisse bei der Tenthredinidae *Pristiphora erichsonii* (***Wong***, 1963). Es handelt sich vorne um die Tegula, eine bei den meisten anderen Familien viel ausgeprägteren Deckschuppe an der Basis der Costa, um die Humeralplatte(n), um 4 Pteralia (auch Axillaria genannt) und um die Mittelplatte(n). Diese kleinen Sklerite des sekundären Flügelgelenkes sind im Vorderflügel stärker entwickelt als im Hinterflügel. Gewöhnlich artikuliert die Costa mit der Humeralplatte, die Subcosta mit dem Pterale 1, der Radius mit dem Pterale 2, die Media mit der Mittelplatte, die Analis 1 mit dem Pterale 3, die Analis 2 + 3 mit dem Pterale 4, doch ist die Ausbildung der Pteralsklerite variabel, sodaß ihre Konturen meist schlecht erkennbar sind und wenig für die Interpretation der Längsadern aussagen (***Richards***, 1956). Die Nomenklatur des Geäders bei den Symphyten geht im wesentlichen auf ***MacGillivray*** (1906), ***Comstock*** (1918) und ***Ross*** (1936) zurück. Sie ist in der für die gesamte Ordnung der Hymenopteren sehr ursprünglichen Form bei den Xyelidae (Abb. 69 b) und Pamphiliidae erhalten. Das Pterostigma ist gut nur im Vorderflügel entwickelt und kann in Struktur und Färbung bei den einzelnen höheren Taxa unterschiedlich aussehen. Das Geäder von Vorder- und Hinterflügel weist bei den einzelnen Überfamilien und Familien eine große Variation auf, auf die in diesem Zusammenhang nicht eingegangen werden kann. Für die Taxonomie sind die Ausbildung der Längs- und Queradern sowie die Form von Costal-, Radial-, Cubital-, Discoidal- und Analzellen („lanzettförmige Zelle") von Bedeutung. Auf das Dornenfeld im Analaderbereich des Vorderflügels wurde schon bei der Besprechung des Cenchrus-Dornenfeldapparates hingewiesen, es fehlt den Cephidae.

Die Flügelmembran ist i. d. R. klar-durchsichtig oder leicht gelblich getrübt, bei manchen Formen

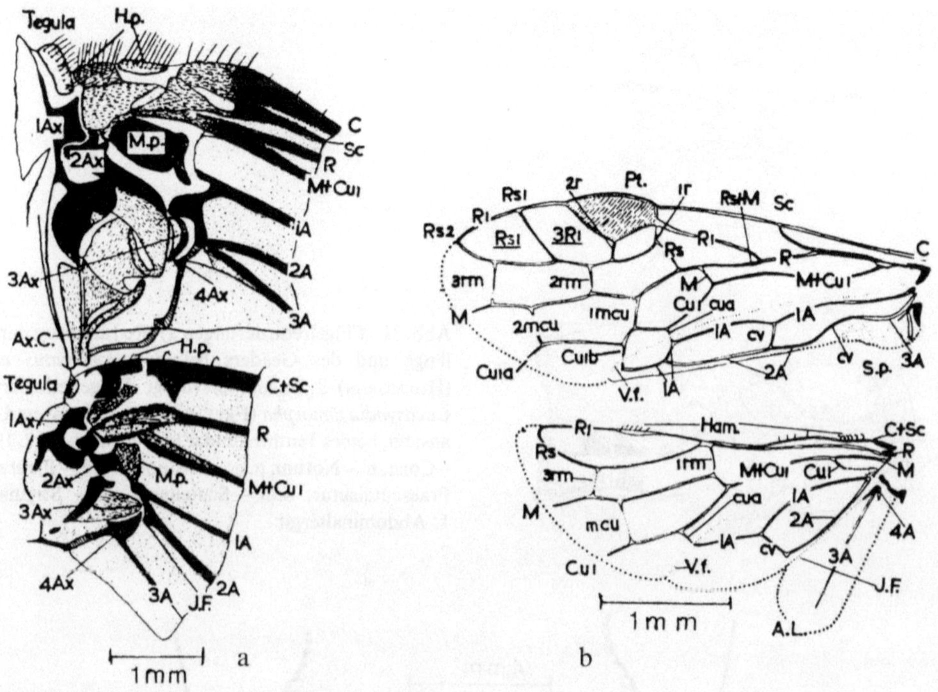

Abb. 69: a) Thorax-Flügelverbindung bei *Urocerus gigas* (L.) (Siricidae) b) Vorder- und Hinterflügel von *Xyela julii* (Bréb.) (Xyelidae) (vom Verf. verändert aus ***Richards***, 1956): Längsadern in Großbuchstaben, Queradern in Kleinbuchstaben; A – Analader, Ax – Axillarsklerite, C – Costa, Cu – Cubitus, cua – Cubitoanalquerader, cv – Querader, Ham. – Hamuli, H. p. – Humeralplatte, J. F. – Jugalader (Plica jugalis), M – Media, mcu – Mediocubitalquerader, Pt. – Pterostigma, R – Radius, r – Radialquerader, rm – Radiomedialquerader, Rs – Radiussektor, Sc – Subcosta, S. p. – Dornenfeld, V. f. – Vannalader (Plica vannalis).

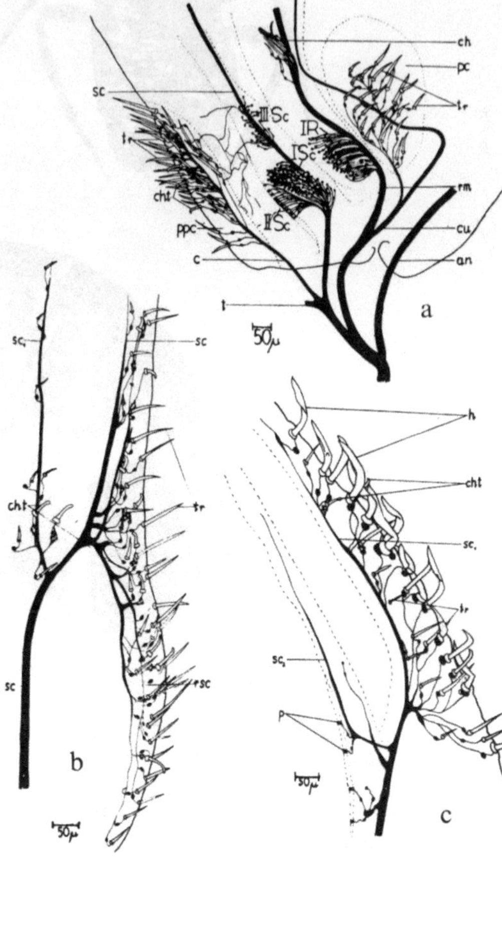

Abb. 70: Auswahl von Sinnesorganen an Flügelteilen von *Acantholyda posticalis* Mats. a) an der Basis des Vorderflügels b) an einem Flügelteil nahe der Subcostalader c) an der vorderen Flügelbasis des Hinterflügels mit Hamuli (aus ***Fudalewicz-Niemczyk*** and ***Petryszak***, 1967): an – Nervus analis, c – Nervus costalis, ch – Chordotonalorgan, cht – Sensilla chaetica, cu – Nervus cubitalis, h – Hamuli, IR – Radiale Porengruppe, p – Poren, pc – Costalplatte, ppc – Praecostalplatte, rm = Nervus radiomedialis, rsc – Nervus recurrens-N. subcostalis, (I, II, III) SC – erste, zweite, dritte Porengruppe, t – Nervus tegularis, tr – Sensilla trichodea.

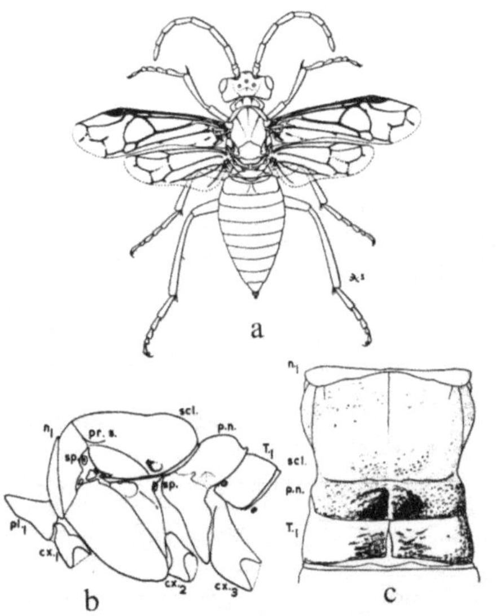

Abb. 71: Flügelreduzierungen a) Reduzierung der Flügellänge und des Geäders bei *Amauronematus abnormis* (HOLMGREN) ♀ b) und c) völlige Flügelreduzierung bei *Cacosyndia dimorpha* (FREYMUTH) ♀, Lateral- und Dorsalansicht, beides Tenthredinidae (aus ***Benson***, 1958, 1959): cx. – Coxa, n. – Notum, p. n. – Postnotum, pl. – Pleura, pr. s. – Praescutalsutur, scl. – Scutellum, sp. – Stigma, $T._1$ – 1. Abdominaltergit.

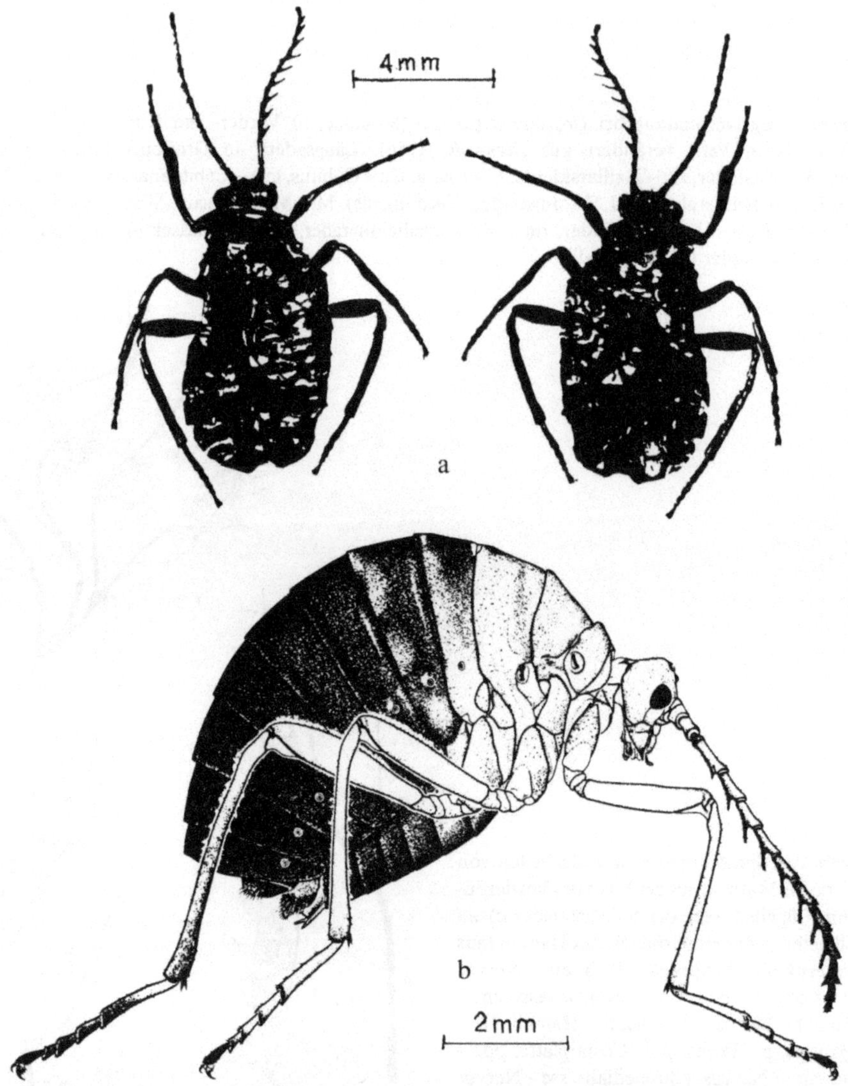

Abb. 72: Flügelreduzierung bei tropischen Pergidae: a) *Cladomacra terricola* NAUMANN ♀ (dorsal u. ventral) aus Neuguinea (***Naumann***, 1984) b) *Cladomacra taoi* SHINOHARA ♀ (lateral) aus Indonesien (***Shinohara***, 1986).

distal stellenweise kleinwellig entwickelt (z. B. bei Xyelidae). Bei manchen Formen kann ein Teil oder ± der gesamte Flügel gelblich, bräunlich, blau oder schwarzgefärbt sein, wobei das Geäder und Pterostigma gegenüber der Flügelfläche ganz oder verschiedene Färbungen aufweisen können.

Über Innervierung und Sinnesorgane an den Flügeln haben bei Tenthredinidae und Pamphiliidae ***Zaćwilichowska*** (1953) und ***Fudalewicz-Niemczyk and Petryszak*** (1967) gearbeitet (Abb. 70). Im Vergleich zu *Apis mellifera* sind die Flügel von *Tenthredo arcuata*, *Rhogogaster viridis* und *Acantholyda posticalis* wesentlich geringer mit diversen Flügelsinnesorganen ausgestattet. Es handelt sich um Sinneshaare (Sensillae trichodeae), Sinnesborsten (Sensillae chaeticae), Sinnesporen (Sensillae campaniformes) und Chordotonalorgane (Sensillae scolopophorae). Letztere fehlen der Basis des Hinterflügels bei den bisher untersuchten Arten. Die cuticulären Häkchen (Hamuli) (Abb. 70c) sind ebenfalls nervös versorgt und bilden bei Blattwespen am Hinterflügel meist zwei deutlich getrennte Reihen, doch gibt es bei den Symphyten Tendenzen, daß diese zwei zu einer Reihe gegen Ende der Hinterflügelcosta konzentriert werden. Im Vorderflügel ist die Tegula innerviert, die Längs- und zusammengesetzten Adern (R + M + Cu), einige andere Adern und das Pterostigma. Im Hinterflügel finden sich Nervenbahnen in C und Sc, in den zusammengesetzten Adern R + M und weiteren Adern.

Abschließend sei auf Flügelreduktionen eingegangen. Solche findet man in geringem Ausmaß bei wenigen nordischen oder arktisch-alpinen Tenthredinidae z. B. *Amauronematus abnormis* (Abb. 71 a). Die Flügel der ♀♀ sind deutlich kürzer als das Abdomen und mit abnormaler, variabler Aderung ausgestattet (***Benson***, 1958), weiters bei der zentralasiatischen (Steppen)Art *Cacosyndia dimorpha* (Tenthredinidae) (Abb. 71 b, c), die im weiblichen Geschlecht völlig ungeflügelt, im männlichen normal geflügelt ist. Flügelreduktionen treten auch bei zwei Pergidae auf, eine vom montanen Papua-Neuguinea, nämlich *Cladomacra terricola* ♀ (Abb. 72a), und bei ♀♀ von *Cladomacra taoi* aus Sulawesi (Indonesien) (Abb. 72b), eine Art, die unter Rinden fungivor (?) zu leben scheint.

Beine (Pedes): Die Beine bestehen aus Coxa, Trochanter + Trochantellus (eigentlich ein Stück des proximalen Femurs), Femur, Tibia und Tarsus (Abb. 73). Es sind also bei den Symphyten 2 Schenkelringe (Trochanter 1 + 2) ausgebildet. Häufig ist die Coxalgelenkung mit einem Trochantinus an der Pleura verbunden, der aber keine große Bedeutung dabei zu haben scheint (***Richards***, 1956). Die Femura III mancher Cimbicidae weisen am proximalen Ende nach außen zu einen ± starken Dorn auf, besonders im männlichen Geschlecht.* Ob diese Dornen bei der Kopula oder bei Rivalenkämpfen eine Rolle spielen, ist dem Verf. unbekannt. Die Tibiae sind apikal mit gelenkigen Spornen versehen, i. d. R. in dem Muster 2 + 2 + 2 der 3 Beinpaare, bei manchen Taxa treten an den Tibiae aber insgesamt 1–5 Sporne auf, nämlich zusätzlich zu den apikalen noch 1–3 Präapikalsporne an der Außenseite der

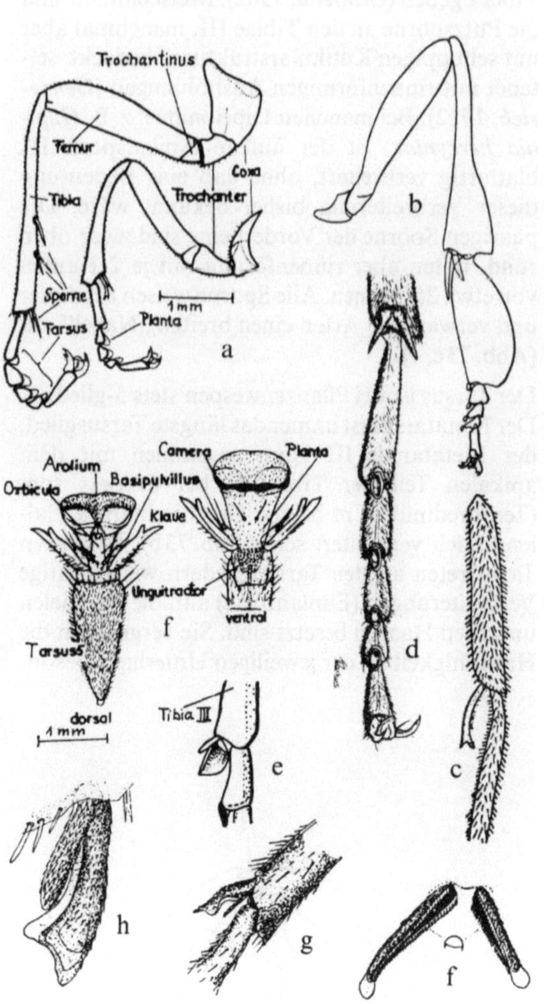

Abb. 73: a) Vorder- und Hinterbeine von *Pamphilius varius* (Lep.) b) Hinterbein von *Croesus* sp. mit verbreitertem Metatarsus III c) Tibia I mit Putzsporn und Metatarsus I von *Trachelus tabidus* (F.) d) Tarsus III von *Tenthredo vestita* ♂ mit Euplantulae e) Tibia III mit verbreitertem Innensporn und Metatarsus III von *Gilpinia hercyniae* (Htg.) f) Dorsal- und Ventralensicht vom Praetarsus von *Pamphilius inanitus* (Vill.) (b–e ohne Maßstab) f) Sporne der linken Tibia I von *Gilpinia frutetorum* (F.) ♂ 100 × g) Sporne der linken Tibia I von *Cephalcia arvensis* Panz. von hinten 100 × h) Sporne der rechten Tibia I von *Xiphydria camelus* (L.) von hinten 36 × (aus ***Gennrich***, 1922, ***Benson***, 1951, 1958, 1968, ***Grinfel'd***, 1962, ***Richards***, 1956).

* Extrem bedornt sind die Femora III bei den ♂♂ von *Skelosyzygonia spinipes* (***Malaise***, 1935 b).

unteren Tibiahälfte (bei Xyeloidea, Megalodontoidea, einigen Argidae, Pergidae und Cephidae). Die Apikalsporne (Fühlerputzapparat) der Tibia I können gleich groß, verschieden groß oder auf nur einen reduziert auftreten (z. B. Cephidae), wobei die zuletzt genannte Variante in Zusammenhang mit einer leichten Eindellung des Metatarsus I den besten Antennenputzapparat bildet. Auch kann es leichte Verbreiterungen oder distale Vergabelungen bei den apikalen Putzspornen der Tibia I geben (***Grinfel'd***, 1962). Meist einfach sind die Putzsporne an den Tibiae III, manchmal aber mit schuppigen Kutikularstrukturen bedeckt, seltener mit rinnenförmigen Aushöhlungen (***Gennerich***, 1922). Bei manchen Diprionidae, z. B. *Gilpinia hercyniae*, ist der äußere Apikalsporn III blattartig verbreitert, ohne daß eine Bedeutung dieser Verbreiterung bisher bekannt wäre. Die paarigen Sporne der Vorderbeine sind zwar oben rund, unten aber rinnenförmig mit je 2 Kanten von etwa 25 Zähnen. Alle Sporne weisen bei dieser und verwandten Arten einen breiten „Nagel" auf (Abb. 73e, f).

Der Tarsus ist bei Pflanzenwespen stets 5-gliedrig. Der Metatarsus ist immer das längste Tarsusglied, der Metatarsus III kann zusammen mit dem apikalen Teil der Tibia III bei *Croesus* spp. (Tenthredinidae) in beiden Geschlechtern auffallend flach verbreitert sein (Abb. 73b). Bei vielen Taxa treten an den Tarsengliedern weichhäutige Verbreiterungen (Euplantulae) auf, die mit vielen unechten Haaren besetzt sind. Sie vergrößern die Haftfähigkeit an der jeweiligen Unterlage, besonders auf Blättern. Das letzte Tarsenglied trägt zwei Klauen und folgende zusätzliche Strukturen: Zwischen den Klauen, die einfach, gezähnt oder gespalten sein können, liegt das Arolium, auf dessen dorsaler Oberfläche ein kleiner Sklerit, die Orbicula, zu erkennen ist. Bei einigen Taxa existiert ein membranöser Lobus, der Basipulvillus. Unterhalb des Aroliums befindet sich die behaarte Planta und ein unterstützender Ring, die Camera (***Richards***, 1956) (Abb. 73).

Hinterleib (Abdomen): Er entsteht aus 10(11) Segmenten der Larve, die jedoch bei der Imago verschiedene Umwandlungen, besonders am Hinterleibsende, erfahren haben, sodaß sie nur durch embryologische Untersuchungen richtig gedeutet werden können. Das 11. Segment der Larven fehlt nach ***Arora*** (1956) der Imago. Jedes Hinterleibssegment setzt sich äußerlich aus einem Tergit und einem Sternit zusammen, wobei die Rückenplatten lateral auf die Ventralseiten übergreifen und die Sternite z. T. überdecken. Die einzelnen Segmente wie auch die Tergite und Sternite sind durch häutige Membranen miteinander verbunden, die zumeist nicht direkt sichtbar sind, weil die Segmente ineinander verschoben sind (Abb. 75a).

Die Segmente: Das Tergit des 1. Abdominalsegmentes (Propodeum) ist bei einigen Taxa median gespalten, das 1. Sternit ist zur Unkenntlichkeit reduziert, sodaß dem 1. Tergit kein zählbares 1. Sternit entspricht. Bei Argidae, Cephidae und Siricidae ist das 1. Abdominalsegment weitgehend umgeformt und sehr stark mit dem Metathorax

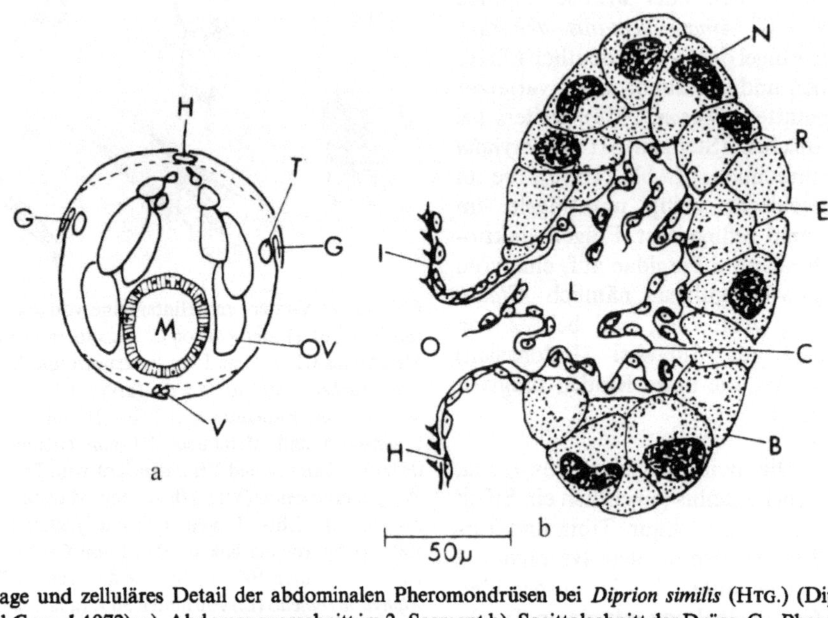

Abb. 74: Lage und zelluläres Detail der abdominalen Pheromondrüsen bei *Diprion similis* (Htg.) (Diprionidae) (aus ***Mertins*** and ***Coppel***, 1972): a) Abdomenquerschnitt im 2. Segment b) Sagittalschnitt der Drüse. G – Pheromondrüse, H – Dorsalrohr, T – Tracheenlängsstamm, O – Drüsenausgang, OV – Ovar, V – Ventralnerven, B – Basalmembran, C – cuticuläre Auskleidung, E – kleine endotheliale Zellen, H – Hypodermis, I – Intersegmentalmembran, L – Drüsenlumen, N – Zellkern, R – sekretorisches Reservoir.

verbunden (***Saini and Dhillon***, 1979). Das erste sichtbare Sternit ist also schon das 2. Sternit. Die Segmente 1–8 weisen lateral paarige Stigmata auf z.B. bei Diprionidae und Tenthredinidae (***Richards***, 1956; ***Wong***, 1963). Die Segmente 2–7 sind bei den Symphyta normal entwickelt. Eine Besonderheit hat man bisher nur bei Diprionidae entdeckt: ***Mertins and Coppel*** (1972) fanden bei *Diprion similis* ♀♀ im Bereich der Intersegmentalhaut zwischen 2. und 3. Segment paarige Drüsen von ca. 200 µ Durchmesser. Die Drüsenzellen besitzen große granuläre Kerne, ein sekretorisches Reservoir und ein dunkel gefärbtes Cytoplasma. Die Autoren glauben, daß diese Drüsen Sexualpheromone abgeben (Abb. 74); den ♂♂ dieser Art fehlen solche Strukturen. ***Hallberg and Löfquist*** (1981) fanden bei *Neodiprion sertifer*, ebenfalls eine Diprionidae, allerdings bei beiden Geschlechtern ein homologes Drüsenpaar, wobei sogar ein Öffnungsmuskel für die Drüsen entdeckt wurde. Eine Expansion der Lateraltrachee fördert wahrscheinlich die Abgabe von Drüsensekret aus dem Drüsenlumen. Bei diesen abdominalen Drüsen handelt es sich um typische epidermale Phero-

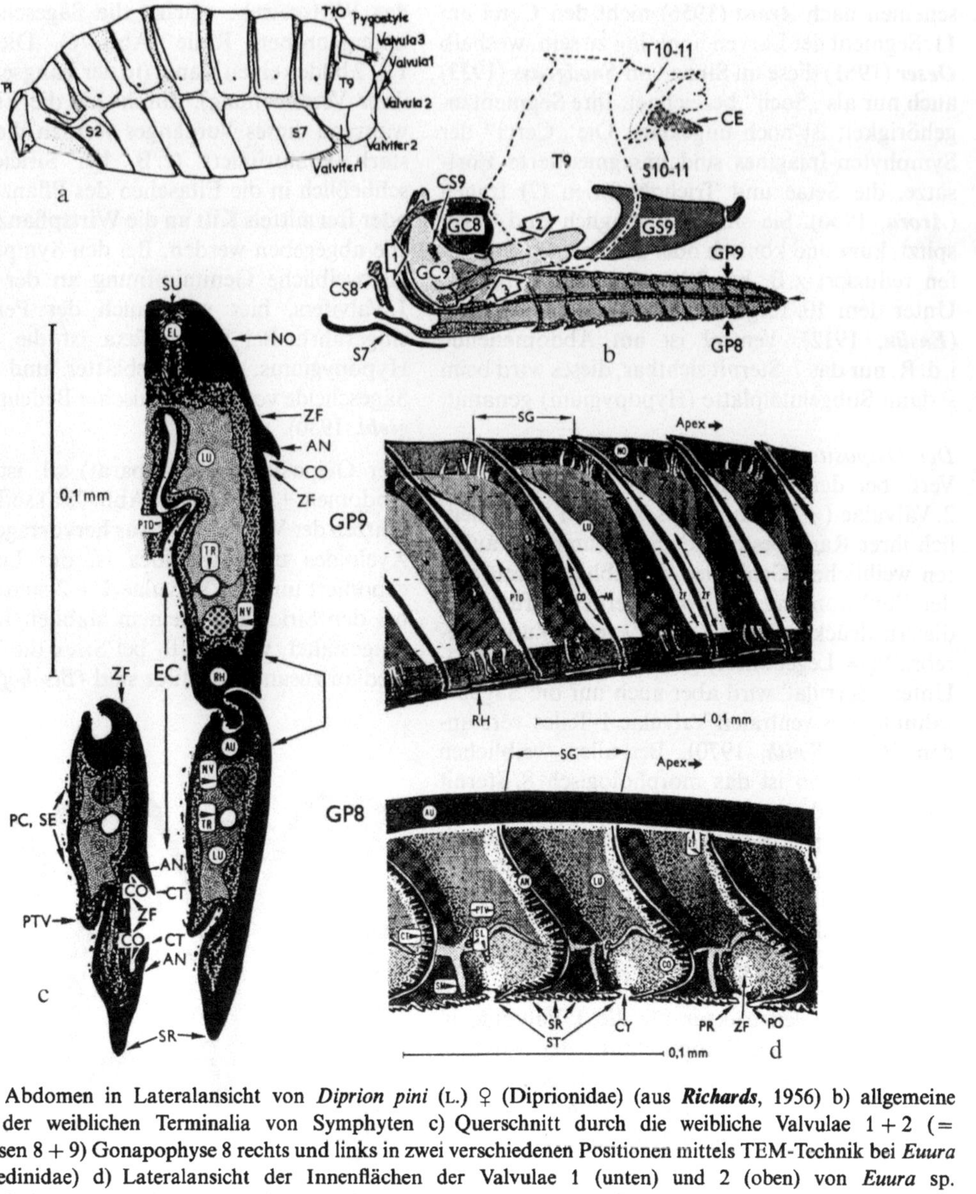

Abb. 75: a) Abdomen in Lateralansicht von *Diprion pini* (L.) ♀ (Diprionidae) (aus ***Richards***, 1956) b) allgemeine Strukturen der weiblichen Terminalia von Symphyten c) Querschnitt durch die weibliche Valvulae 1 + 2 (= Gonapophysen 8 + 9) Gonapophyse 8 rechts und links in zwei verschiedenen Positionen mittels TEM-Technik bei *Euura* sp. (Tenthredinidae) d) Lateralansicht der Innenflächen der Valvulae 1 (unten) und 2 (oben) von *Euura* sp. (Tenthredinidae): AN – Annulus, AU – Aulax, CE – Cercus, CO – Colpus, CS – Coxosternit, CT – Ctenidie, CY – Cypsella, EC – Eikanal, EL – Elaterium, GC – Gonocoxit, GP – Gonapophysis, GS – Gonostylus, LU – Lumen des Haemocoels, NO – Notum, NV – Nervus, PC – Pectines, PR – Praecalcar, PO – Postcalcar, PTD – dorsale Ptyche, PTV – ventrale Ptyche, RH – Rhachis, S – Sternit, SE – Sinneshaare, SG – Segment, SR – Serrula, ST – Sägezahn, SU – Sulcus am Notum, T – Tergit, TR – Tracheenast, ZF – Biegungszone (aus ***E. L. Smith***, 1970).

mondrüsen von Insekten, aus 3 Zelltypen bestehend, von denen auch TEM-Bilder angefertigt wurden. Inzwischen sind von diesen und weiteren Diprionidae und einer Pamphiliidae die Sexualpheromone identifiziert worden (siehe Kapitel Ethologie der Imagines). Beim 8. Tergit des Symphytenabdomens ist das Tergit normal ausgebildet, die weiter hinten gelegenen Teile sind in Zusammenhang mit dem Ovipositor bzw. mit den männlichen Genitalapparaten modifiziert. Es sind meist 10 Tergite und 9 Sternite erkennbar. Das 10. Tergit trägt ein Paar kleine, griffelförmige „Cerci“ (Analtaster nach ***Enslin***, 1912, Pygostyles nach ***Snodgrass***, 1941). Die „Cerci“ der Adulti scheinen nach ***Arora*** (1956) nicht den Cerci am 11. Segment der Larven homolog zu sein, weshalb ***Oeser*** (1961) diese im Sinne von ***Snodgrass*** (1933) auch nur als „Socii“ bezeichnet. Ihre Segmentzugehörigkeit ist noch ungeklärt. Die „Cerci“ der Symphyten-Imagines sind unsegmentierte Fortsätze, die Setae und Trichobothrien (?) tragen (***Arora***, 1956). Sie sind z. T. länglich und zugespitzt, kurz und konisch oder zu winzigen Stümpfen reduziert z. B. bei *Xiphydria* und *Urocerus*. Unter dem 10. Tergit mündet der Enddarm aus (***Enslin***, 1912). Ventral ist am Abdomenende i. d. R. nur das 7. Sternit sichtbar, dieses wird beim ♀ dann Subgenitalplatte (Hypopygium) genannt.

Der Ovipositor: Als Ovipositor s. str. bezeichnet Verf. bei den Symphyten das aus der 1. und 2. Valvulae (= Gonapophysen 8 + 9) einschließlich ihrer Rami bestehende Strukturen der äußeren weiblichen Genitalien. In Abhängigkeit von der Funktion und der Form werden dafür noch die Ausdrücke „Serrula“ (= Legesäge) und „Terebra“ (= Legebohrer) gebraucht (***Oeser***, 1961). Unter „Serrula“ wird aber auch nur die Sägebezahnung des ventralen Valvulae 1-Teiles verstanden (***E. L. Smith***, 1970). Bei allen weiblichen Hymenopteren ist das morphologisch 8. Sternit reduziert und membranös, aber mediolateral liegen die Sklerite des 1. Valvifers, die die beweglichen 1. Valvulae tragen, bei den Symphyta als Teil des Ovipositors entwickelt. Das 9. Sternit ist ebenfalls reduziert und erhalten sind vorne die Sklerite des 2. Valvifers mit den 2. Valvulae. Letztere sind unbeweglich miteinander verbunden und bilden eine Gleitstruktur für die 1. Valvulae in der Art, daß in der Längsrichtung der Valvulae 2 Schienen auftreten, die in entsprechenden Furchen der 1. Valvulae geführt werden (Abb. 75 b–e + 76). Die Valviferen 1 + 2 (= Gonocoxopodite oder Gonocoxite 8 und 9) sind miteinander gelenkig verbunden, dabei ist der Tractormuskel von Coxopodit 8 reduziert, der von Coxopodit 9 der einzig wirksame (***Oeser***, 1961; ***E. L. Smith***, 1970). Auf die unterschiedliche Terminologie der Einzelteile des Ovipositors s. l. geben ***Oeser*** (1961) und ***E. L. Smith*** (1970) Auskunft. Bei den Blattwespen sind die Sägeblätter (= Valvulae 1) mit querverlaufenden Kielen versehen, die nach ventral in die Sägezähne auslaufen (***Richards***, 1956). Der Feinbau der 1. und 2. Valvulae (Sägeblätter und Sägerinnen) mit einer Fülle an speziellen Bezeichnungen kann der Abb. 75 d + e entnommen werden. Die Valvulae 3 (= Gonostyli, Sägescheiden) entspringen vom hinteren Teil der 2. Valviferen. Sie sind weniger stark sklerotisiert und ± stark mit Sinneshaaren besetzt oder bilden am distalen Ende Bürstenplatten z. B. bei den Diprionidae (***Enslin***, 1912–18). Bei der Eiablage und beim Sägen der Eitaschen in das Wirtsgewebe spielen die Sägescheiden eine untergeordnete Rolle (Abb. 76). Die Valvulae 1 + 2 bilden einen Kanal (in der Längserstreckung ihrer Verschienung), durch den die Eier gleiten, während dieses Vorganges werden die Eier z. T. stark komprimiert (z. B. bei Siricidae), und schließlich in die Eitaschen des Pflanzengewebes oder frei mittels Kitt an die Wirtspflanzenoberfläche abgegeben werden. Bei den Symphyten liegt die weibliche Genitalöffnung an der Basis des 1. Valvifers, hier wird auch der Penis des ♂ eingeführt. Bei vielen Taxa ist die Form des Hypopygiums, der Sägeblätter und auch der Sägescheide von taxonomischer Bedeutung (***Zirngiebl***, 1930).

Der Ovipositor (Legeapparat) s. l. ist meist im Abdomen ± verborgen (Abb. 75 a) sodaß nur die Spitzen der Valvulae 3 etwas hervorragen. Bei den Xyeloidea und Siricoidea ist der Legeapparat exponiert und die Valvulae 1 + 2 sind besonders bei den Siricidae zu einem stabilen Legebohrer umgestaltet, wobei z. B. bei Sirex die Valvulae 2 median zusammengefügt sind (***Bischoff***, 1923).

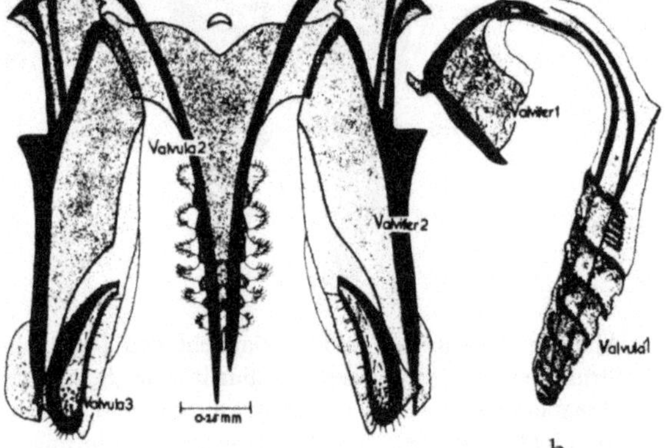

a b

Abb. 76: *Diprion pini* (L.) ♀ (Diprionidae) a) Dorsalansicht des herauspräparierten Ovipositors s. l. mit Valvifer 1 + 2 und Valvulae 2 + 3 b) Valvifer 1 und Valvula 1 von rechts (aus ***Richards***, 1956).

Bei den Weibchen von Siricidae und Xiphydriidae, soweit deren Larven mit symbiontischen Mikroorganismen zusammenleben, wurden am Grunde des Ovipositors paarige Intersegmentaltaschen („Pilzspritzen") gefunden, die mit Oidien von Basidiomyceten bzw. Ascomyceten angefüllt sind. Diese Oidien sind in einem schleimigen Sekret eingebettet, das in zwei kolbenförmigen Drüsenorganen produziert wird. Diese Kolbenorgane reichen in die Intersegmentaltaschen, die als bohnenförmige Gebilde zu beiden Seiten des Oviduktes liegen und deren Öffnungen sich beiderseits der Genitalöffnung befinden (Abb. 77). Dort werden die vom Ovidukt kommenden Eier mit dem Sekret samt Oidien geimpft, bevor die Eier in den neuen Wirtsbaum abgelegt werden (***Buchner***, 1928, 1953; ***Francke-Grosmann***, 1957, 1967).

Der Ovipositor der Orussidae weicht vom üblichen Symphyten-Bauplan erheblich ab. Die Valvulae 1 und die median miteinander verwachsenen Valvulae 2 krümmen sich und laufen dorsal unterhalb der Mittellinie des Abdomens nach vorn bis in den Mesothorax hinein (Abb. 78). Im Thorax wird eine Spiralwindung nach unten hinten und wieder nach vorne oben beschrieben. Der Legebohrer ist in seinem gesamten Verlauf in einem häutigen Schlauch eingeschlossen, der auch die Windungen mitmacht und aus der Intersegmentalhaut zwischen 10. und 11. Sternit hervorgeht (***Rohwer and Cushman***, 1917; ***Bischoff***, 1923).

Wie reichlich die drei oben besprochenen Valvulae-Paare mit Sinneshaaren verschiedenen Typs und Sinneskuppeln versehen sein können, zeigt eine Untersuchung an *Tenthredo arcuata* (Ten-

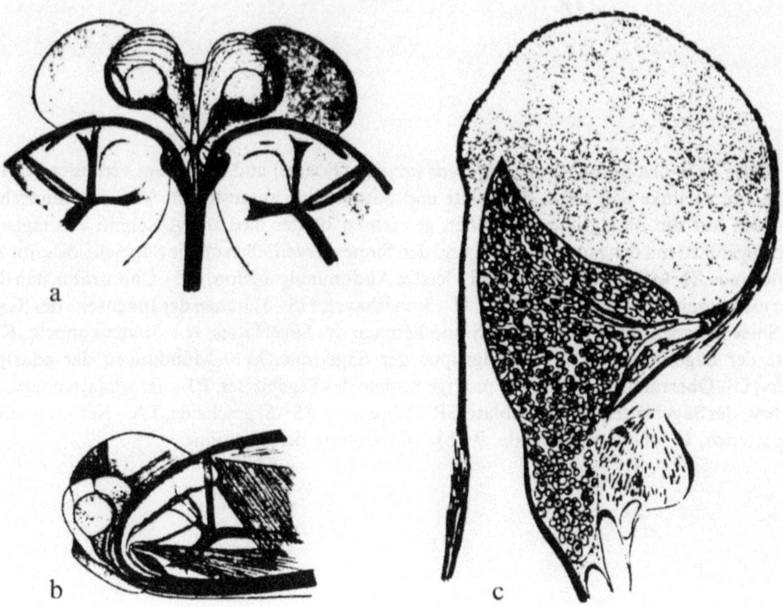

Abb. 77: „Pilzspritzen" bei Siricidae-Weibchen: a) pilzgefüllte Intersegmentaltaschen am Ovipositor von *Urocerus gigas* (L.) von dorsal b) von lateral gesehen c) Schnitt durch eine Intersegmentaltasche von *Urocerus augur* (Klug), die Drüse und die Füllung mit Oidien zeigend (***Buchner***, 1928).

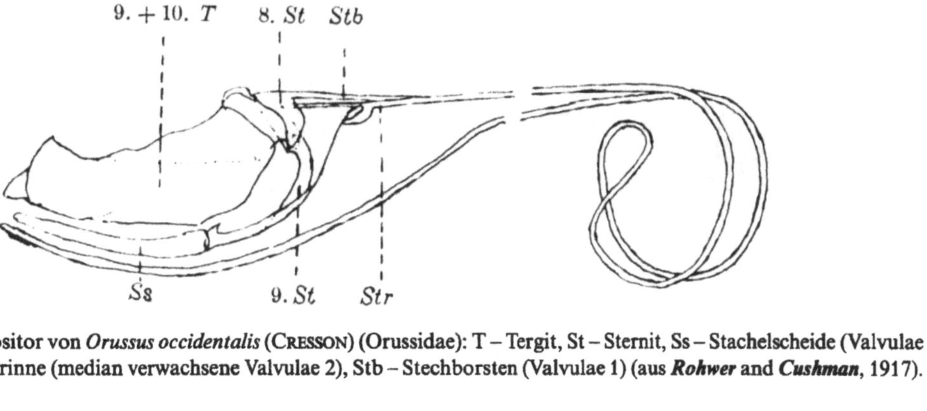

Abb. 78: Ovipositor von *Orussus occidentalis* (Cresson) (Orussidae): T – Tergit, St – Sternit, Ss – Stachelscheide (Valvulae 3), Str – Stachelrinne (median verwachsene Valvulae 2), Stb – Stechborsten (Valvulae 1) (aus ***Rohwer*** and ***Cushman***, 1917).

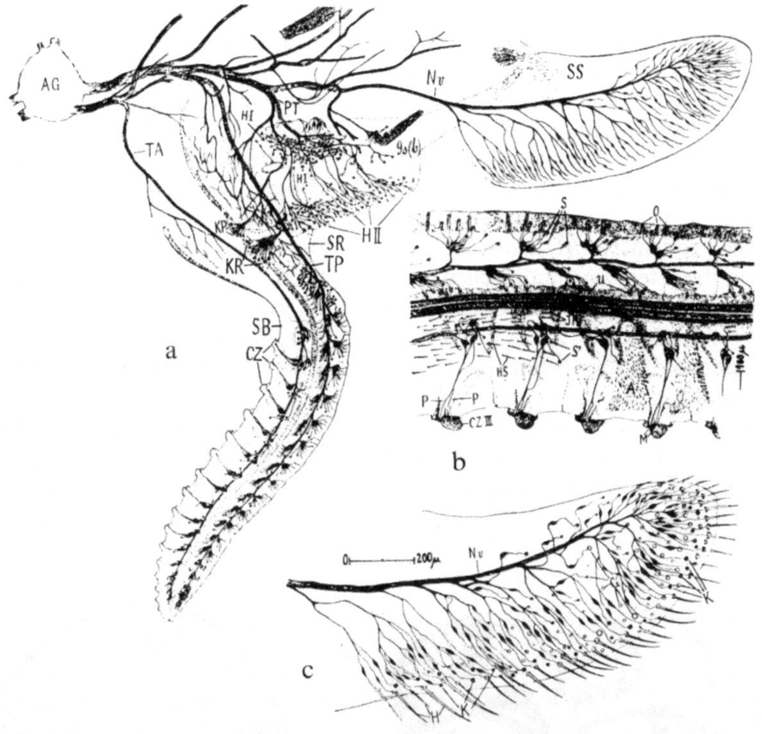

Abb. 79: Die Hälfte eines Ovopositors von *Tenthredo arcuata* (FORST.) und die in ihm verlaufenden Nervenbahnen und Sinnesorgane in situ a) linke Sägerinne, Sägeblatt und Sägescheide ausgestreckt. Von den Sinneshärchen der I. und II. Gruppe wurden nur die Basalgruben derselben gezeichnet b) der mediane Abschnitt des eigentlichen Legesäbels (Sägerinne und Sägeblatt) mit den Sinnesorganen und den Sinnesnervenzellen c) die Sägescheide samt Sinnesorganen und Nervenelementen (aus ***Zaćwilichowski***, 1932): AG – letztes Abdominalganglion, CZ – Chitinzähnchen des Sägeblattes, G – Basalgrube der nichtgezeichneten Sinneshärchen, H – Sinneshaare, HS – Härchen der Innenseite des Sägeblattes, HI, HII – Gruppen von Sinneshärchen, JK – innerviertes Sinneshärchen des Sägeblattes, K – Sinnenkuppeln, KP – Kuppelgruppe der Basalplatte der Sägerinne, KR – Kuppelgruppe der Sägerinne, M – Mündungen der paarigen Kanäle, Nv – Sägescheidenerv, O – Oberrandkanälchen, P – paarige Kanäle des Sägeblattes, PT – Basalplattennerv, S,S' – Seitenkanäle der Sägerinne bzw. des Sägeblattes, SB – Sägeblatt, SR – Sägerinne, SS – Sägescheide, TA – Nervus terebralis anterior, TP – N. terebralis posterior, U – Unterrandkanäle, 9s(b) – Basalplatte der Sägerinne.

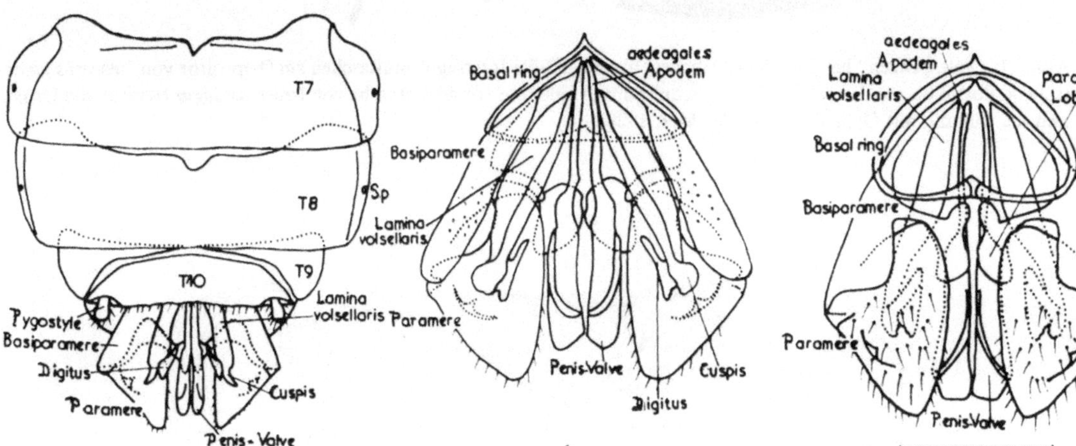

Abb. 80: *Diprion pini* (L.) ♂ (Diprionidae) a) Abdominalsegmente 7–10 und äußere Genitalia in Dorsalansicht b) Genitalia in aktueller Dorsalansicht (= morphologische Ventralansicht nach der Inversion) c) Genitalia in aktueller Ventralansicht (vom Verf. etwas verändert aus ***Richards***, 1956) T – Tergit.

thredinidae) von ***Zaćwilichowski*** (1932). Dabei sind auch die Nervenstränge bis zum letzten Bauchganglion zu erkennen (Abb. 79). Über die Muskulatur des Ovipositors gibt es allgemeine Hinweise bei ***E. L. Smith*** (1970) und spezielle für *Perga affinis* (Pergidae) bei ***Tait*** (1962), wobei 9 Paare von Muskeln erörtert werden, die bei der Bewegung der einzelnen Teile des Legeapparates eine Rolle spielen.

Die äußeren männlichen Genitalorgane: Im männlichen Geschlecht können bei den Imagines ebenfalls 10 Segmente in der Abdominalregion festgestellt werden. Die ersten 8 Tergite bzw. 7 Sternite sind normal entwickelt, das 9. Tergit ist zu zwei sklerotisierten Platten reduziert, die durch eine membranöse Brücke verbunden werden (Abb. 80a). Das 10. Tergit ist verkleinert erhalten, seitlich sind sehr kleine „Cerci" (***Enslin***, 1912), „Pygostyle" (***Richards***, 1956) oder Socii (***Saini and Singh***, 1985) erkennbar. Das oben genannte 7. sichtbare Sternit ist das 8. morphologische Sternit, das 9. Sternit bildet die Subgenitalplatte (Hypopygium; Hypopandrium nach ***Saini and Singh***, 1985), auf der in Ruhelage der gesamte Kopulationsapparat ruht. Nur die Spitzen der Penis-Valven und der Parameren (= Harpes) sind äußerlich sichtbar (Abb. 80a). Auch im männlichen Geschlecht werden in der Bezeichnung der Teile des Kopulationsapparates noch keine einheitlichen Termini verwendet (***Enslin***, 1912; ***Crampton***, 1920; ***Snodgrass***, 1941; ***Benson***, 1951, 1958; ***Arora***, 1956; ***Richards***, 1956; ***Ross***, 1957; ***E. L. Smith***, 1970; ***Saini and Singh***, 1985) (Abb. 81).

Die äußeren Genitalstrukturen der ♂♂ sind eng verbunden mit dem Hinterrand des 9. Segmentes. ***Michener*** (1944) fand bei vergleichend-morphologischen Untersuchungen, daß die äußeren Teile der Genitalia von abdominalen Anhängen, besonders des Sternums 9, abgeleitet werden können (siehe auch die Termini in ***E. L. Smith***, 1970), nur die inneren medianen Teile sind dem Aedoeagus zugehörig. Wie schon im systematischen Teil dieser Ausführungen erwähnt, weisen die „niederen" Symphyten eine normale Lage der Genitalkapsel auf (= orthandrischer Kopulationsapparat), die abgeleiteteren Symphyten (z. B. Tenthredinoidea) zeigen nach der Imaginalhäutung im Kokon bzw. Ruhelager eine um 180° in der Längsachse gedrehte Genitalkapsel (= strophandrisch, z. B. bei Diprionidae Abb. 80b, c). Diese Inversion bewirkt, daß die Dorsalseite nach ventral, die Ventralseite nach dorsal zu liegen kommt. Aber innerhalb der Familie der Xyelidae kommen Taxa mit beiden Situationen vor (***Boulangé***, 1924; ***Ross***, 1945; ***Juga***, 1967, u. a.).

Der Aufbau der externen männlichen Genitalien in der Genitalkapsel wird anhand eines strophandrischen Beispiels erklärt (***Saini and Singh***, 1985). Die Genitalien bestehen aus folgenden Hauptkomponenten: dem Basalring, den paarigen Parameres s. l. (Parapeniallobus + Basimere + Telomere), den paarigen Volsellae (Basivolsella + Cuspis + Digitus) und dem unpaaren Aedoeagus (Penis + Penis-Valven). Der Basalring (Gonobasis) ist ein annulärer Sklerit, der die proximale, sekundär antero-ventrale Öffnung der Genitalien zur Körperhöhle umschließt. Anterodorsal setzt sich der Basalring fort in einen Gonocondylus, seine postero-ventrale Hälfte befindet sich in membranöser Verbindung mit den Basimeren. Laterale Teile des Basalringes entsenden nach hinten zwei stumpfe Fortsätze. Die Parameren umschließen die Genitalien im engeren Sinn von allen Seiten. Jede Paramere ist dreigeteilt in proximale Basimere (Basiparamere), terminale Telomere (Gonostylus) und zur Mitte hin ausgebreitete Parapeniallobe. Bei den ursprünglichen Xyeloidea, Megalodontoidea und Siricoidea enden die paarigen Gonostyli mit einer schalenförmigen Struktur (cupping disk nach ***Snodgrass***, 1941, distal tip nach ***Ross***, 1937), den Gonomaculae (***Crampton***, 1919; ***Saini and Singh***, 1987) (Abb. 81c). Diese könnten intersegmentale Membranen von jetzt verlorengegangenen Gonostylarsegmente repräsentieren (***E. L. Smith***, 1970). An der Dorsalseite bringt jede Basimere einen Fortsatz hervor, die sich von zwei Seiten aus in der Mitte treffen, ohne sich zu vereinigen, wobei sie aber einen winkeligen Fortsatz bilden, der in ein Foramen des Basalringes einrasten kann. Ein medianer Kamm teilt die Basimeren von vorne nach hinten. Die Basimere setzt sich nach innen fort in einen Parapeniallobus. Die Spitzen dieser Loben legen sich zusammen und bilden einen Boden für die Genitalien i. e. S. Die schalenförmigen Telomeren sind mit zahlreichen Setae besetzt. Die paarigen Volsellae sind dorsal plaziert und jede ist geteilt in eine proximale, verlängerte Basivolsella und eine distale, zweilappige Distivolsella, bestehend aus Cuspis und Digitus. Die Basivolsella ist in membranöser Verbindung mit der Basimere und den Penis-Valven.

Der unpaare Aedoeagus besteht aus einem Paar ± langer Penis-Valven und einem medianen, gewebigen eigentlichen Penis. Die Hinterenden der Valven sind häufig erweitert, flach oder dreidimensional mit Mikrostrukturen versehen, proximal wird häufig ein sklerotisierter Stiel mit und ohne Apodeme gebildet (Abb. 82). Der eigentliche Penis erstreckt sich zwischen den in der Längsrichtung medio-sagittal liegenden Valven. Der Penis am Ende des Ductus ejaculatorius zeigt sich in Form einer zweischichtigen Struktur mit einem Kanal innerhalb der beiden Lagen. Die Dorsalwand trägt das Phallotrema. Bei der Kopu-

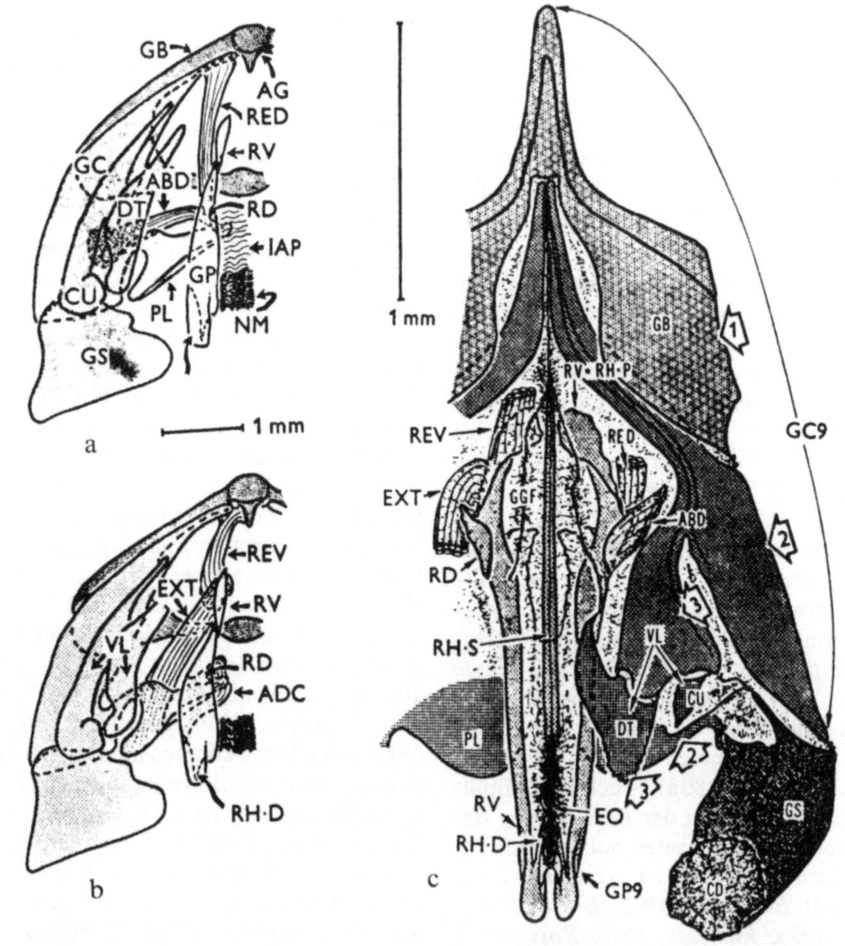

Abb. 81: Genitalarmaturen der Männchen a) Aufsicht b) Ventralansicht bei *Euura* sp. (Tenthrediniae) c) Ventralansicht bei *Xeris* sp. (Siricidae) (aus ***E. L. Smith***, 1970): ABD – Abductormuskel, ADC – Adductormuskel, AG – Apodem der Gonobasis, CD – Gonomacula, CU – Cuspis, DT – Digitus, EO – Mündung des Ductus ejaculatorius, EXT – Extensormuskel, GB – Gonobasis, GC – Gonocoxit, GGF – Fascie der Gonocoxapophyse, GP – Gonapophyse, GS – Gonostylus, IAP – Intrapophysealfascie, NM – Notalmembran, PL – Parapeniallobus, RD – dorsaler Ramus, RED – dorsaler REV – ventraler Retractormuskel, RHP – proximale Rhachis, RHD – distale Rhachis, RHS – gesonderte Rhachis, RV – ventraler Ramus, VL – Volsella.

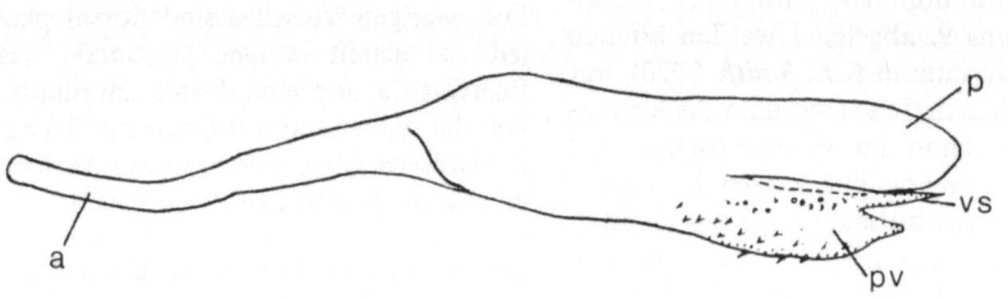

Abb. 82: Details einer Penis-Valve am Beispiel von *Stauronematus compressicornis* (F.) (Tenthredinidae) (aus ***Cavalcaselle***, 1968): a – Apodem, p – Pseudoceps, pv – Paravalve, vs – Valvispina.

lation hält sich das ♂ an der Basis des Ovipositors des ♀ mit den distalen Teilen der Parameren bzw. Volsellen fest (innere und äußere Haltezangen im Sinn von ***Enslin***, 1912; siehe auch ***D'Rozario***, 1940; Abb. 40). Die Form der Penis-Valven und in neuerer Zeit auch die Volsellen sind von taxonomischer Wichtigkeit.

Die Muskelversorgung der Genitalarmaturen ist bei einigen Symphyten-Arten in ***Boulangé*** (1924) und etwas allgemein in ***E. L. Smith*** (1970) behandelt und dargestellt (Abb. 81 a, b, c), sowie speziell bei *Thrinax* spp. (Tenthredinidae) und an *Perga affinis* (Pergidae) durch ***Keir*** (1936) bzw. ***Tait*** (1962) in 9 definierten Muskelpaaren. Über die nervöse Versorgung des männlichen Genitalapparates ist nichts bekannt. Die Skelettmuskulatur des gesamten Abdomens der Imagines ist ungenügend untersucht worden. Es liegt aber eine Detailstudie einiger vorderer Abdominalsegmente von *Urocerus gigas* (Siricidae) vor, in der eine Reihe von wichtigen Muskelpaaren beschrieben werden, von denen ausgewählt die Abb. 83a, b, c, d einen Einblick gewähren (***Short***, 1959). Dabei ist das Skelettmuskelsystem ähnlich dem vieler anderer geflügelter Insekten. Dorsale motorische Muskeln zwischen Thorax und Abdomen fehlen, ventrale sind nur spärlich entwickelt. In den ersten 3 Abdominalsegmenten werden 21 paarige Muskeln beschrieben.

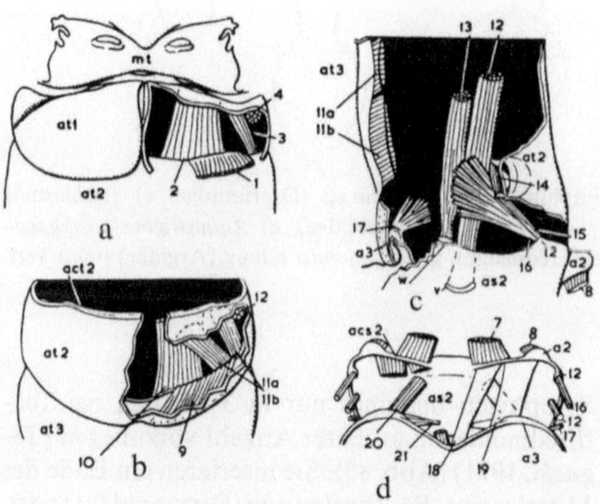

Abb. 83: *Urocerus gigas* (L.) (Siricidae) ♀: a) Dorsalansicht der Sektion des 1. Abdominalsegmentes b) Dorsalansicht der Sektion des 2. Abdominalsegmentes c) Lateralansicht der Sektion des 2. Abdominalsegmentes d) Dorsalansicht der Sektion, die die Muskeln des 2. abdominalen Sternums zeigen (aus ***Short***, 1959): a2, a3-vordere Apodeme der 2. + 3. abdominalen Sterna, acs2 acs3 – antecosta der 2. + 3. abdominalen Sterna, act2 – Antecosta der 2. + 3. abdominalen Terga, as2 – abdominales Sternum 2, atl, at2 – abdominales Tergum des 1. bzw. 2. Segments, l1, l2 – laterale Apodeme des 2. + 3. Abdominalsternums, mt – Tergum des Metathorax, v – halbmondförmige Depression am Seitenrand des 2. Abdominalsternums, w – ovaler Fortsatz am Seitenrand des 2. Abdominalsternums, 1 – 19 diverse Muskeln.

Darmtrakt, Anhangsdrüsen und Malpighische Gefäße: Die Untersuchungen über den Aufbau und die Feinstruktur des Darmkanals der Symphyten sind äußerst spärlich und beruhen zumeist auf Ergebnissen älterer Autoren (***Bordas***, 1895; ***Severin and Severin***, 1914). Vergleichend morphologisch hat nur ***Togashi*** (1965, 1971) über Vertreter von 5 verschiedenen Familien (Pamphiliidae, Tenthredinidae, Diprionidae, Cimbicidae und Argidae) überblicksmäßig gearbeitet, über einen Vertreter der Pergidae kurz ***Tait*** (1962).

Der Darmtrakt der Imagines besteht aus dem Pharynx, dem Ösophagus, dem Kropf (Ingluvies), dem Muskelmagen (Proventriculus), dem Mitteldarm (Mesenteron), dem Ileum und dem Rectum. Daneben treten zwei paarige Anhangsdrüsen auf, die Speicheldrüsen (und weitere Kopfdrüsen) und die ***Malpighi***schen Gefäße. Der Ösophagus und Pharynx sind von ähnlichem Durchmesser und passieren die enge Röhre zwischen Kopf und Brustabschnitt. Im vordersten Teil des Abdomens kommt der Kropf zu liegen (Abb. 84), der Mitteldarm ist manchmal leicht halbkreisförmig gebogen, das Ileum ist eine kurze, gerade Röhre, bei manchen Taxa aber ist es länger, nach ventral gebogen und sogar zu einer Schlinge geformt. Das Rectum stellt eine vergrößerte Kammer dar mit 5, 6 oder 9 Rectalpapillen (Abb. 85). Der Darmtrakt der Diprionidae *Diprion pini* wird von ***Eliescu*** (1932) beschrieben, wobei auch auf den Darminhalt in der Puppe und in der Imago in den verschiedenen Abschnitten Bezug genommen wird. Neben den oben genannten Speicheldrüsen, die sogar in thorakale und postcerebrale gegliedert werden müssen, existieren noch eine Reihe

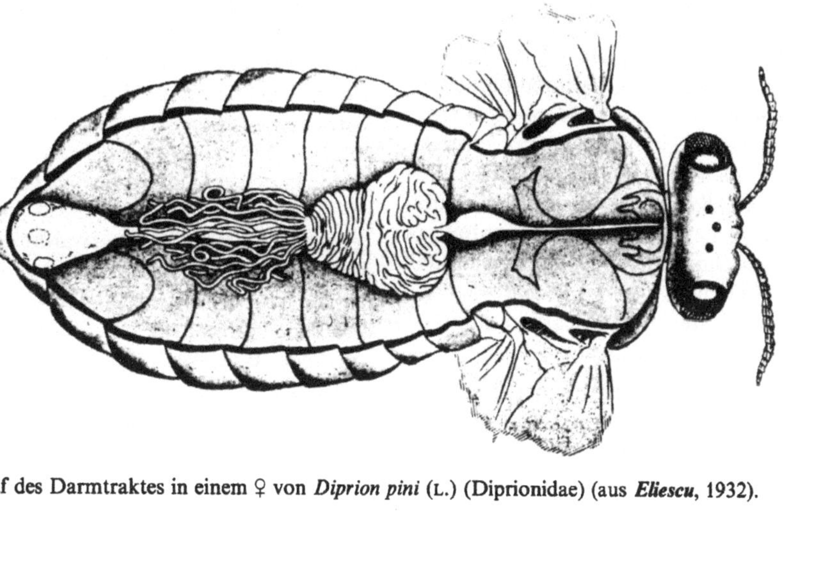

Abb. 84: Verlauf des Darmtraktes in einem ♀ von *Diprion pini* (L.) (Diprionidae) (aus ***Eliescu***, 1932).

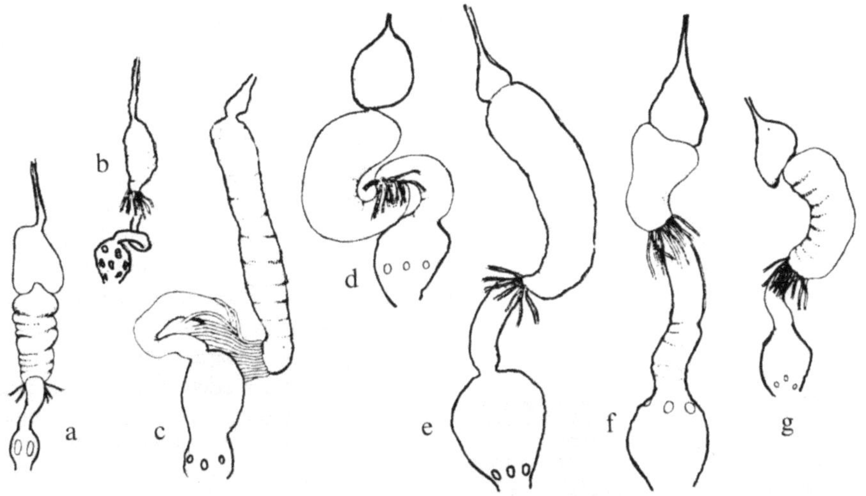

Abb. 85: Darmtrakt von a) *Acantholyda posticalis* MATS. (Pamphiliidae), b) *Gilpinia* sp. (Diprionidae), c) *Trichiosoma latreillei* LEACH (Cimbicidae), d) *Alphostromboceros konowi* JAKOWLEW (Tenthredinidae), e) *Aglaostigma yasumatsui* TOGASHI (Tenthredinidae), f) *Tenthredo venusta* MOCSÁRY (Tenthredinidae), g) *Arge jonasi* KIRBY (Argidae) (vom Verf. verändert aus ***Togashi***, 1971).

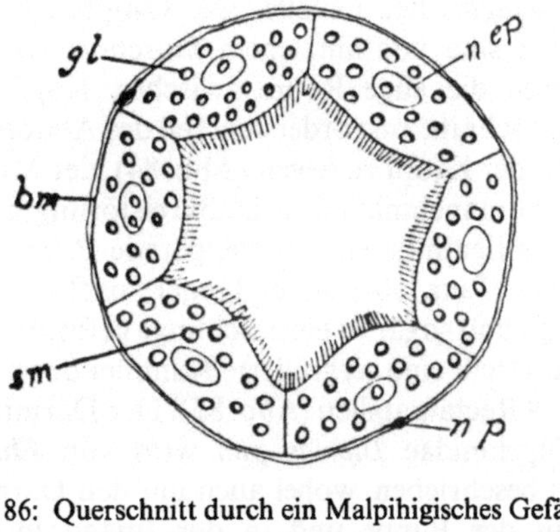

Abb. 86: Querschnitt durch ein Malpihigisches Gefäß von *Cimbex americana* LEACH (Cimbicidae) (vom Verf. verändert aus ***Severin*** and ***Severin***, 1914): bm – Basalmembran, gl – Sekretgranula der Epithelzellen, nep – Kern der Epithelzelle, np – Kern einer Peritonealzelle, sm – Mikrovillisaum (ca 650 ×).

weiterer kopfnaher Drüsen, die lagemäßig und grob anatomisch von einigen Tenthredinidae (*Allantus* spp., *Tenthredo* spp. und *Mesoneura* spp.) beschrieben wurden. Es handelt sich um supracerebrale Drüsen, paarige Mandibular-, Maxillar- und Labialdrüsen (***Bordas***, 1895). Über den anatomisch-histologischen Aufbau der Darmteile in Quer- und Längsschnitten von *Cimbex americana* (Cimbicidae) berichten ***Severin and Severin*** (1914), wobei auch die Valvula cardiaca und V. pylorica zur Abbildung gelangen.

Als wichtigste Exkretionsorgane der Imagines werden die ***Malpighi***schen Gefäße aufgefaßt. Diese schlauchförmigen, blind endenden, 1-schichtigen Röhren (Abb. 86) scheinen bei ursprünglichen Symphyten-Imagines nur in 3 Paaren, bei Tenthredinoidea in größerer Anzahl vorzuliegen (***Togashi***, 1971) (Abb. 85). Sie inserieren am Ende des Mitteldarms. Bei *Diprion pini* (Diprionidae) treten 23–28 Schläuche auf, die Länge derselben beträgt 1,2 mm. Sie hängen seitlich und frei nach hinten in die Leibeshöhle. Ihre Farbe ist gelb, die von kleinen Körnchen herrührt, die in ihren Zellen enthalten sind (***Eliescu***, 1932). Bei *Perga affinis* (Pergidae) sind 30 Malpighische Gefäße gezählt worden (***Tait***, 1962).

Leibeshöhle, Fettkörper und Blutgefäßsystem: Die Leibeshöhle der Symphyten-Imagines unterscheidet sich nicht von der anderer pterygoter Insekten. Es handelt sich um ein Mixocoel, das auch die Aufgaben eines Haemocoels übernimmt. Über die Entstehung und Veränderung des Fettkörpers (Corpus adiposum) von der Eilarve bis zur Imago bei zwei Tenthredinidae-Arten berichtet ***Schmieder*** (1928). Die Fettzellen nehmen allgemein im Imaginalstadium an Größe ab, manche verschwinden überhaupt. Es scheint über den Fettkörper bei adulten Pflanzenwespen wenig bekannt zu sein. Die Existenz von Fettzellen im dorsalen Hinterkopfbereich wird bei *Thrinax macula* (Tenthredinidae) in ***Taylor*** (1931) zur Abbildung gebracht. ***Eliescu*** (1932) erwähnt die Umhüllung der inneren weiblichen und männlichen Genitalorgane mit Fettkörper bei *Diprion pini*. Auch über das Blutgefäßsystem der Imagines gibt es nur spärliche Untersuchungen, nicht einmal grob anatomische. Von der minierenden Tenthredinidae *Heterarthrus ochropoda* kennt man die Ultrastruktur von Prähaemocyten, Macronucleocyten, Phagocyten und Chromocyten (***Zapol'skikh et al.***,

1989). An *Athalia proxima* wurde der sich verändernde Glycogen-Gehalt der Haemolymphe mit zunehmenden Alter der Imagines beider Geschlechter untersucht (***Aggarval et al.***, 1986).

Tracheensystem: Über dieses sind wir durch die stichprobenartigen Untersuchungen an Vertretern der Familien Xyelidae, Siricidae, Xiphydriidae, Diprionidae, Tenthredinidae und Cephidae relativ gut unterrichtet (***Tonapi***, 1958a). Innerhalb der Hymenoptera als ganzes gehören die Symphyta bezüglich ihres Tracheensystems zum ursprünglichen Typ I, d.h. alle 10 (möglichen) Paare von Stigmata (Spiracula) des Bauplans sind entwickelt und auch der erforderliche Grad der Ausprägung anderer Trachealelemente ist gegeben. Das Genus *Xyela* (Abb. 87a) gehört dabei zu einem besonders primitiven Typ im Tracheensystem: alle Elemente sind durch Tracheen vertreten. Es können folgende metamere Tracheenelemente festgestellt werden: Spiraculartracheen, laterale Abdominaltracheen, ventrale und dorsale Kommissuren oder Tracheenäste, 10 Paar Stigmata (davon je 1 Paar am Meso- und Metathorax) (Abb. 88).

Es gibt keine Anzeichen von trachealen Metamerismen im Kopf noch vom Hinterende des Abdomens. Innerhalb der Symphyta sind alle oben genannten Elemente bei den bisher untersuchten Taxa verteilt erkennbar. So werden die einfachen Tracheen von *Xyela* spp. (Xyelidae) in verschiedenster Weise bei anderen Taxa ersetzt durch Luftsäcke (Tracheenblasen), besonders beim Genus *Cephus* (Cephidae). Der kompletteste Ersatz durch Tracheensäcke ist bei den großen Arten der Genera *Sirex* (Siricidae) und *Xiphydria* (Xiphydriidae) zu erkennen, während andere Symphyten-Taxa verschiedene Möglichkeiten des progressiven Ersatzes von Tracheen durch Luftsäcke erkennen lassen. Aber es gibt relativ wenige Erscheinungen im Tracheensystem, die allen Vertretern einer Superfamilie eigen sind. Symphyten besitzen allgemein eine größere Anzahl von Dorsalästen und ventralen Kommissuren im Abdomen als Apocrita; bei Symphyta gibt es deren 9–10, bei Apocrita nie mehr als 7. Siricidae und Xiphydriidae zeigen große Ähnlichkeiten im Tracheensystem, die Cephidae sind vor allem durch das Vorhandensein eines medianen Luftsackes im Abdomen charakterisiert (Abb. 87b) etwas, was

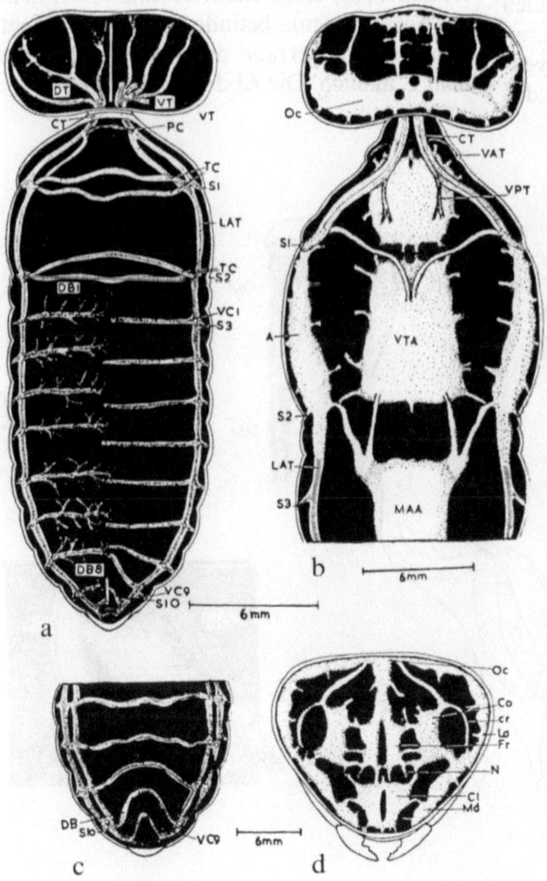

Abb. 87: Tracheensystem von a) *Xyela julii* (Breb.) (Xyelidae), allgemeine Verteilung der Tracheen dorsal und lateral in der Ansicht b) ***Cephus cultratus*** Eversm. (Cephidae), Dorsalansicht der Tracheen und Tracheensäcke vom Kopf, dem Thorax und vom Vorderteil des Abdomens c) ***Neodiprion sertifer*** (Geoffr.) (Diprionidae), Dorsalansicht der Tracheen in den letzten Abdominalsegmenten d) detto, Vorderansicht der Kopftracheen und Tracheensäcke (vom Verf. verändert und ergänzt, aus ***Tonapi***, 1958a): Cl – Clypeolabralsack, Co – Cerebroopticalsack, cr – Oculartrachee, CT – Cervicaltrachee, DB – Dorsalast, DT – dorsale Kopftrachee, Fr – frontaler Luftsack, La – lateraler Luftsack, LAT – laterale Abdominaltrachee, MAA – medianer, abdominaler Tracheensack, Md – mandibularer Luftsack, N – Antennaltrachee, Oc – ocellarer Luftsack bzw. Trachee, PC – pronotale Tracheenkommissur, S_1–S_{10} – Stigmata 1–10 und Spiraculartrachee, TC – thoracale Kommissur, VAT – vordere Ventraltrachee, VC – ventrale Commissur, VPT – ventrale, nach hinten gehende Trachee, VT – ventrale Kopftrachee, VTA – ventraler Thoracalsack.

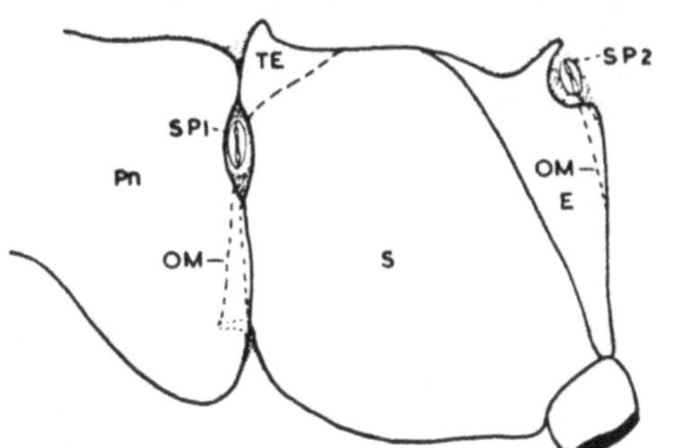

Abb. 88: Seitenansicht zweier Thorakalsegmente von *Neodiprion sertifer* (Geoffr.) (Diprionidae) mit Skleriten und Stigmata (aus ***Tonapi***, 1958b) Abkürzungen siehe Legende zu Abb. 89.

es bei den anderen Familien nicht zu geben scheint. Tenthredinoidea besitzen paarige, mediane, abdominale Luftsäcke verschiedener Größe und zusätzlich ein ventrolaterales Tracheenpaar (siehe auch Abb. 87c, d) (***Tonapi***, 1958a).

Die Thorakal- (Abb. 88) und Abdominalstigmata sind in Anzahl und Anordnung bei den imaginalen Symphyta sehr ähnlich gelegen. ***Tonapi*** (1958b) hat diesbezüglich Vertreter der Xyeloidea, Siricoidea, Tenthredinoidea und Cephoidea untersucht. Im folgenden werden die Strukturen und Mechanismen bei einem Vertreter der Xyelidae als Beispiel geschildert. Bei *Xyela julii* ist das 1. Thorakalstigma in der Membran zwischen Pronotum und Mesepisternum gelegen. Es besitzt ein leicht sklerotisiertes Peritrema an dessen Vorderseite sind dornartige Reusenfortsätze zu erkennen. Der fächerförmige Schließ- oder Oklusormuskel beginnt an einem sklerotisierten Vorsprung der Pleura und führt ventral zu zwei deckelartigen, elastischen Rändern des Peritremas, die bei Kontraktion des Muskels das Stigma schließen, bei elastischem Erschlaffen öffnen. Das 2. Thorakalstigma befindet sich in der Membran nahe dem Vorderrand des Mesepimerons und ist dem 1. ähnlich. Die Abdominalstigmata liegen an

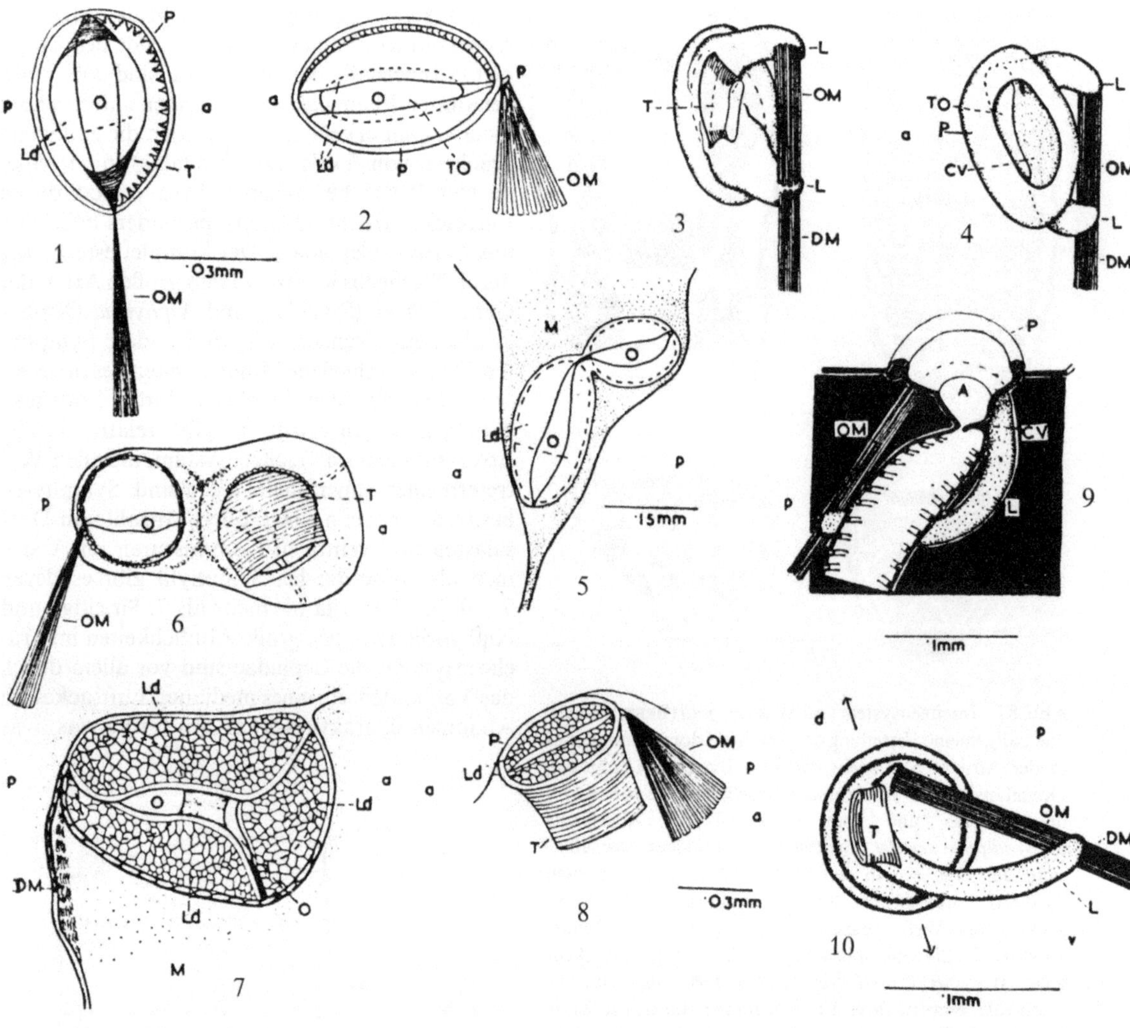

Abb. 89: Stigmata-Strukturen von einigen Vertretern adulter Symphyta (vom Verf. verändert aus ***Tonapi***, 1958 b): 1) *Xyela julii* (Bréb.) (Xyelidae) 1. Thorakalstigma von außen 2) detto von innen 3) detto, 5. Thorkalstigma von innen 4) detto, 3. Abdominalstigma von außen 5) *Sirex juvencus* (L.) (Siricidae) 1. Thorakalstigma mit doppeltem Tracheenausgang von außen, 6) *Cephus cultratus* Eversm. (Cephidae) 1. Thorakalstigma mit doppeltem Tracheenausgang von innen 7) detto, 1. Thorakalstigma von außen 8) detto, 2. Thorakalstigma von innen 9) *Dolerus niger* (L.) (Tenthredinidae) schematischer Schnitt in der Ebene der Pfeile von Fig. 10, 10) detto, 3. Abdominalstigma von innen: A – Atrium, a – vorne, CV – Stigmenlippe, DM – Dilatatormuskel, E – Epimeron, L – Hebel, Ld – Deckel, M – Intersegmentalmembran, O – Stigmenöffnung, OM – Oklusormuskel, P – Peritrema, p – hinten, Pn – Pronotum, S – Episternum, Sp 1–2 – Stigma 1 bzw. 2, T – Trachea, TE – Episternalparaptera.

den lateralen Teilen der Terga 1–8. Das 1. Stigma des Abdomens ist mehr rundlich mit größeren Hebeln für die ansetzenden Spirakularmuskeln, die restlichen Stigmata sind uniform in Struktur und Mechanismus. Jedes Stigma weist ein stark sklerotisiertes Peritrema auf, das zu einem kleinräumigen Atrium führt, wo zwei kurze, starke Hebel ansetzen. Der zylindrische Schließmuskel verbindet beide Hebel und inseriert ventral des unteren Hebels an der Kutikula innen an. Eine Kontraktion dieses Muskels schließt die Stigmaöffnung, ein Öffnungs- oder Dilatatormuskel, der vom ventralen Hebel zu einem kleinen Apodem des Tergites zieht, wirkt antagonistisch (***Tonapi***, 1958 b). Bei *Sirex juvencus* (Siricidae) und *Cephus cultratus* (Cephidae) ist bemerkenswert, daß das 1. Thorakalstigma 2 Tracheenöffnungen aufweist (Abb. 89), was zur Vermutung verleitet, das 1. Stigmenpaar sei mit einem solchen des Prothoraxsegmentes im Laufe der Phylogenie vereint worden. Bei den Tenthredinoidea und Cephoidea kommt es nur zu geringfügigen Abänderungen des Schließmechanismus der Stigmata. Bei den Cephidae weist das 1. Thorakalstigma 3 blendenartig wirkende Verschlußdeckel auf (Abb. 89), das 2. Thorakalstigma aber nur zwei, alle aber mit für die bisher untersuchten Cephidae-Spezies typischen netzartigen Mikrostruktur. Den Abdominalstigmata fehlen solche Deckel.

Zentrales und viscerales Nervensystem, Hormondrüsen: Das zentrale Nervensystem der Symphyta besteht aus dem Syncerebrum (Ganglion supraoesophageum), dem paarigen Suboesophagialganglion (Ganglion suboesophageum), den 3 Thorakalganglienpaaren (Ganglia thoracica) und den 7 (8?) paarigen Abdominalganglien (Ganglia abdominalia), alle durch doppelte Kommissuren miteinander verbunden (***Brandt***, 1879) z. B. bei *Tenthredo* und *Urocerus* (Abb. 90). Diese grobe anatomische Konstellation des ZNS (Zentralnervensystem) weist die Symphyta als einen ursprünglichen Typ der Hymenopteren aus, weil bei dieser Unterordnung die größte Ähnlichkeit mit dem ZNS der Larven besteht.

Die folgenden Aussagen über das ZNS beruhen auf Untersuchungen an einigen Pamphiliidae, Siricidae, Diprionidae, Cimbicidae und Tenthredinidae (***Alten***, 1910; ***Taylor***, 1931; ***Jawlowski***, 1960). Das Syncerebrum ist mittelgroß im Vergleich zu anderen Hymenopteren und mit dem Suboesophagialganglion durch dicke Konnektive verbunden. Die Protocerebralloben des Syncerebrums sind gut erkennbar und durch eine schwache Medianfurche andeutungsweise zweigeteilt. Die Lobi optici sind von der Stärke des Cerebrums oder mächtiger, während die Lobi olfactorii (Antennalloben) geringer entwickelt sind. Die

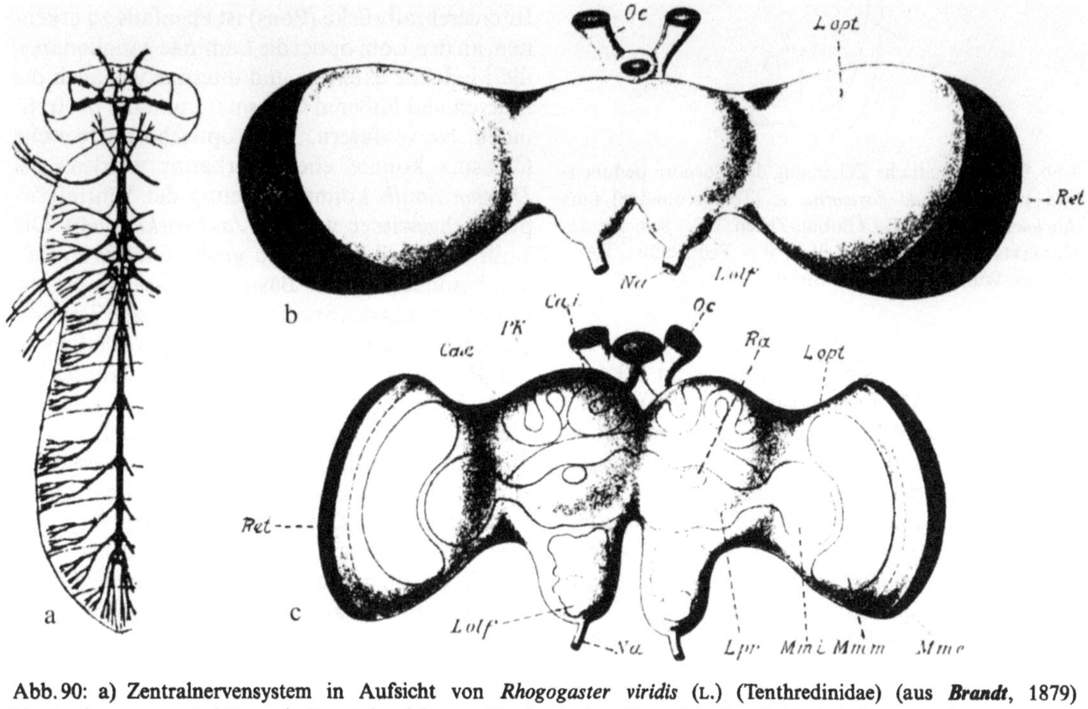

Abb. 90: a) Zentralnervensystem in Aufsicht von *Rhogogaster viridis* (L.) (Tenthredinidae) (aus ***Brandt***, 1879) b) Cerebrum samt Anhängen in Frontalansicht von *Tenthredo flava* Poda (Tenthredinidae) c) detto von *Urocerus gigas* (L.) (Siricidae), Lage von Details umrandet (b + c aus ***Alten***, 1910): Ca. i – innerer Becher, Ca. e. äußerer Becher, Lolf – Lobus olfactorius, Lopt – Lobus opticus, Lpr – Lobus protocerebralis, Mme – Massa medullaris externa, Mmi – innere Markmasse, Mmm – mittlere Markmasse, Na – Nervus antennalis, Oc – Ocellum, PK – pilzhutförmiger Körper, Ra – Radix anterior, Ret – Retina.

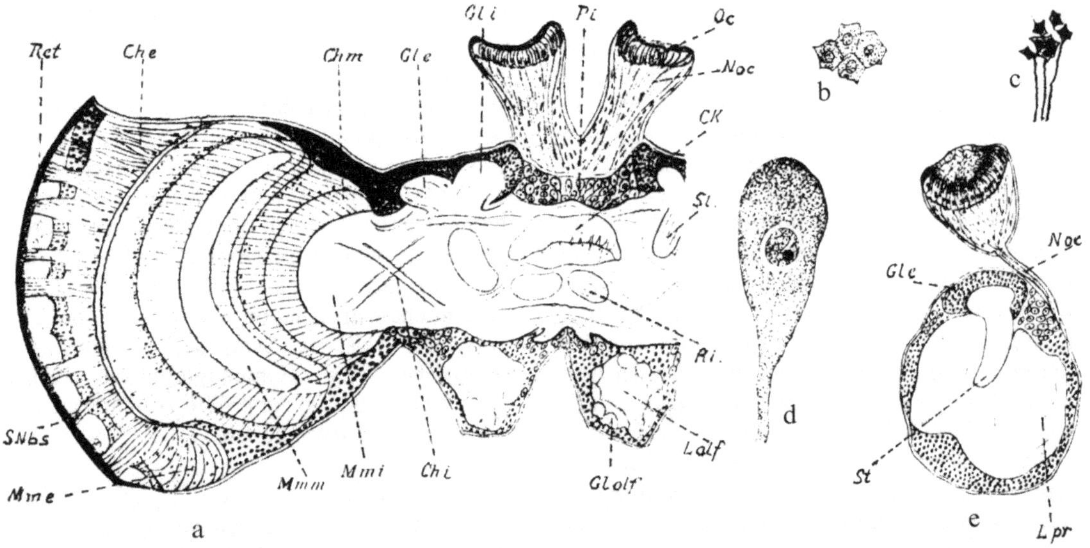

Abb. 91: *Tenthredo mesomelas* L. (Tenthredinidae) a) Frontalschnitt durch das Cerebrum 62×, b–d) Ganglienzellen aus dem Cerebrum b) Zellen des Lobus opticus c) Zellen der Globuli d) große, protoplasmareiche Zelle der Pars intercerebralis e) Sagittalschnitt durch das Gehirn in der Zone der Vereinigungsstelle des Globulus internus und externus und dem daraus entspringenden Stiel (aus ***Alten***, 1910): Che – äußere Kreuzung, Chi – innere Kreuzung, Chm – mittlere Kreuzung, Ck – Zentralkörper, Gle – Globulus externus, Gli – Globulus internus, Glolf – Glomerula olfactoria, Lolf – Lobus olfactorius, Lpr – Lobus protocerebralis, Mme – Massa medullaris externa, Mmi – M. m. interna, Mmm – M. m. medianus, Noc – Nervus ocellaris, Oc – Ocellum, Pi – Pars intercerebralis, Ret – Retina, St – Stiel, SNbs – subretinale Nervenbündelschicht.

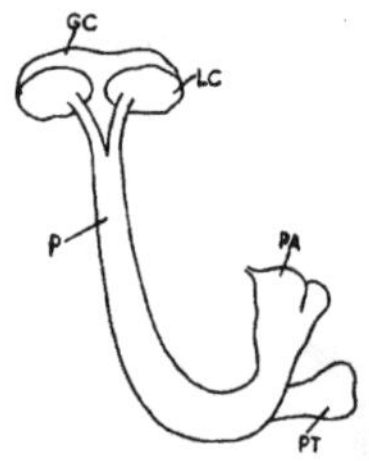

Abb. 92: Schematische Zeichnung der Corpora pedunculata von *Tenthredo flavicornis* F. (Tenthredinidae) (aus ***Jawlowski***, 1960): GC – Globuli-Zellen, LC – Schichte des Kontakts mit Glomeruli-Zellen, P – Pedunculus, PA – vordere Wurzel, PT – Querwurzel.

Tritocerebralloben sind äußerlich nicht erkennbar, ***Alten*** (1910) und ***Jawlowski*** (1960) haben cytologisch-histologische Untersuchungen an einigen Arten oben genannter Familien durchgeführt. Die Corpora pedunculata sind innerhalb der Hymenopteren hier klein und am primitivsten entwickelt. Es fehlen doppelte Calyces. Sie zeigen dorsal keine typische Pilzhutform, sondern nur zwei kolbenartige Anschwellungen (Abb. 91, 92), wobei eine innere Globuli und eine äußere Glomeruli-Zone erkennbar ist. Die Globuli-Zellen sind bei den Symphyten uniform und nicht differenziert. Bei *Urocerus gigas* scheinen die pilzhutförmigen Körper typischer aufzutreten, sind aber viel kleiner als bei den Apocrita. Die paarigen Stiele der Corpora pedunculata sind dünner und länger ausgebildet als bei anderen Hymenopteren und bis nahe zum Zentralkörper nachweisbar. Eine Intercerebralbrücke (Pons) ist ebenfalls zu erkennen, an den Lobi optici die Laminae ganglionares, die Medullae externae und internae wie auch die inneren und äußeren Chiasmata und die postretinalen Nervenfasern. Das optisch-olfactorische Chiasma konnte ebenso erkannt werden. Bei *Diprion similis* konnte eindeutig der Ventralkörper nachgewiesen werden (***Jawlowski***, 1960). Die Lobi olfactorii beinhalten große Glomeruli-Zellen, besonders an der Basis. Interessant wäre die Untersuchung des Syncerebrums bei den Tenthredinoidea ♀♀, die ein komplizierteres Verhalten im Adultstadium aufweisen und adult längerlebig sind. Vom Zentrum des Cerebrums gehen 4 Nervenfasern zu den pilzhutförmigen Körpern, dies sind die Ocellarnerven. Die äußeren verlaufen zu den lateralen Ocellen, das innere Paar innerviert die mediane Ocelle. Die optischen Nervenfasern verlaufen vom Protocerebrum zu den Lobi optici. Jeder olfactorius (= Antennal-)Lobus entsendet einen starken Nerven, der sich vor dem Eintritt in die Antenne aufspaltet. Ein dritter kleiner Nerv scheint außerdem die Antenne zu versorgen (***Taylor***, 1931). Ein Paar Kommissuren vereinigen sich im Frontalganglion, ein weiteres versorgt das Labrum (Labrofrontalnerv) und eines verläuft nach hinten zum Oesophagialganglion. Das Suboesophagialganglion entsendet ein

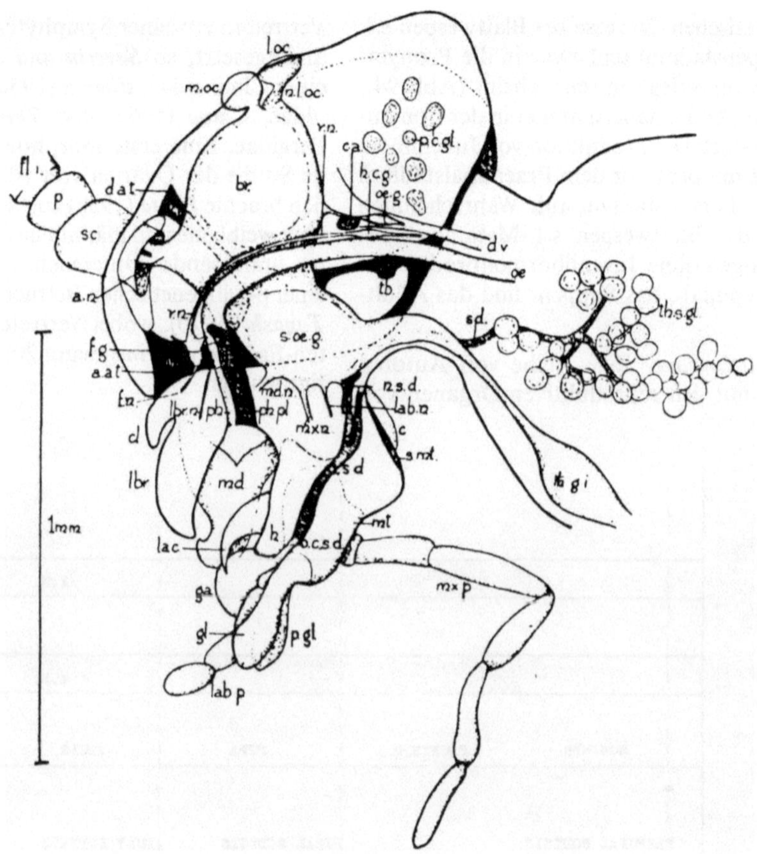

Abb. 93: Schematische Ansicht eines sagittal geschnittenen Kopfes von *Nematus ribesii* (Scop.) (Tenthredinidae) mit Anteilen des zentralen, visceralen und innersekretorischen Nervensystems (aus ***Taylor***, 1931). Es sind nur solche Abkürzungen erklärt, die hier für das NS von Bedeutung sind: a. n. – Antennennerv, br. – Cerebrum, c. a. – Corpora allata, f. g. – Frontalganglion, f. n. – Frontalnerv, h. c. g. – Hypocerebralganglion, lab. n. – Labialnerv, lbr. n. – Labralnerv, l. oc. – laterale Ocelle, md. n. – Mandibularnerv, m. oc. – mediane Ocelle, mx. n. – Maxillarnerv, nl. oc. – Nerv der lateralen Ocelle, n. s. d. – Nerv des Speichelganges, oe. g. – Oesophagialganglion, p. c. gl. – Postcerebraldrüse, r. n. – Nervus recurrens, s. oe. g. – Suboesophagialganglion, th. g. i. – 1. Thorakalganglion, th. s. gl. – thorakale Speicheldrüse.

Paar Nerven zu den Mandibeln, zu den Maxillen, zum Labium und zu den Speicheldrüsen (Abb. 93). Das 3. Thorakalganglion scheint das 1. Abdominalganglion aufzunehmen oder diesem zumindestens sehr nahe zu kommen (***Brandt***, 1879). Vom letzten Abdominalganglienpaar (7. oder 8.) ist bekannt, daß es im weiblichen Geschlecht den Ovipositor nervös reichlich versorgt (***Zaćwilichowski***, 1932).

Das visce rale oder sympathische Nervensystem besteht aus dem unpaaren Frontalganglion, entsendet den Nervus recurrens, der zurück bis hinter das Cerebrum zum kleinen Hypocerebralganglion reicht. Ein Frontalnerv (Nervus frontalis) beginnt im Frontalganglion und innerviert den clypeopharyngealen Bereich. Mit dem Cerebrum sind auch paarige Oesophagialganglien des visceralen Nervensystems verbunden. Ob es auch bei Symphyten-Imagines einen unpaaren Nerv zwischen dem thorakalen und abdominalen Strickleiterkonnektiven gibt, ist unbekannt. Aber auch vom stomogastrischen und caudalen Nervensystem liegen nur in der alten Arbeit von ***Brandt*** (1879) vage Andeutungen vor.

Von den Hormondrüsen der Adulten sind die etwas weiter vorne und ventrolateral der paarigen Oesophagialganglien gelegenen Corpora allata bekannt und in ***Taylor*** (1931) (Abb. 93) abgebildet. Ob die sonst dazugehörigen Corpora cardiaca fehlen oder zum Komplex der zuerst genannten gehören, ist Verf. unbekannt. Überhaupt scheinen über Hormondrüsen bei den ± kurzlebigen adulten Symphyten keine Untersuchungen anatomischer Art vorzuliegen (u. a. ***Rockstein***, 1973/74). Lediglich ***Church*** (1955) demonstriert an der Cephidae *Cephus cinctus*, daß ein Aktivitätshormon der neurosekretorischen Zellen im Cerebrum und Häutungshormone (Ecdysone) wirksam sein sollen. ***Sláma*** (1964) untersuchte diesbezüglich eine Reihe von Arten und erwähnt, daß die morphogenetischen Prozesse bei Blattwespen s.l. in das Puppenstadium und zwar in die Pronymphen-Phase vorverlegt zu sein scheint (Abb. 94). Die Diapause findet nahezu immer in der Eonymphen-Phase statt. Die Produktion von Juvenilhormonen hört mit dem vor dem Praepupalstadium befindlichen Larvenstadium auf. Wahrscheinlich laufen bei der Blattwespen s.l.-Metamorphose drei Häutungen ohne Juvenilhormonproduktion ab, das Praepupal-, das Puppen- und das Adultstadium.

Innere Genitalorgane: Eine Reihe von Autoren haben sich mit den reproduktiven Organen von Vertretern einzelner Symphyten-Familien auseinandergesetzt, so ***Severin and Severin*** (1908) bei einer Cimbicidae, ***Eliescu*** (1932) bei einer Diprionidae, ***Carne*** (1962) und ***Tait*** (1962) mit einer Pergidae. Eine erste morphologisch-vergleichende Studie der Ovarien von 10 Symphyten-Familien brachte ***Iwata*** (1958) zustande. Eine ähnliche, aber weibliche und männliche innere Genitalorgane umfassende Untersuchung im Blickwinkel einer phylogenetischen Betrachtungsweise lieferte ***Togashi*** (1970), wobei Vertreter von 11 Symphyten-Familien mit insgesamt 200 Arten berücksichtigt wurden.

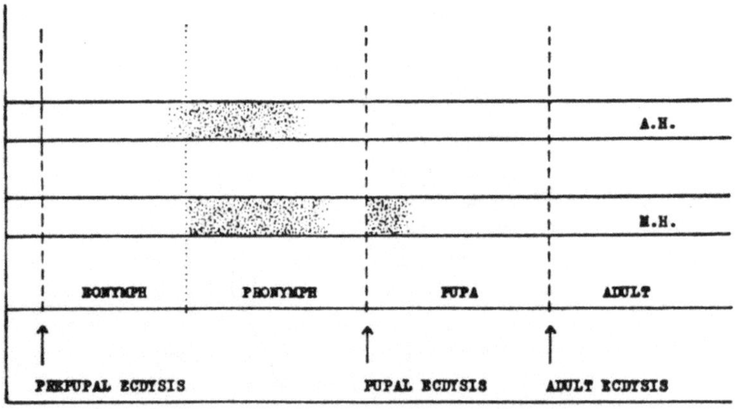

Abb. 94: Schematisches Diagramm über die Hormonwirkungen von Blattwespen s.l. Es zeigt die Abgabe eines Aktivitätshormones (A. H.) der neurosekretorischen Zellen und eines Häutungshormones (M. H.) der Prothorakaldrüsen (bzw. äquivalenter Strukturen) während der Metamorphose. Punktierte Flächen geben die kritischen Perioden an, in denen Hormonabgabe für die Entwicklung erforderlich ist (aus ***Sláma***, 1964).

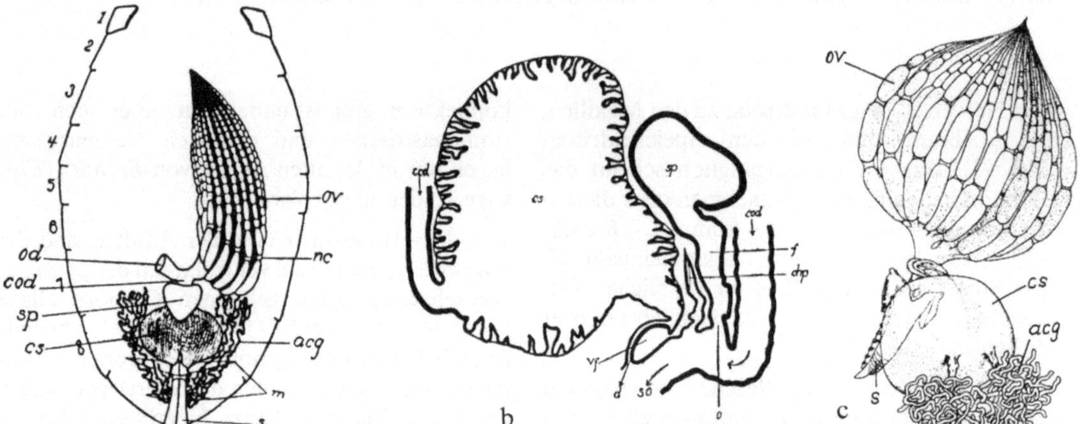

Abb. 95: Weibliche innere Gentialorgane von a) *Cimbex americana* Leach (Cimbicidae) (vom Verf. verändert aus ***Severin*** and ***Severin***, 1908) Sektion des Abdomens Aufsicht, linkes Ovarium entfernt (5×) b) detto, Sagittalschnitt durch den allgemeinen Ovidukt (Vagina), die Spermatheca und dem Reservoir der Kittdrüsen, die Pfeile in der Vagina zeigen den Weg, den die Eier bis zur Genitalöffnung nehmen (20×), c) von *Diprion pini* (Diprionidae) (aus ***Eliescu***, 1932): acg – akzessorische Drüsen, ccd – allgemeiner Drüsensammelgang, chp – dreieckige, sklerotisierte Platte, cod – Vagina, cs – Reservoir der akzessorischen Drüsen, d – Ausfuhrgang des Reservoirs, der sich zwischen den Basen der 1. Valvulae öffnet, f – tunnelartiger Teil der Spermatheca, m – Muskelbündel der Valvulae, nc – Nährkammer, o – Öffnung der Spermatheca in die Dorsalwand der Vagina, od – Ovidukt, ov – Ovar mit Ovariolen, s – Sägeblatt (Valvulae), so – weibliche Genitalöffnung, sp – herzförmiger Teil der Spermatheca, vf – Ventralfalte.

Die inneren weiblichen Genitalorgane nehmen einen Großteil der abdominalen Körperhöhle ein, sie werden von einem dünnen Fettkörper umhüllt. Die wichtigsten Bestandteile sind die zwei Ovarien, paarige Ovidukte, der allgemeine Ovidukt (Vagina), die Spermatheca, tubuläre akzessorische Drüsen (Kittdrüsen) in verschiedener Anzahl und ein Reservoir dieser Drüsen (Abb. 95). Die Ovarien erstrecken sich dorsolateral des Darmtraktes vom 2.–7. Abdominalsegment. Die Anzahl der Ovariolen je Ovarium variiert zwischen 4 (manche Orussidae) und 60 Stück. Die Anzahl der Ovariolen je Ovar ist nicht konstant (***Eliescu***, 1932). Cranial laufen die Ovariolen spitz in dünne Terminalfäden aus, die im späten Puppenstadium noch alle zusammenhängen und nahe dem 2. Tergit befestigt sind. Im Imaginalstadium lösen sich die Terminalfäden voneinander und die Ovariolen sehen dann büschelförmig aus. Caudal öffnen sich die Ovariolen in den tunnelartigen Ovidukt. Zwei Ovidukte vereinigen sich zu einem allgemeinen Ovidukt oder Vagina bei den Xyelidae, bei einigen Pamphiliidae, bei den Siricidae und Tenthredinoidea, bei den übrigen untersuchten Taxa verbleiben die paarigen Ovidukte caudal parallel und öffnen sich erst in einer Genitalkammer (Begattungstasche) kurz vor der Genitalöffnung. Bei einer Dorsalansicht ist die Vagina meist verdeckt durch die Spermatheca und die großen akzessorischen Drüsen (Kittdrüsen). Diese zeigen innerhalb der Unterordnung eine große Variabilität (***Togashi***, 1970). In einer Ovariole sind bei manchen Familienvertretern nur wenige Oocyten (z. B. bei *Orussus sayii* weniger als 12), bei anderen bis zu 485 z. B. Siricidae (***Iwata***, 1958). Die Ovariolen der Symphyten sind vom meroistisch-polytrophen Typ, d. h. es entstehen aus dem Germarium des Ovariolenendteiles einerseits Oocyten und als Schwesterzellen andererseits Nährzellen, die die Oocyten in Form von Nährkammern im Ovariolenschlauch ernähren (Abb. 96).

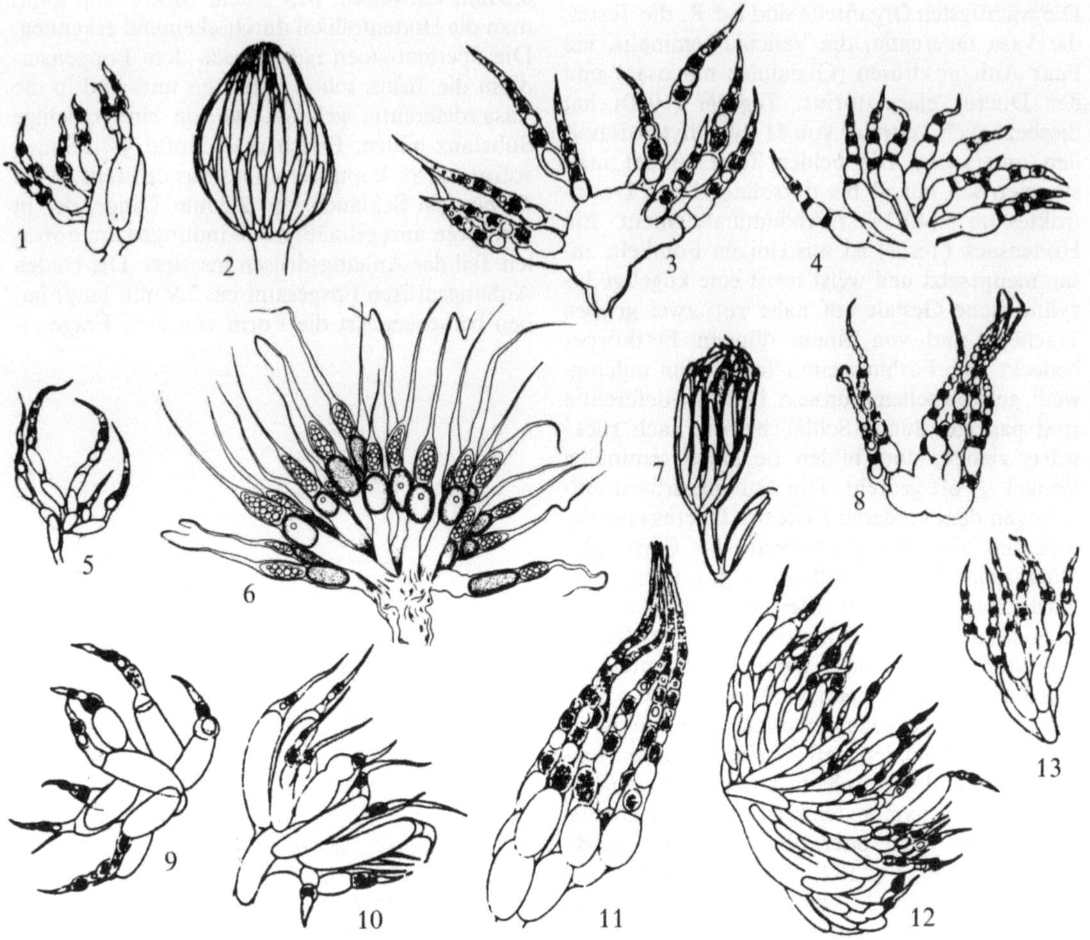

Abb. 96: Ovarien mit Ovariolen von verschiedenen Familienvertretern: 1) *Pamphilius komonensis* (Pamphiliidae) 2) *Tremex apicalis* Siricidae 3) *Leptocimbex yarofui* (Cimbicidae) 4) *Arge captiva* (Argidae) 5) *Runaria flavipes* (Blasticotomidae) 6) *Diprion pini* (Diprionidae) 7) *Perga affinis* (Pergidae) 8) *Aneugnemus kiotonis* 9) *Dolerus ephippiatus* 10) *Siobla venusta* 11) *Tenthredo japonica* 12) *Croesus japonicus* (8–12 Tenthredinidae) 13) *Janus japonicus* (Cephidae) (vom Verf. verändert aus ***Iwata***, 1958, 6 aus ***Eliescu***, 1932, 7 aus ***Tait***, 1962).

Eine frühe histologisch-cytologische Untersuchung liegt über die inneren weiblichen Genitalorgane von der Cimbicidae *Cimbex americana* vor (***Severin and Severin***, 1908), in der auch die Muskulatur im Bereich der Spermatheca und des Reservoirs der akzessorischen Drüsen angedeutet wird. Im Querschnitt weisen demnach die paarigen Ovidukte und die Vagina folgende Schichten auf: chitinöse Intima, Epithellage, Längs- und Ringmuskelschicht und nach innen eine peritoneale Membran auf. Die Spermatheca zeigt außer dem 1-schichtigen Epithel eine deutlich 2-schichtige Kutikula-Lage, die im ventralen Bereich Borsten aufweist. Der histologische Aufbau der akzessorischen Drüsen wird dargelegt, bedarf aber einer modernen Untersuchung. Das Sekret der Kittdrüsen ist bei *Diprion pini* eine klebrige, hellgelbe, durchsichtige Substanz, die im Wasser unlöslich ist (***Eliescu***, 1932).

Die männlichen inneren Genitalorgane sind, wie bei vielen anderen Insekten, ventral des Darmtraktes in der hinteren Abdominalhöhle gelegen. Die wichtigsten Organteile sind i. d. R. die Testes, die Vasa deferentia, die Vesicula seminalis, ein Paar Anhangsdrüsen (Glandulae mucosae) und der Ductus ejaculatorius. ***Togashi*** (1970) hat diesbezüglich Vertreter von 11 Symphyten-Familien untersucht. Die beiden Testes findet man symmetrisch lateral bis dorsolateral des Darmtraktes im 5.(4.) bis 7. Abdominalsegment. Ein Hodensack (Testis) ist aus einigen Follikeln zusammengesetzt und weist meist eine kugelige bis zylindrische Gestalt auf nahe von zwei großen Tracheen und von einem dünnen Fettkörper bedeckt. Die Färbung eines Testis kann milchigweiß, gelb bis selten grün sein. Die Vasa deferentia sind paarige, dünne Schläuche, die nach rückwärts ziehen; dort bilden sie einen seminalen Vesikel $\pm$ oft gedreht. Die Anhangsdrüsen entspringen dem vorderen Ende der Ductus ejaculatorii und sind oft von artspezifischer Form. Der Ductus ejaculatorius stellt einen $\pm$ kurzen, ectoblastischen Kanal dar. Bei den Cephidae und einigen Pamphiliidae, Siricidae und Xiphydriidae verlaufen die zwei Ductus parallel nach hinten, bei den Blasticotomidae, einigen Pamphiliidae, Siricidae und Xiphydriidae verlaufen diese Ductus so dicht nebeneinander, daß sie einen einzigen Leitungsgang zu bilden scheinen. Bei den Strophandria unter den Symphyten kreuzt der linke Ductus den rechten unter oder hinter der Gonocardo (***Togashi***, 1970; Fig. 187). Bei den Argidae und Pergidae verlaufen die Ductus eng nebeneinander und vollführen nahe der Gonocardo eine Schleife, um sich dann der Basis der Penisvalven zu nähern (Inversion der männlichen Genitalorgane).

Über die reproduktiven Organe bei männlichen Symphyten existieren einige ältere Untersuchungen u. a. von ***Raymond*** (1882) an *Nematus ribesii* (Tenthredinidae) und von ***Severin and Severin*** (1908) an *Cimbex americana* (Cimbicidae). An zuletzt genannter Spezies wurden auch histologische Befunde erarbeitet. Die Testes werden von einem reichen Netz von feinsten Tracheenästen umsponnen, in der Vesicula seminalis wurden Bündel von Spermatozoen, in einem Sekret eingebettet, gefunden. Die Vesicula wird wie auch die Glandula mucosa von Ringmuskulatur umgeben. Ein Querschnitt durch die Glandula mucosa zeigt im Inneren ein faltenreiches Epithelium, aus langen, prismatischen Zellen aufgebaut, die zahlreiche Sekrettröpfchen zum Inhalt haben (Abb. 97). Über die Diprionidae *Diprion pini* gibt es eine Untersuchung der männlichen Genitalorgane von ***Eliescu*** (1932): Diese befinden sich zwischen den 4. und 7. Abdominalsegment von einem Fettkörper und reichen Tracheennetz umgeben. In frisch geschlüpften ♂♂ liegen die Testes gesondert voneinander und haben die Form von gelben Kugeln, die einen Durchmesser von 0,2 mm aufweisen. Mit einem Mikroskop kann man die Hodenfollikel durchscheinend erkennen. Die Spermatozoen haben nach dem Puppenstadium die Testes schon verlassen und sind in die Vasa deferentia gelangt, wo sie eine milchige Substanz bilden. Frisch geschlüpfte ♂♂ können sofort mit ♀♀ kopulieren. Das Vas deferens ist bei *D. pini* ein Schlauch von 2,2 mm Länge, der in mehreren unregelmäßigen Windungen am dorsalen Teil der Anhangsdrüsen inseriert. Die beiden Anhangsdrüsen (insgesamt ca. 2,9 mm lang) haben bei dieser Art die Form von zwei Fragezei-

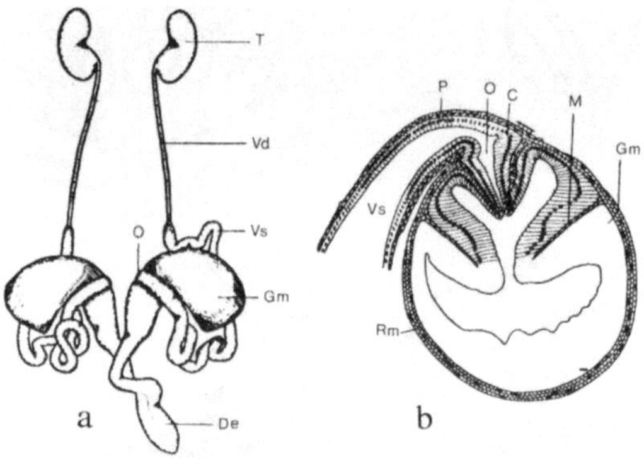

Abb. 97: *Cimbex americana* LEACH (Cimbicidae) a) Dorsalansicht der inneren, männlichen Genitalorgane (16×) b) Schnitt durch die Vesicula seminalis und die Glandula mucosa (akzessorische Drüse) (60×) (vom Verf. verändert, aus ***Severin*** and ***Severin***, 1908): C – Zellwechsel, Gm – Glandula mucosa, De – Ductus ejaculatorius, P – Peritonealhülle, M – Muskelfasern in den Drüsenfalten, Rm – Ringmuskulatur, T – Testis, O – Öffnung der Vesicula in die Glandula, Vd – Vas deferens, Vs – Vesicula seminalis.

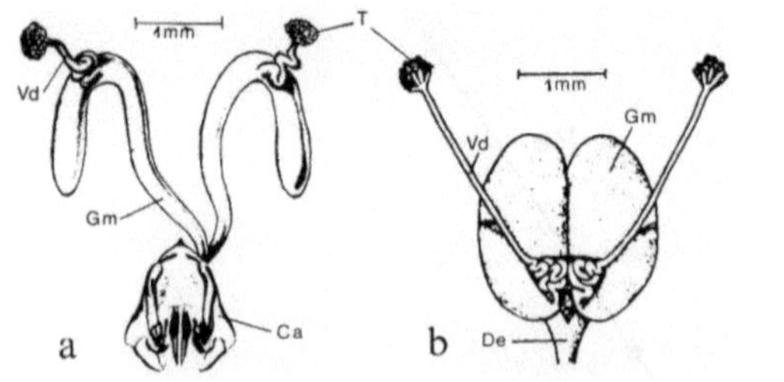

Abb. 98: Innere männliche Genitalorgane von a) *Diprion pini* L. (Diprionidae) b) *Perga affinis* KIRBY (Pergidae) (beide vom Verf. verändert, aus ***Eliescu***, 1932, bzw. ***Tait***, 1962): Ca – Kopulationsapparat, De – Ductus ejaculatorius, Gm – Glandula mucosa, T – Testes, Vd – Vas deferens.

chen (Abb. 98 a) und vereinigen sich am distalen Ende zum Ductus ejaculatorius. Dieser ist ein dünnes, kurzes Rohr, das in den Penis mündet. Die Inversion um 180° in der Längsachse der sklerotisierten, äußeren Genitalorgane beim ♂ (Strophandrie) sind in der Abb. 98 a zu erkennen. Aus dieser Tatsache ergibt sich, daß die beiden Anhangsdrüsen in der Aufsicht entweder links oder rechts der Verbindungsstelle in den Kopulationsapparat einmünden. Eine Vesicula seminalis ist äußerlich nicht zu erkennen. Zum Vergleich sind in Abb. 98 b die inneren Genitalorgane einer Pergidae abgebildet.

Die Spermien werden nach bisheriger Kenntnis immer frei im Sekret der Anhangsdrüsen schwimmend bei der Kopulation übergeben, z. B. bei *Athalia* sp. (Tenthredinidae) (***Khalifa***, 1949). Spermatophorenbildung ist bei Hymenopteren äußerst selten und ist bei Symphyta bisher nicht beobachtet worden. Allerdings gibt es auch einen Hinweis, daß bei Tenthredinidae, speziell bei *Nematus ribesii*, die Spermatophorenbildung stark reduziert sein könnte. Die Vesiculae seminales seien verloren gegangen und die Spermatophore besteht nur aus einer gelatinösen Masse, die von der Sekretion von Mucoproteinen der akzessorischen Drüsen stammt. Dieses Sekret soll bei der Kopulation die Umgebung der Spermien im sauren Milieu verfestigen (***D'Rozario***, 1940). Es kann auch sein, daß das Sekret nur nutritive oder chemotaktische Aufgaben hat?

Die Ultrastruktur der Spermatozoen ist bisher nicht untersucht (***Jamieson***, 1987). Eine Abbildung der Spermien der Tenthredinidae *Thrinax macula* findet man in ***Peacock and Sanderson*** (1939).

Gesamtstoffwechsel

Auf Stoffwechselfragen der Larven wurde z. T. schon im Kapitel Ökologie eingegangen. ***Janda*** (1959) hat Untersuchungen über den Gesamtstoffwechsel einiger Blattwespenlarven (*Croesus septentrionalis, Trichiocampus viminalis*) im Labor bei 21 °C durchgeführt. Die Messungen ergaben ein Ansteigen des Nahrungs- und Sauerstoffverbrauches wie auch der abgesonderten Kotmenge im Laufe der Larvenentwicklung. Gleichzeitig fand eine deutliche Gewichtszunahme des Larvenkörpers statt. Das Gewicht der Eilarven von *C. septentrionalis* hatte sich nach einer 12-tägigen Entwicklung 220mal vergrößert. Innerhalb dieses Zeitraumes konnte eine Larve 3280 mm^2 Blattfläche (*Betula verrucosa*) oder 126 mg des Trockengewichtes dieser Nahrung verzehren, 99 mg Kot abgeben und 9571 mm^3 O_2 verbrauchen. Bei Berechnung des Nahrungsverbrauches auf 1 g Körpergewicht der Larve bemerkt man, daß die Menge der verbrauchten Nahrung mit fortschreitender Entwicklung abnimmt, ebenso die Exkrementenabgabe und der O_2-Verbrauch. Untersuchungen über das larvale Wachstum, die Freßaktivität und Freßproduktion in Abhängigkeit von der Temperatur wurden von ***Carne*** (1962) an der Pergidae *Perga affinis* durchgeführt. Ähnliche Untersuchungen wurden an Larven und Puppen der Tenthredinidae *Athalia rosae* vorgenommen (***Sláma***, 1957). Die postembryonale Entwicklung verläuft sehr schnell und ist durch ein intensives Wachstum ausgezeichnet. Das schnellste Wachstum wurde inmitten der ersten Entwicklungsphase verzeichnet. Den Ablauf des Lebenszyklus dieser Art bei konstanten Laborbedingungen von 25°C und Langtagverhältnissen (16/8 h) zeigt Abb. 99. Bemerkenswert ist, daß die weiblichen Larven 6 Stadien gegenüber 5 der männlichen Larven aufweisen. Die praepupale Periode beträgt in beiden Geschlechtern 5 Tage (***Sawa et al.***, 1989).

Die Atmungsaktivität wächst bei *Athalia rosae* in starker Abhängigkeit vom Körpergewicht. Der Sauerstoffverbrauch, auf 1 g Körpergewicht berechnet, sinkt während der Larvalphasen gleichmäßig mit der Vergrößerung des Körpergewichtes. Die größten Werte des Sauerstoffverbrauches wurden beim ersten Larvenstadium aufgefunden,

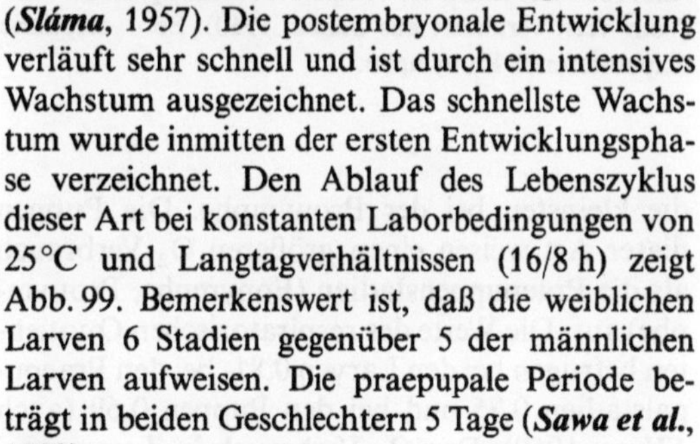

Abb. 99: Lebenszyklus bei *Athalia rosae* (L.) bei konstanten Laborbedingungen (25°C) und Langtagverhältnissen (16/8 h). (aus ***Sawa*** et al., 1989): last – letztes Larvenstadium.

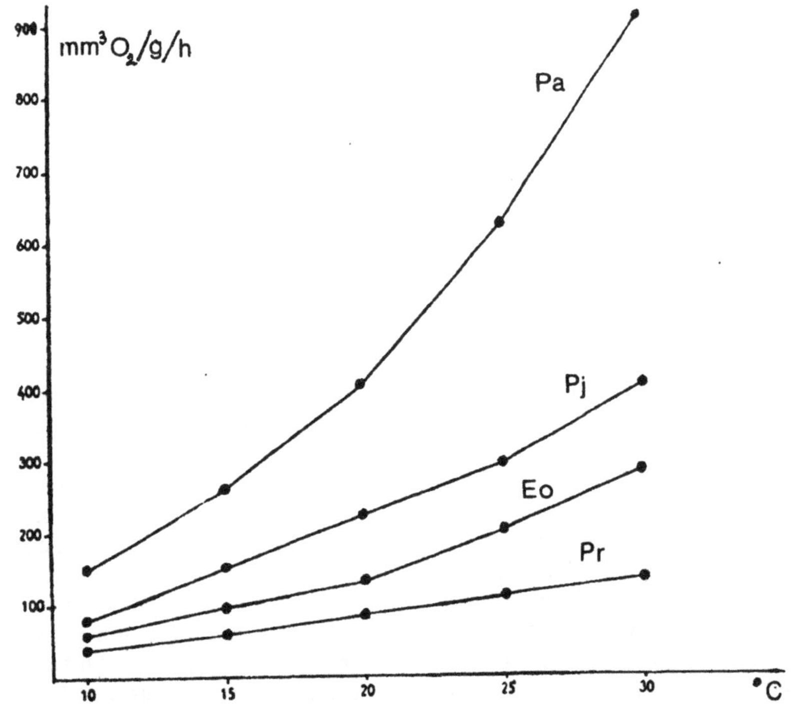

Abb. 100: Der Effekt der Temperatur beim O_2-Verbrauch von Entwicklungsstadien der Pamphiliidae *Cephalcia abietis* (L.) (Vom Verf. verändert aus ***Sláma***, 1960): Eo – diapausierende Eonymphe, Pa – alte Puppe, Pj – junge Puppe, Pr – diapausierende Pronymphe.

die kleinsten bei der Pronymphe. Die Puppen dieser Art weisen einen größeren O_2-Verbrauch als die Praepuppenstadien (Eonymphe, Pronymphe) auf. Die Werte des respiratorischen Quotienten betrugen bei den Larven 0,81, bei den Praepupalstadien 0,75 und bei den Puppen 0,69 (auch ***Sláma***, 1959). Den O_2-Verbrauch in Zusammenhang mit steigender Temperatur und Diapause studierte ***Sláma*** (1960) an Stadien der Pamphiliidae *Cephalcia abietis* (Abb. 100).

Untersuchungen über den Nahrungsverbrauch der Larven der Rübsenblattwespe *Athalia glabricollis* in Abhängigkeit von der Photoperiode wurden von ***Sáringer*** (1988) durchgeführt. Die unter natürlichen Lichtbedingungen gehaltenen Larven fraßen während ihrer Gesamtentwicklung im Durchschnitt 298,6 mg Blätter von *Sinapis alba*. Das entspricht der 6,1-fachen Menge des Gewichtes der vollentwickelten Larve. In den 15 Tagen bis zum L_5-Stadium erreichten die Larven das 121-fache des Körpergewichtes einer L_1-Larve (= 0,4 mg) und verloren bis zum Verkriechen im Boden 18,5 % des maximalen Körpergewichtes. In den Larvenstadien L_4-L_6 (in 5 Tagen) nahmen die Larven 92,5 % ihres gesamten Nahrungsbedarfes auf. Für die Praxis bedeutet dies, daß der wirtschaftliche Schaden in einer sehr kurzen Zeitspanne eintritt und daß eine Bekämpfung vor der intensiven Fraßtätigkeit durchgeführt werden sollte. An Larven der Diprionidae *Diprion pini* hat ***Eliescu*** (1932) auch die Veränderungen der Kotformen im Laufe der Larvenentwicklung untersucht, wobei er anhand von Form und Ausmaß des Kotes das betreffende Stadium zuordnen konnte. Siehe auch Kapitel trophische Faktoren.

Der Verbrauch an Trockenmasse und Bioelementen durch Larven von *Neodiprion sertifer* (Diprionidae) an Nadeln von *Pinus sylvestris* ergab folgendes (***Larsson and Tenow***, 1979): Gruppen von jeweils 10 Larven (im Durchschnitt ♂♂ : ♀♀ = 3,5 : 6,5) wurden auf einjährigen Nadeln gehalten. Die Durchschnittswerte für die Konsumation (C), Ausscheidung (F) und Assimilation (A) waren 2950, 2530 und 414 mg Trockengewicht (TGW) pro Gruppe, was einer TGW-Assimilationseffizienz von nur 14 % entspricht. Die durchschnittliche Biomasseproduktion betrug 250 mg TGW/Gruppe. Folgende Konzentrationen an Bioelementen wurden in den Faeces gefunden: 51,2 % des TGW an C, 0,80 % N, 0,08 % P, 0,36 % K, 0,41 % Ca, 0,11 % Mg, 0,10 % S und 0,02 % Na. In Larvengeweben sind N- und P-Anteile 5–6mal höher und K, Mg und Na immer noch doppelt so hoch wie in der Nahrung. Die hohe Aufnahmerate wie auch die niedere N-Akkumulation stellen Anpassungen an den geringen N-Gehalt der Nahrung dar.

An einem Vertreter derselben Symphyten-Familie, an *Gilpinia hercyniae*, wurden von ***Lunderstädt und Claus*** (1972) vergleichend biochemische Analysen von Fichtennadeln und Larvenfaeces durchgeführt. Auf Grund der Annahme, daß die Qualität der Nahrung ein wesentlicher Faktor für den Massenwechsel von phytophagen Insekten ist, wurden eingehende Untersuchungen über die Bedeutung von Inhaltsstoffen von *Picea abies*-Nadeln für die Ernährung oben genannter Fichtenbuschhornblattwespe eingeleitet. Die Aufschluß-, Extraktions-, Trenn- und Nachweisverfahren werden dabei beschrieben. In den Faeces sind gegenüber den Nadeln die Konzentrationen an löslichen Kohlehydraten, Lipiden und Proteinen zurückgegangen. Diese Stoffe sind also offensichtlich als Nahrung ausgenützt worden. Bei den Amino- und Carboxylsäuren ergab sich ein uneinheitliches Bild. Die unlöslichen Kohlehydrate (Zellulose, Lignin), die Nadelpigmente, Phenole und Terpene waren in den Faeces angereichert. Die Lipidlöslichkeit eines Teils dieser Stoffe war nach der Darmpassage in Richtung einer stärkeren Hydrophilie verschoben, wie sich an den veränderten Löslichkeitsverhältnissen erkennen ließ.

Wie aus den erwähnten Daten zu entnehmen ist, wissen wir über den Gesamtstoffwechsel der kurzlebigen Imagines nichts.

Fortpflanzung und Entwicklung

Auf mehrere Aspekte dieser Thematik ist schon in Zusammenhang mit anderen Fragen eingegangen worden, so auf das Zusammenfinden der Geschlechter, Kopulation, Eiablage, Brutfürsorge und Brutpflege (Kapitel Ethologie der Imagines), Diapause, Schlupf und Lebensdauer der Imagines (Kapitel Ökologie) und Embryonal- und Postembryonalentwicklung, hormonale Aspekte (Kapitel Morphologie, Anatomie und Physiologie der einzelnen Stadien).

Cytologie und Geschlechtsbestimmung

Das Gebiet der Cytogenetik im Bereich der Insekten ist sehr umfangreich, auch über Untersuchungen an Symphyten liegen seit einigen Jahrzehnten Ergebnisse vor (***Sanderson***, 1933; ***Peacock and Sanderson***, 1939; ***St.G. Smith***, 1955, 1960; ***Naito***, 1975, 1982). Die Männchen der Hymenopteren entwickeln sich aus haploiden Eiern, viele Gewebe des Männchens wie auch des Weibchens können polyploid sein, weil die Chromosomenzahl sich endomitotisch vervielfältigt (***Suomalainen et al.***, 1987). ***Sanderson*** (1933) kam zu der Meinung, daß Gewebe der meisten Hymenopteren ♂♂ den halben Chromosomensatz besitzen, den man in den entsprechenden Geweben der ♀♀ finden kann. Die Chromosomen der Pflanzenwespen sind für cytologisch-cytogenetische Untersuchungen recht geeignet, weil sie verhältnismäßig groß sind und erkennbare Unterschiede in Größe und Form aufweisen (Abb. 101 a). Sie sind meist gut im Metaphase-Stadium zu erkennen, obwohl die individuelle Erkennung der Chromosomen manchmal schwierig ist, ist es sicher, daß die diploiden Gruppen zwei Chromosomen von jedem Typ und die haploiden nur einen enthalten. Der Chromosomenzyklus wurde in somatischen und generativen Geweben in beiden Geschlechtern während aller Entwicklungsstadien untersucht. In der Spermatogenesis ist die 1. Reifeteilung abortiv und es erfolgt eine Chromosomenreduktion. Die 2. Reifeteilung ist aequational, bei *Nematus ribesii* kommen in jede Spermatide 9 Chromosomen. In den Ovariolen dieser Art entstehen durchschnittlich 7 Eier, die Oogonien zeigen Eizellen mit 18 Chromosomen. Die 1. Reifeteilung der Eizellen ist reduktional, die 2. aequational. Die ♂♂ bleiben haploid in ihrem gesamten Leben. Polyploide Zellen treten in Tracheen-, Hypodermis-, Fettzellen und Oenocyten auf, während Bindegewebe und Blutzellen i.d.R. normale Chromosomenzahlen aufweisen (***Sanderson***, 1933). So konnte auch eindeutig gezeigt werden, daß *Nematus ribesii* arrhenotok parthenogenetisch ist, die ♂♂ entstehen aus unbefruchteten Eiern. Homologe Chromosomen können in männlichen und weiblichen Zellen unterschieden werden, ihre Anzahl und Anordnung

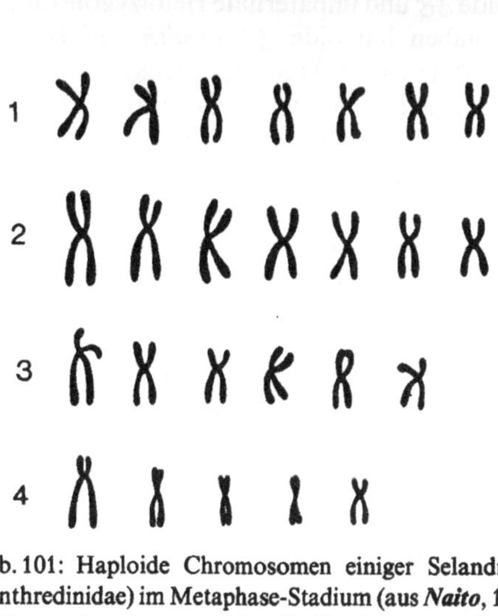

Abb. 101: Haploide Chromosomen einiger Selandriinae (Tenthredinidae) im Metaphase-Stadium (aus ***Naito***, 1975): 1) *Strongylogaster osmundae* 2) *Hemitaxonus tokunagai* 3) *H. paucipunctatus* 4) *Pseudohemitaxonus dryopteridis*.

bestimmt die Möglichkeit, daß manche Männchen diploide und manche Weibchen tetrapolide Tiere sind. Geschlechtschromosomen sind von manchen Autoren gesehen worden, von anderen in Frage gestellt. Alle Eier sind einer Synapsis und Reduktion während der Reifung unterzogen. Reifeteilungen finden auch in unabgelegten Eiern statt. Cytologische Details zur Spermatogenese und Oogenese findet man in ***Sanderson*** (1933, 1970) sowie in ***Peacock and Cresson*** (1931).

Von den ursprünglicheren Siricidae wurden bisher 5 Arten bezüglich ihrer Chromosomenanzahl pro Zelle untersucht: 3 *Sirex-* und 2 *Urocerus* spp. zeigen im einfachen Karyogramm n = 8, merkwürdigerweise hat *Urocerus augur* n = 18, *U. gigas* n = 12 (einmal 13) (***Sanderson***, 1970). Von den Diprionidae sind diesbezüglich ca. 22 Arten angesehen worden, wobei *Monoctenus* ein n = 7, *Gilpinia frutetorum* n = 7, *Diprion similis* ♂n = 7 (auch 14), ♀n = 14 (28) (***Smith, S.G.***, 1960; ***Maxwell***, 1958) (Polyploidie?), 16 *Neodiprion* spp. n = 7 (8) aufweisen. Bei der Zucht von einem Paar *Neodiprion nigroscutum* in 4 Generationen wurden sowohl diploide ♂♂ (2n = 14) als auch haploide ♂♂ (n = 7) nachgewiesen. Diploide ♂♂ entstanden nur aus der Nachkommenschaft von begatteten ♀♀, die Nachkommen der jungfräulich gebliebenen ♀♀ ergaben nur haploide ♂♂. Diploide ♂♂ sind gewöhnlich 20–30% schwerer als haploide. Die haploiden ♂♂ kopulierten rasch mit ♀♀, nur 1 diploides ♂ von 150 Exemplaren erreichte eine erfolgreiche Kopulation. Die ♀♀, die aus diesem Muttertier entstanden, waren triploid (3n = 21) und blieben steril. Bei der Stammbaumanalyse der Gründereltern ergab sich, daß sie 3 komplimentäre Sex-Allele aufwiesen ‚a', ‚b', und ‚c': biparentale Heterozygote (‚a/b', ‚a/c') sind ♀♀, biparentale Homozygote (‚a/a', ‚b/b', ‚c/c') sind diploide ♂♂ und impaternate Hemizygote (‚a', ‚b', ‚c') ergaben haploide ♂♂ (***Smith and Wallace***, 1971). Argidae (2 Arge spp.) zeigten n = 7 und Pergidae (je eine Art von 3 Genera) n = 8 (***Maxwell***, 1958). Von den artenreichen Tenthredinidae sind bisher ca. 201 Arten untersucht worden, wobei die Chromosomenzahlen im haploiden Satz i.d.R. zwischen 5 und 22 schwanken. Drei Viertel der Arten zeigen n = 7–10. Eine Ausnahme macht die „junge" Spezies *Tenthredo acerrima* mit n (♂) = 18, n (♀) = 36, manche Individuen wiesen sogar n = 21 und 2n 42 auf mit Chromosomenpolymorphismus (***Smith, St.G.***, 1960). Die Verteilung der haploiden Chromosomensätze in den einzelnen Unterfamilien nach ***Naito*** (1982):

Selandriinae	n = 5–14
Nematinae	n = 6– 9
Allantinae	n = 6–16
Tenthredinidae	n = 8–22

in den Familien nach ***Crozier and Taschenberg*** (1972):

Siricidae	n = 13–18
Diprionidae	n = 6–14
Tenthredinidae	n = 6–21
Cephidae	n = 9–26

Bei dieser Untersuchung zeigten sich die einzelnen Arten bezüglich der Chromosomen-Variabilität hoch konservativ, es wurden keine Chromosomenpolymorphismen festgestellt. Zwei polyploide Arten wurden aber unter den Selandriinae erkannt: *Dolerus lewisii* n = 14 und 2n = 28, *Loderus eversmanni obscurus* n = 14, 2n = 28. Im Genus-Niveau haben sich einige Korrelationen bezüglich Variabilität der Chromosomenanzahl und morphologischer Differenzierung ergeben. Die Karyotypen-Evolution der Tenthredinidae zeigt sich im großen und ganzen in einem Anwachsen der Chromosomenzahl. Von den Cephidae wurde *Janus integer* cytologisch untersucht, diese Art weist ein n = 22, 24, 25 und 26 auf, außerdem wurde Polymorphismus der Chromosomen festgestellt (***Crozier and Taschenberg***, 1972).

Parthenogenese

Die meisten Symphyta zeichnen sich durch geschlechtliche Fortpflanzung (Amphigonie) mittels Keimzellen, die aus getrennten Individuen gebildet werden (Gonochorismus), aus. Im allgemeinen bedarf die Eizelle, um zur Entwicklung zu gelangen und ein neues Individuum zu ergeben, der Befruchtung durch eine Samenzelle. Doch sind bei den Pflanzenwespen zahlreiche Fälle von Jungfernzeugung (Parthenogenese) bekannt geworden. Nur selten werden überhaupt keine befruchtungsbedürftigen Eizellen hervorgebracht. Doch sind bei manchen Arten die Männchen so selten, daß sie für die Vermehrung der Art bedeutungslos und eine Art Atavismus (***Engelmann***, 1970) geworden sind. Nach dem Geschlecht der parthenoblasten Individuen unterscheidet man Amphitokie (= Deuterotokie), bei der aus unbefruchteten Eiern beide Geschlechter hervorgehen können, weiters die Thelytokie, bei der nur Weibchen entstehen, und die Arrhenotokie, bei der die Parthenoblasten sämtlich Männchen sind, die befruchteten Eier ergeben dagegen Weibchen. Die zuletzt erwähnten beiden Formen der Parthenogenese finden sich bei den Symphyta häufig. Kennzeichnend für die normale Parthenogenese ist die stets erfolgende Weiterentwicklung der unbefruchteten Eier. Diese Fortpflanzungsform kann als fakultative oder obligatorische Parthenogenese auftreten.

Die ältesten Beobachtungen über Parthenogenese bei Blattwespen s.l. beziehen sich auf *Nematus ribesii*, einer Stachelbeerblattwespe, bei der dieses Verhalten nach ***Dalla Torre*** (1915) schon etwas vor 1866 beobachtet wurde. Bei diesem Autor findet man neben reichem Schrifttum schon Nachweise von Parthenogenese bei 59 Tenthredinidae, 11 Cimbicidae, 5 Argidae und 2 Diprionidae. Später haben u.a. ***Winkler*** (1920), ***Comrie*** (1938), ***Peacock*** (1938), ***Peacock and Sanderson*** (1937, 1939) und ***St.G. Smith*** (1955) sich mit Parthenogenese bei Symphyta beschäftigt. Dabei erkennt man, daß die cytogenetischen (Chromosomen, Polkörperchen etc.) Verhältnisse viel komplizierter und von verschiedenen Faktoren abhängig sind. So kommen im Freiland z.B. bei der nordamerikanischen Diprionidae *Neodiprion lecontei* doppelbrütige „strains" vor. Es haben sich alternierende Geschlechtszyklen eingestellt mit alternierenden Generationen von sexuell sich fortpflanzenden und parallel dazu parthenogenetische Formen, ohne daß man von einem Generationswechsel s.str. sprechen kann. Die obligatorisch parthenogenetische Diprionidae *Gilpinia hercyniae* hat n = 7 Chromosomen, die normale Anzahl innerhalb der Familie, während die fakultativ parthenogenetische Art *G. polytoma* n = 6 aufweist (***Benson***, 1950).

Typen und Beispiele von Parthenogenese bei Symphyta (diverse Autoren):

a) Arten mit fakultativer, arrhenotoker (♂♂ produzierender) Parthenogenese:
   Argidae: z.B. *Arge enodis, A. berberidis*.
   Cimbicidae: z.B. *Trichiosoma lucorum, Cimbex lutea*.
   Diprionidae: z.B. *Diprion pini, Neodiprion sertifer*.
   Tenthredinidae: z.B. *Strongylogaster mixta*, einige Blennocampinae und viele Nematinae z.B. *Nematus ribesii*.
   Cephidae: z.B. *Cephus pygmaeus, C. cinctus*.
b) Arten, die sich manchmal deuterotok fortpflanzen (♂♂ und ♀♀ produzierend):
   Cimbicidae: z.B. *Pseudoclavellaria amerinae* (***Peacock***, 1938).
   Tenthredinidae: einige Nematinae z.B. *Hemichroa crocea*.
c) Arten, deren parthenogenetisch entstandenen Nachkommen steril sind:
   Diprionidae: z.B. *Neodiprion burkei* (***Burke***, 1932).
d) Arten, die i.d.R. obligatorisch thelytok sind (♀♀ produzierend):
   Cimbicidae: z.B. *Cimbex connata*.
   Diprionidae: *Gilpinia hercyniae*.
   Tenthredinidae: z.B. *Macrophya punctumalbum*, einige Selandriinae (z.B. *Thrinax macula*), Blennocampinae, Heterarthrinae und viele Nematinae (z.B. *Pristiphora pallipes, P. erichsonii*).
   Pergidae: z.B. *Perga affinis* und andere Pergidae (***Carne***, 1962).

Schließlich soll erwähnt werden, daß bei *Athalia lugens proxima* (Tenthredinidae) unbefruchtete Eier mittels bestimmter Chemikalien quasi durch einen osmotischen Schock eine künstliche Parthenogenese induziert wurde (***Saini et al.***, 1987; ***Sawa and Oishi***, 1989a). Diese Ergebnisse lassen vielleicht auch viele unklare Zuchtergebnisse in Labors unter einem etwas anderem Licht erscheinen. Es gelang bei *Athalia rosae* auch reife, unbefruchtete Eier, die aus den Ovarien von unbegatteten ♀♀ seziert wurden, mit Spermien aus Spermatheken von adulten ♂♂ zu injizieren. Die auf diese Weise befruchteten Eier entwickelten sich zu ♀♀, die nicht befruchteten zu haploiden, parthenogenetischen ♂♂. Auch mit einer Farbmutante dieser Art wurden bezügliche Versuche gemacht (***Sawa and Oishi***, 1989b).

In systematischer Hinsicht ist es auffallend, daß bisher keine Vertreter der als ursprünglich geltenden Familien der Xyeloidea, Megalodontoidea und Siricoidea mit Parthenogenese beschrieben wurden und daß bei den Tenthredinidae eine besondere Häufung der Jungfernzeugung zu erkennen ist.

Polymorphismus, Polychromismus, Sexualdimorphismus

a) Bei Larven: Es gibt zahlreiche Beispiele von unterschiedlich gefärbten Freßlarven, die als Adulte kaum oder überhaupt nicht unterscheidbar sind. In vielen dieser Fälle geben sich die Larven auch in ihrem Verhalten unterschiedlich z.B. die solitären, bunten Larven von *Diprion similis* und die gregären, einheitlich gelben Larven (abgesehen vom Kopf) von *Diprion pini*, oder die Larven benützen verschiedene Fraßpflanzen z.B. *Croesus septentrionalis*-Larven leben an Bäumen wie *Alnus* und *Betula*, *C. varus* nur an *Alnus*, *C. latipes* immer an *Betula*. Diese Frage wird in jüngster Zeit taxonomisch überprüft. Andere überaus ähnliche Larven haben eine unterschiedliche geographische Verbreitung z.B. 3 Formen von *Palaeocimbex quadrimaculata* (eine Form in SE-Europa, eine im Mediterran und eine in Mitteleuropa) (***Enslin***, 1917). Bei Arten von grüner Körperfarbe der Larven gibt es einige darunter, die rötlich gefärbt sind. Es handelt sich um rote Mutanten, die rezessiv auftreten z.B. bei der Pamphiliidae *Cephalcia abietis*, davon kennt man in Mitteleuropa schon seit langem innerhalb der grünen Larven 10–12% von orange-gelber Farbe, ähnliches gilt von einigen Diprionidae und

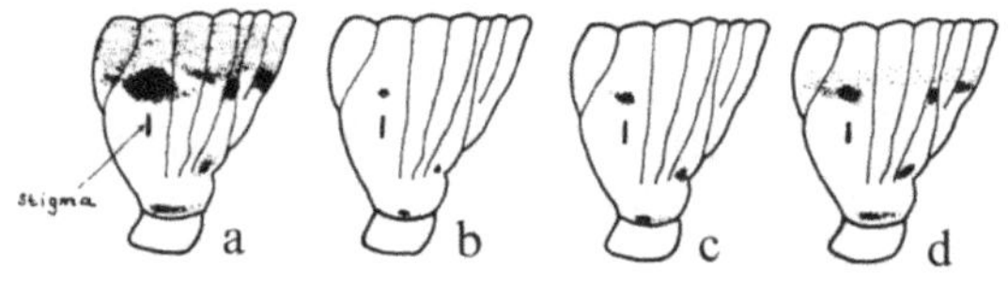

Abb. 102: Polychromismus bei Larven der Tenthredinidae *Tenthredo acerrima* BENSON am Beispiel eines Abdominalsegmentes (aus ***Waterhouse***, 1965).

Cimbicidae (***Benson***, 1950) oder bei den Tenthredinidae *Pachynematus clitellatus*. Zum Problem Polymorphismus und Speziation anhand der Unterschiede bei Larven von Diprionidae gehen ***Knerer and Atwood*** (1973) ein, wobei Farbvariationen, Verhalten, saisonale Isolation, geographische Untereinheiten, Wirtskolonisation und Wirtsabwehr durch Toxine und Phytohormone bei der Artbildung eine Rolle gespielt haben dürften. Geographischer Polychromismus und chromosomale Konstitution ist bei sympatrischen Arten von Blattwespenlarven von ***Waterhouse and Sanderson*** (1958) an dem Artenpaar *Tenthredo acerrima* und *T. perkinsi* untersucht worden (*T. perkinsi* = synonym *T. notha notha* KLUG nach ***Taeger***, 1985). Dieser Polychromismus basiert auf einfacher genetischer Basis und äußert sich in verschiedenen larvalen Farbmustern (***Waterhouse***, 1965) (Abb. 102) in Form von geographischen Farbrassen oder Unterarten. Nigrismus fand ***Gößwald*** (1935) bei Larven des 4. und 5. Stadiums von *Diprion pini*. Es zeigte sich in Süddeutschland bei diesen Stadien eine auffällige Schwärzung bei niederen Temperaturen und hoher Luftfeuchtigkeit. Der Vorgang der Schwärzung ist bei dieser Art reversibel.

Zum Polymorphismus bzw. Polychromismus zählt nach Auffassung des Verf. nicht die Veränderung von Kutikularstrukturen und Farben von Larven einer Art im Laufe der einzelnen Stadien, besonders beim Übergang zum letzten Larvenstadium, worauf schon beim Kapitel Ökologie und Larven hingewiesen wurde.

b) Bei Imagines: Viele adulte Symphyta, besonders Tenthredinidae, zeigen eine große Variabilität in Strukturdetails und Farbgebung, letzteres z. B. bei *Tenthredopsis litterata* ♀♀, ersteres bei *Pristiphora coactula* ♀♀, bei der auch die Flügellänge auffallend variieren kann. Wenn Polymorphismus auf ♂♂ beschränkt ist, dann sollte man daran denken, daß die ♂♂ haploid in ihrem Chromosomensatz sind. Es kann erwartet werden, daß verschiedene rezessive Mutanten enthüllt werden, während bei polymorphen ♀♀ einer Art solches auf obligatorische parthenogenetische Formen hinweisen kann (***Benson***, 1950).

Melanistische Formen sind in Britannien bei Tenthredinidae mit nördlichen oder nordwestlichen Arealen beobachtet worden, was mit einer gewissen Tendenz zusammenhängt, daß Melanine bei Insektenkörperfärbungen gegen humide Klimate zunehmen. Andrerseits ist nach ***Benson*** (1950) bei einigen Arten oder Formen eine Zunahme der Aufhellung der Pubeszenz, der Flügellängen, der Flügeladerung, der apikalen Beinsegmente und gelber Körperfärbung zu beobachten mit einer Kälteerhöhung, sodaß in diesen Fällen eine arktische „Blässe" charakteristisch für nördliche oder Hochgebirgsformen gegeben ist, was vielleicht mit Pterin-Pigmenten zusammenhängt.

Auf den Polymorphismus im chromosomalen Bereich wurde schon früher hingewiesen. Die Rosenblattwespe *Arge nigrinodosa* bringt in Japan einen rot-schwarzen Dichromismus am Mesepisternum des Thorax hervor. Dieser Dichromismus wurde genetisch analysiert, in dem die Charakteristik der Haplo-Diploidie genutzt wurde. Der diploide Genotypus trennt mit einem einzigen Genlocus die Phenotypen des haploiden Männchennachwuchses. Dieser Genlocus wird von einem einfachen Mendel-System kontrolliert, d. h. ein Einfach-locus-Zwei Allele-System, bei dem das rote Allel dominant über dem schwarzen ist (***Naito***, 1983).

Bei *Eutomostethus juncivorus* aus Japan kommen im weiblichen Geschlecht zwei Farbvarianten vor, die in Okayama einen Saisondimorphismus anzeigen: Tiere der ersten Generation des Frühlings weisen ein rotes Mesonotum auf, während die der zweiten Generation des Herbstes ein schwarzes zeigen. ***Harukara and Kondo*** (1930) konnten im Experiment feststellen, daß die Temperatur während des Kokon-(Puppen-)stadiums die Farbgebung kontrolliert. Bei Haltung der Kokons um 15 °C entwickeln sich alle ♀♀ zur Frühjahrsform mit roten Mesonota, bei 25 °C zur Herbstform mit schwarzen Mesonota, während bei der Haltung bei 20 °C eine gemischte Farbverteilung auftritt, nämlich 4 Frühjahrs-, 13 Herbst- und 17 intermediäre Varianten, d. h. ein genetischer Faktor scheint noch mitzuspielen.

Sexual- oder Geschlechtsdimorphismus findet sich bei vielen Arten. Er besteht in der Verschiedenartigkeit der Geschlechter hinsichtlich der Ausprägung von sekundären Geschlechtsmerkmalen und kann unter Umständen extreme Formen annehmen. Es ist in vielen Fällen unmöglich, ohne entsprechende Vorkenntnisse, zu sagen, zu welchem ♀ ein vorliegendes ♂ gehört und umgekehrt. Einige Merkmale bei sexualdimorphen Arten sind klar funktionell zu deuten, sie ermöglichen den ♂♂ die ♀♀ erfolgreicher zu erkennen z. B. durch Vergrößerung der Komplexaugen (bei vielen Cimbicidae berühren die Augen dorsomedian bei ♂♂, während sie bei den ♀♀ weit auseinanderstehen) und/oder durch auffallend längere oder verzweigte Antennen, die eine größere Anzahl von Riechsensillen aufweisen (Diprionidae, Argidae, manche Pergidae, einige Tenthredinidae u.a.). Auch die Mandibeln können in beiden Geschlechtern unterschiedlich sein (z. B. sind diese bei ♂♂ von Cimbicidae stärker ausgebildet) oder die Hinterbeine sind verlängert und verdickt (z. B. bei ♂♂ von *Trichiosoma-* und *Cimbex* spp.), bei manchen *Macrophya-* und *Tenthredo* spp. haben die ♂♂ verbreiterte Tarsen. Die Mikrostruktur des Außenskeletts zeigt selten sexualdimorphe Unterschiede, manchmal aber sind die ♂♂ von Diprionidae wesentlich stärker punktiert als die ♀♀ (***Enslin***, 1912). Schon lange kennen die Taxonomen bei den Abiinae (Cimbicidae) im männlichen Geschlecht Arten, die auf einigen hinteren Abdominaltergiten ein rechteckiges Fenster mit einer samtartigen Mikrostruktur aufweisen (Tomentflecken), deren Bedeutung noch ungeklärt ist. Auch im Flügelgeäder finden sich sexuelle Unterschiede z. B. bei den Tenthredinidae *Periclista*, *Perineura*, vielen *Tenthredopsis* spp., *Caliroa* und *Taxonus*. Bei diesen rücken nämlich bei den ♂♂ im Hinterflügel viele distale Queradern an den Flügelrand, sodaß eine sogenannte „geschlossene Randader" entsteht. Über Flügelreduktionen bei ♀♀ gegenüber ♂♂ wurde schon beim Kapitel Morphologie der Imagines hingewiesen. Schließlich gibt es auch einen Sexualdichromismus in Zusammenhang mit einem Sexualdimorphismus in der Art, daß Färbung und Zeichnung unterschiedlich ausgeprägt sind, z. B. Arten mit grünlicher Grundfarbe (viele Nematinae u.a.) sind im männlichen Geschlecht gelblich gefärbt (***Pschorn-Walcher***, 1982).

Gynandromorphismus und Intersexualität

Gynandromorphe sind Anomalien getrennt geschlechtlicher Arten, deren Gonaden eingeschlechtlich oder zwittrig sein können und die äußere Merkmale beider Geschlechter am gleichen Individuum aufweisen, bedingt durch verschiedene Chromosomengarnituren der entsprechenden Somazellen (***Niklas***, 1962). Einen ersten geschichtlichen Überblick über das Vorkommen von gynandromorphen Hymenopteren gibt ***Dalla Torre*** (1898), später speziell für Symphyta ***Balazuc*** (1958) und ***Nuorteva u. Kontuniemi*** (1972). Allein in Finnland wurden bei der Durchsicht von über 20000 Individuen 11 gynandromorphe Tenthredinidae-Exemplare gefunden und z.T. auch abgebildet. Viele von den gynandromorphen Individuen gehören zu parthenogenetisch sich fortpflanzenden Arten wie *Gilpinia hercyniae*, *Strongylogaster lineata*, *Pristiphora erichsonii* und *Nematus ribesii*. Insgesamt wurden allein im westpalaearktischen Bereich über 20 Arten aus den Familien der Diprionidae, Cimbicidae, Tenthredinidae und Cephidae gynandromorphe Formen publiziert (***Peacock***, 1924; ***Zirngiebl***, 1935, 1952; ***Niklas***, 1962; ***Nuorteva u. Kontuniemi***, 1972) (Abb. 103).

In vielen Fällen sind weibliche und männliche äußere Merkmale ± genau in der Sagittalebene verteilt (Halbseitenzwitter, Gynander), wobei die Grenze zwischen den beiden verschieden differenzierten Hälften oft genau der Medianebene entspricht. Es können aber auch Körperquadranten oder irgendwelche kleine Teilstücke geschlechtlich verschieden differenziert und als unregelmäßiges Mosaik über den Körper verteilt sein. Gynandromorphen entstehen durch ungleiche Verteilung der Geschlechtschromosomen bei den Furchungsteilungen, wodurch geschlechtlich verschieden konstituierte Zellgruppen gebildet werden (***Eidmann u. Kühlhorn***, 1970). Manchmal wurden die Stücke frisch gefangen und wurden anatomisch untersucht, wie im Falle eines Exemplares von *Pristiphora pallipes* (***Peacock***, 1924).

Als Intersexe bezeichnet man sexuelle Zwischenformen, bei der im Verlaufe der Entwicklung die ursprüngliche männliche oder weibliche Entwicklungsrichtung zu einem gewissen Zeitpunkt (Umkehrpunkt) plötzlich eine Umkehr zu Merkmalen des anderen Geschlechtes erfährt (partielle bzw. vollständige Geschlechtsumkehr). Genetisch sind die intersexen Individuen von einheitlicher Konstitution, d.h. der bei der Befruchtung festgelegte Chromosomenbesatz bleibt von diesem Zeitpunkt

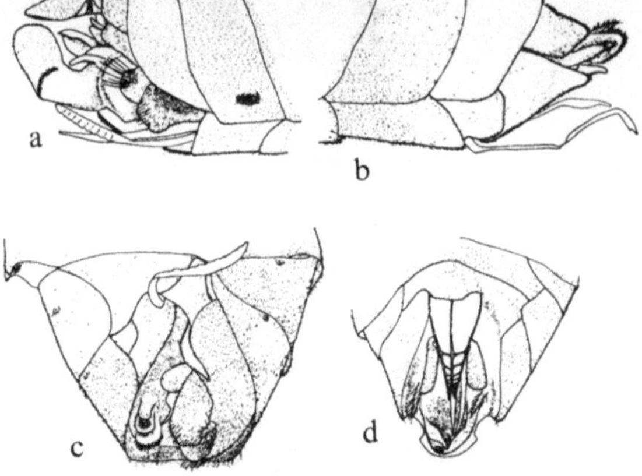

Abb. 103: Beispiele für gynandromorphe Symphyta a) *Strongylogaster lineata* (Christ) (Tenthredinidae) Abdomenende lateral b) *Calameuta filiformis* (Ev.) (Cephidae) Abdomenende lateral c) *Tenthredopsis scutellaris* (F.) (Tenthredinidae) Abdomenende ventral d) *Nematus ribesii* (Scop.) (Tenthredinidae) Abdomenende ventral (vom Verf. verändert aus ***Nuorteva*** und ***Kontuniemi***, 1972).

in allen Zellen erhalten (***Eidmann u. Kühlhorn***, 1970). Nach dieser Definition der Intersexe scheint nach Auffassung des Verf. bei Symphyten bisher kein einziger Fall von Intersexen vorzuliegen, auch wenn sie von manchen Autoren so genannt wurden (***Peacock***, 1924; ***Wong***, 1956).

Teratologie

Man versteht darunter Mißbildungen, nicht pathologische Fälle, im Bereich der Kutikula, des Körpers und seiner Anhänge (Monstrositäten). Bei Symphyta existiert darüber schon ein umfangreiches Schrifttum, das im wesentlichen in ***Balazuc*** (1958) zusammengefaßt ist. Bisher wurden dabei eigentlich nur Mißbildungen an Imagines beschrieben, obwohl man bei der Zucht auch solche schon an Larven und Puppen finden kann. Über die Ursachen solcher Anomalien liegen nur unklare Äußerungen vor. Sie dürften während der Entwicklung zustandekommen, diese gestört haben und vereinzelt individuell auftreten, also eine Art Wachstumsstörung, die wohl in vielen Fällen durch Verletzungen (Spaltungen) im Larven- oder Puppenstadium oder beim Schlüpfen aus den Erdhöhlen oder Puppenkokons (Heteromorphosen) entstehen, auch durch Räuber, Stöße, Drukke etc.

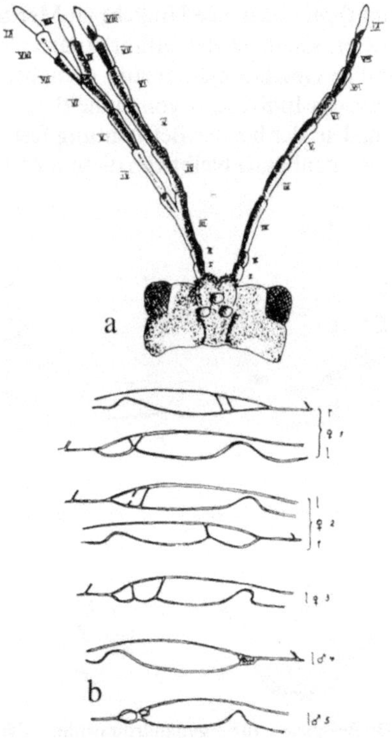

Abb. 104: Beispiele für Teratologie bei Pflanzenwespen: a) *Tenthredopsis stigma* F. (Tenthredinidae) Mehrfachbildung der linken Antenne (aus ***Michel*** 1985) b) *Xiphydria prolongata* (GEOFFR.) (Xiphydriidae) Unregelmäßigkeiten des Geäders im Bereich der lanzettförmigen Zelle des Vorderflügels bei einigen Individuen (aus ***Zirngiebl***, 1939).

Die älteste Meldung über eine Mißbildung bei Symphyten stammt von ***Kraatz*** (1876) an *Palaeocimbex quadrimaculata* von Mazedonien (Jugoslawien), die die linke Antennenspitze beinförmig mit Tarsus und 2 Krallen dokumentiert zeigt (Abb. 105). ***Balazuc*** hat die verschiedenen Mißbildungen unterteilt in eine Reihe von Erscheinungsbildern für die Gesamtheit des Hymenopteren. Bei den Symphyta treten dabei auf Anomalien im Bereich des Kopfes z. B. im Bereich der Komplexaugen und Ocellen bei *Dolerus nigratus* und *Athalia glabricollis* (***Zirngiebl***, 1938), im Bereich der Antennen in der Form der teilweisen oder gänzlichen Spaltung einer Antenne bei *Cimbex connata* (***Kangas***, 1937), *Urocerus gigas* (***Kofler***, 1975), *Tenthredopsis stigma* (***Michel***, 1985) (Abb. 104a) oder in Form von Verwachsungen und Wiederaufgabelungen von Fiederfühlern bei *Gilpinia frutetorum* (***Gauss***, 1962), im Bereich der Beine durch Mehrfachbildung oder Verkürzungen bei vielen Tenthredinidae (***Balazuc***, 1958; ***Gauss***, 1962). Bei den Flügeln kommt selten das Auftreten von mehr als 4 Flügeln vor (Polypterie) (***Balazuc***, 1958), aber häufig Anomalien in der Flügeladerung vor z. B. bei Xiphydriidae (***Zirngiebl***, 1939) (Abb. 104b) und Vertretern anderer Familien (***Kloiber***, 1936).

Zusammenfassend kann man sagen, daß bisher teratologische Individuen bei Vertretern von Megalodontidae, Siricidae, Xiphydriidae, Diprionidae, Cimbicidae, Argidae, Tenthredinidae und Cephidae festgestellt wurden.

Regeneration

Eine Reihe von Erscheinungen des vorhergehenden Kapitels läßt sich mit regenerativen Bildungen erklären. Das genannte Beispiel einer Mißbildung bei der frei gefangenen Cimbicidae *Palaeocimbex quadrimaculata* von ***Kraatz*** (1876), bei der eine linke Antennenspitze durch ein Tarsusende ersetzt erscheint, hat geradezu als Paradigma für Homoeosis bei Insekten gedient (Abb. 105g). ***Przibram*** (1919) hatte 43 Jahre später Experimente zum Nachweis der Regenerationsfähigkeit dieser Art in Wien durchgeführt. Er konnte mit Kausterisation mittels einer Platinschmelznadel mit und ohne Einstich in den Fühler (und Komplexaugen) an verpuppungsreifen Larven künstlich Regenerate erzeugen. Bei Absengung der Antenne ohne Einstich trat an Stelle des beschädigten Larvenfühlers ein typischer Fühler an der Nymphe bzw. der Imago auf. Bei tieferer Verletzung, Anstich mit oder ohne Kausterisation, kam es zur Ausbildung von Tarsus-Regeneraten an dem Keulenende der Antenne (Abb. 105), und zwar wurden 1–2 Krallen (Ungues), eine Planta und Tarsusbehaarung beobachtet. Es war der

Beweis, daß es sich nicht um Mutation, sondern um eine reparative Regenerationserscheinung handelte. Diese und ähnliche Reparationen sind bei Symphyta nur auf Jugendstadien beschränkt, bei denen sie in Anschluß an eine Häutung in Erscheinung treten können.

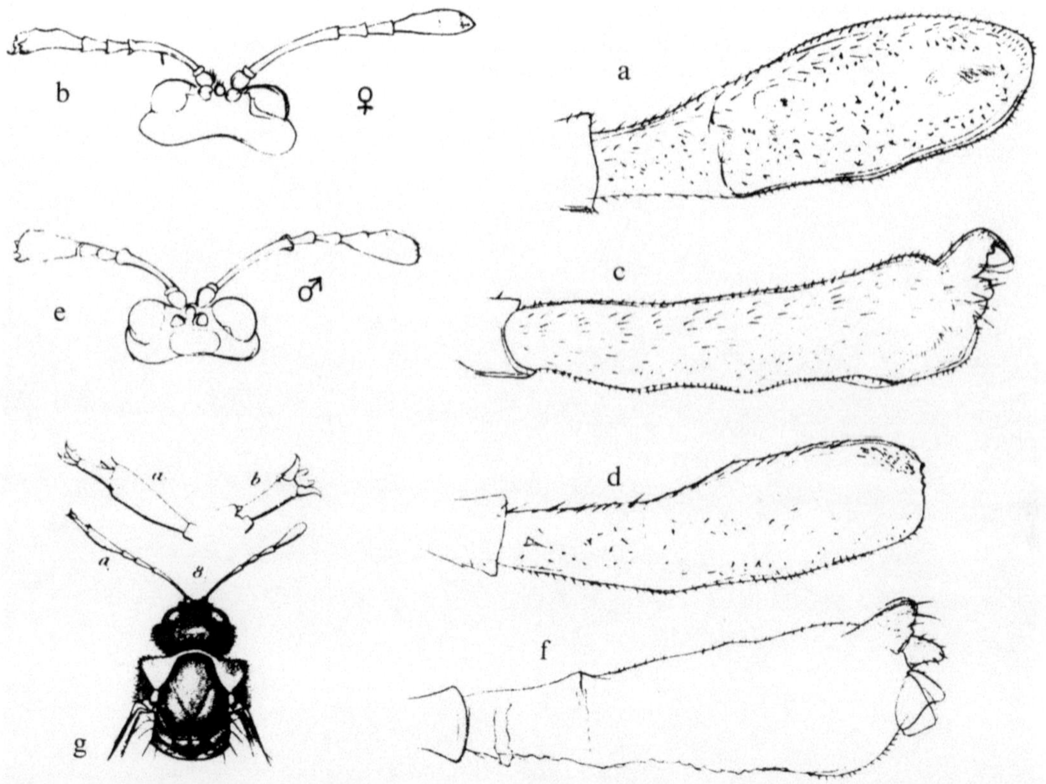

Abb. 105: Beispiele für Antennenspitzenregenerationen bei *Palaeocimbex quadrimaculata* (MÜLLER) (Cimbicidae) (aus ***Przibram***, 1919): a) normales Antennenende eines ♂ b) Kopf eines ♀ nach Einstich und Kausterisation der Spätlarve mit krallenartig regenerierter, linker Antenne c) dieselbe vergrößert d) regenerierte, linke Antennenspitze einer Imago ♂ e) Kopf einer Imago ♂ mit krallenförmiger, linker Antennenspitze nach Einstich ohne Kausterisation bei der Larve f) dieselbe vergrößert g) die klassische Regeneration der linken Fühlerspitze mit Krallen und Tibialsporen vom Freifang aus Mazedonien (aus ***Kraatz***, 1876).

Literaturverzeichnis

Abe, M. (1988): A biosystematic study of the genus *Athalia* LEACH of Japan (Hymenoptera: Tenthredinidae). – Esakia, Aikosan, 26: 91–131.

Achterberg, C. van and B. van Aartsen (1986): The European Pamphiliidae (Hymenoptera: Symphyta), with special reference to the Netherlands. – Zool. Verh., Leiden, 234: 1–98.

Adachi, I. (1981): Comparison of the effects of larval aggregation between gregarious and solitary species of sawflies, *Arge nigrinodosa* MOTSCHULSKY and *Arge nipponensis* ROHWER (Hymenoptera: Argidae). – Appl. Ent. Zool., Tokyo, 16: 477–486.

Adam, H. (1965): Die hämocytären Abwehrreaktionen des Blutes von *Strongylogaster xanthoceros* (Stephens) und *Strongylogaster lineata* (Christ) gegen die endoparasitische Ichneumonidae *Mesoleius niger* (Gravenhorst) (Hymenoptera: Tenthredinidae und Ichneumonidae). – Beitr. Ent., Berlin, 15: 893–965.

Aggarwal, R., Saini, M.S. and S.S. Dhillon (1986): Age-related changes in glycogen in adult *Athalia lugens proxima* (KLUG) (Hym., Tenthredinidae). – Acta ent. jugosl., Zagreb, 22: 47–51.

– (1987): Acid phosphatase activity during metamorphosis of *Athalia lugens proxima* (KLUG) (Hymenoptera: Tenthredinidae). – Zool. Jb. Physiol., Jena, 91: 303–306.

Alford, D.V. (1987): Farbatlas der Obstbaumschädlinge. Stuttgart, 320 pp.

Alten, H.v. (1910): Zur Phylogenie des Hymenopteren Gehirns. – Jenaische Ztschr. Naturwiss., 46: 511–590.

Altenhofer, E. (1980a): Zur Biologie der in Baumblättern minierenden Blattwespen (Hym., Tenthred.). – Ztsch. ang. Ent., Berlin, 89: 122–134.

– (1980b): Zur Systematik und Ökologie der Larvenparasiten (Hym.: Ichneumonidae, Braconidae, Eulophidae) der minierenden Blattwespen (Hym., Tenthredinidae). – Ztsch. ang. Ent., Berlin, 89: 250–259.

Anderbrant, O., Löfquist, J., Jönsson, J. and E. Marling (1989): Effects of pheromon trap type, position and colour on the catch of pine sawfly *Neodiprion sertifer* (GEOFFR.) (Hym., Diprionidae). – J. appl. Ent., Hamburg-Berlin, 107: 365–369.

Anderson, R.F. (1966): Forest and Shade Tree Entomology. – New York – London – Sydney, VII + 428 pp.

Ando, H. and M. Okada (1958): Embryology of the butterbur-stem sawfly, *Aglaostigma occipitosa* (MALAISE) as studied by external observation (Tenthredinidae, Hymenoptera). – Acta hymenopt., Tokyo, 1: 55–62.

André, E. (1879–82): Species des Hyménoptères d'Europe et d'Algerie. – Beaune, 644 pp.

Arora, G.L. (1956): The relationship of the Symphyta (Hymenoptera) to other orders of insects on the basis of adult external morphology. – Res. Bull. East Punjab Univ. (Zool.), Hoshiarpur, 90: 85–110.

Asensio, E. (1986): Desarrolo embrionario de *Trachelus tabidus* F. (Hymenoptera: Cephidae). – Actas Jornadas Asoc, esp. Ent., Sevilla, 8: 946–955.

Ashmead, W.H. (1898): Classification of the horntails and saw-flies, or the sub-order Phytophaga. – Canad. Ent., Ottawa, 30: 141–145, 177–183, 205–213, 225–232, 249–257, 281–287, 305–316.

Ass, M. und G. Funtikow (1932): Über die Biologie und technische Bedeutung der Holzwespen. – Ztschr. ang. Ent., Berlin, 19: 557–578.

Austara, Ö. (1971): Cold-hardiness in eggs of *Neodiprion sertifer* (GEOFFROY) (Hym., Diprionidae) under natural conditions. – Norsk. ent. Tidsskr., Oslo 18: 45–48.

Bachmaier, F. (1969): Pflanzen- und Legwespen. – In: Grzimeks Tierleben, München, Bd. 2: 435–473.

Baird, A.B. (1923): Some notes on the natural control of the Larch Sawfly and 2 Larch Case Bearer in New-Brunswick in 1922. – Proc. Acadian ent. Soc., Truro (N.Sc.) 8: 158–171.

Balachowsky, A. et L. Mesnil (1935/36): Les insectes nuisibles aux plantes cultivées. Leur moeurs, leur destruction. – Paris, 2 vds., 1922 pp.

Balazuc, J. (1958): La tératologie des Hyménoptèroides. – Ann. Soc. ent. Fr., Paris 127: 167–203.

Baltazar, C.R. (1966): A catalogue of Philippine Hymenoptera (with a bibliography, 1758–1963). – Pacific Insects Monographs, Honolulu, 8: 1–488.

Barelt, J. (1982): A propos de l'organe abdominal exsertile de la larve de *Nematus spiraeae* ZADDACH (Hym. Tenthredinidae). – Bull. Ann. Soc. r. belge Ent., Bruxelles 118: 201–204.

Bedding, R.A. (1984): Nematode parasites of Hymenoptera. – In: Nickle, W.R.: Plant and Insect Nematodes. New York – Basel, p. 755–795.

Beneš, K. (1968): Galls and larvae of the European species of genera *Phyllocolpa* and *Pontania* (Hymenoptera, Tenthredinidae). – Acta ent. bohemosl., Praha 65: 112–137.

– (1972): Generic classification of the tribe Pamphiliini (Hymenoptera, Pamphiliidae). – Acta ent. bohemosl., Praha, 69: 378–395.

– (1976): Revision of the European species of *Cephalcia* PANZER, 1805 (Hymenoptera, Pamphiliidae). – Studie ceskoslov. Akad. Ved, Praha, 3: 1–67.

Beneš, K. und Kristek, J. (1979): Der gegenwärtige Stand der Taxonomie der europäischen Arten der an der Fichte lebenden Familien von Pamphiliidae, Diprionidae und Tenthredinidae (Hymenoptera, Symphyta). – Acta Univ. Agricult. Brno, Fac. silv., 48: 77–118. (tschech.)

Benson, R.B. (1926): A nematode worm parasiting a sawfly larva. – Ent. month. Mag., III. Ser., London 12: 140–141.

– (1934): A classification of the sawflies of the family Pterygophoridae, with a revision of the Australian members of the subfamily Euryinae (Hymenoptera, Symphyta). – Trans. r. ent. Soc. London, 82: 461–478.

– (1935): On the Genera of the Cephidae, and the Erection of a new Family Syntexidae (Hymenoptera, Symphyta). – Ann. Mag. nat. Hist., London, 16: 535–553.

– (1938a): On the classification of sawflies (Hymenoptera Symphyta). – Trans. r. ent. Soc. London, 87: 353–384.

– (1938b): On the Australian Orussidae, with a key to the genera of the world (Hymenoptera Symphyta). – Annls. Mag. nat. Hist., London, Ser. 11, 2: 1–15.

– (1940): Three sawflies attacking Guava in Brazil (Hymenoptera Symphyta). – Bull. ent. Res., London, 30: 463–465.

– (1942): Blasticotomidae in the Miocene of Florissant, Colorado (Hymenoptera Symphyta). – Psyche, Cambridge (Mass.), 59: 47–48.

– (1945a): Classification of the Xyelidae (Hymenoptera, Symphyta). – Proc. r. ent. Soc. London, B, 14: 34–37.

– (1945b): Classification of the Pamphiliidae (Hymenoptera Symphyta). – Proc. r. ent. Soc. London, B, 14: 25–33.

– (1946): Classification of the Cephidae (Hymenoptera Symphyta). – Trans. r. ent. Soc. London, 96: 89–108.

– (1950): An introduction to the natural history of British sawflies (Hymenoptera Symphyta). – Trans. Soc. brit. Ent. Bournemouth, 10: 45–142.

– (1951): Hymenoptera (Symphyta) Section (a). – Handb. Identif. brit. Insects, London, VI (2): 1–49.

– (1952): Hymenoptera (Symphyta) Section (b) Family Tenthredinidae. – Handb. Identif. brit. Insects, London, VI (2): 51–137.

– (1954): Classification of the Xiphydriidae (Hymenoptera). – Trans. r. ent. Soc. London, 105: 151–162.

– (1955): Classification of the Orussidae, with some new genera and species (Hymenoptera: Symphyta). – Proc. r. ent. Soc. London, B, 24: 13–23.

– (1956): Hymenoptera Phytophaga. – In: South Africa Animal Life, Vol. 3: 411–414.

– (1958): Arctic sawflies and the open habitat. – Proc. Xth int. Congr. Ent., 1 (1956): p. 693.

– (1958): Hymenoptera (Symphyta) Section (c). – Handb. Identif. brit. Insects, London, VI (2): 139–252 + I–VI.

– (1959): Tribes of the Tenthredinidae and a new European genus (Hymenoptera: Tenthredinidae). – Proc. r. ent. Soc. London, B, 28: 121–127.

– (1962a): A revision of the Athaliini (Hymenoptera: Tenthredinidae). – Bull. brit. Mus. (Nat. Hist.) Ent., London, 11: 333–382.

– (1962b): Holarctic sawflies (Hymenoptera: Symphyta). – Bull. brit. Mus. (Nat. Hist.) Ent., London, 12: 379–409.

– (1963): Some new Western Australian sawflies of the Euryinae and Phylacteophaginae (Hymenoptera, Pergidae). – J. r. Soc. west. Australia, 46: 81–84.

– (1965a): Hostplant relationship as a taxonomic character in sawflies (Hymenoptera, Symphyta). – Proc. XIIth int. Congr. Ent., London, 1964, p. 100–101.

– (1965b): Some new Pergid sawflies from New Guinea (Hymenoptera: Symphyta). – Annals Mag. nat. Hist., London, Ser. 13, 8: 45–49.

– (1968): Hymenoptera from Turkey Symphyta. – Bull. brit. Mus. (Nat. Hist.) Ent., London, 22: 109–207.

Benson, R. B., Bequaert, J., Schulthess, A. v. and H. Scott (1933): Entomological expedition to Abessinia, 1926–27. Hymenoptera, III. – Ann. Mag. nat. Hist., London, Ser. 10, 12: 97–120.

Benson, R. B. and O. Conde (1938): Revision der neotropischen Perreyinae (Hym. Tenthredinidae). – Rev. Entomol., Rio de Janeiro, 9: 121–154.

Berland, L. (1947): Hyménoptères Tenthredoides. – Faune de France, 47: 1–496.

– (1979): Sous-ordre des Symphytes (Gerstaecker, 1867). – Traité de Zoologie, Paris, X (1): 861–881.

Bird, F. F. (1953): The use of a virus desease in the biological control of the European Pine Sawfly, *Neodiprion sertifer* (GEOFFR.) – Canad. Ent., Ottawa, 85: 437–446.

– (1955): Virus diseases of sawflies. – Canad. Ent., Ottawa, 87: 124–127.

Bird, F. F. and M. M. Whalen (1953): A virus disease of the European Pine Sawfly, *Neodiprion sertifer* (GEOFFR.). – Canad. Ent., Ottawa, 85: 433–437.

Bischoff, H. (1923): Hymenoptera. Hautflügler. Tenthredinidae (s. l.) und Siricidae (Blatt- und Holzwespen). – Biologie der Tiere Deutschlands, Berlin, p. 42.1–42.21.

– (1927): Biologie der Hymenopteren. Eine Naturgeschichte der Hautflügler. – Biol. Studienbücher, Berlin, 5: 1–598.

Boas, J. E. V. (1933): Ein ernster Angriff von *Lyda arvensis* PANZ. – Ztsch. ang. Ent., Berlin, 20: 268–280.

Bobb, M. L. (1964): Apparent Loss of Sex Attractiveness by the Female of the Virginia-Pine Sawfly, *Neodiprion pratti pratti*. – J. econ. Ent., Geneva, 57: 829–830.

Börner, C. (1919): Stammesgeschichte der Hautflügler. – Biol. Zentralbl., Leipzig, 39: 145–186.

Boevé, J. L., Braekman, J. C., Daloze, D., Houart, M. and J. M. Pasteels (1984): Defensive secretions of Nematinae larvae (Symphyta – Tenthredinidae). – Experientia, Basel, 40: 546–547.

Boevé, J. L. and J. M. Pasteels (1985): Modes of defense in Nematine sawfly larvae. Efficiency against ants and birds. – J. chem. Ecol., New York, 11: 1019–1036.

Bombosch, S. und P. M. J. Ramakers (1976): Zur Dauerzucht von *Gilpinia hercyniae* Htg. – Ztsch. Pflanzenkrankh., Stuttgart, 83: 40–44.

Borden, J. H., Billany, D. J., Bradshaw, J. W. S., Edwards, M., Baker, R. and D. A. Evans (1978): Pheromone response and sexual behaviour of *Cephalcia lariciphila* WACHTL (Hymenoptera: Pamphiliidae). – Ecol. Ent., Oxford, 3: 13–23.

Bordas, L. (1894): Appareil glandulaire des Hyménoptères. – Ann. Sci. Nat. Zool., Paris, 7 (19): 1–36.

Boulangé, H. (1924): Recherches sur l'appareil copulateur des Hyménoptères et spécialment des Chalastogastres. – Mém. Trav. Fac. cathol. Lille, 28: 1–444.

Bradley, J. C. (1958): The phylogeny of the Hymenoptera. – Proc. 10th int. Congr. Ent. (1956), Montreal, 1: 265–269.

Brandt, E. (1879): Vergleichend-anatomische Untersuchungen über das Nervensystem der Hymenopteren. – Horae Soc. ent. ross., Petersburg, 15: 31–50.

Brischke, C. G. (1886): Die Hymenopteren des Bernsteins. – Schr. naturf. Ges. Danzig, n. F., 6: 278–279.

Brischke, C. G. und G. Zaddach (1862–85): Beobachtungen über die Arten der Blatt- und Holzwespen. – Schrift. k. physik.-ök. Ges. Königsberg, Vol. 3–6.

Bristowe, W. S. (1941): The comity of spiders. – London, Vol. II: p. 312.

Browne, F. G. (1968): Pests and diseases of forest plantation trees. – Oxford, XI + 1330 pp.

Brues, C. T., Melander, A. L. and F. M. Carpenter (1954): Classification of insects. Keys to the living and extinct families of insects, and to the living families of other terrestrial arthropods. – Bull. Mus. comp. Zool., Harvard College, Cambridge, 108: 621–667, 826–827.

Bruns, H. (1954): Wann und in welchem Umfang wird die Kleine Fichtenblattwespe (*Lygaeonematus abietum* HTG.) von der Roten Waldameise (*Formica rufa* L.) eingetragen? – Forstw. Centralblatt, Berlin, 73: 35–40.

– (1956): Vögel und Waldameisen als Vertilger von Fichtenblattwespenlarven. – Allg. Forstzeitschrift, München, 1956 (10): 2 pp.

Buchner, P. (1928): Holznahrung und Symbiose. – Berlin, 64 pp.

– (1953): Endosymbiose der Tiere mit pflanzlichen Mikroorganismen. – Basel, Stuttgart, 771 pp.

Buckner, C. H. (1955): Small mammals as predators of sawflies. – Canad. Ent., Ottawa, 87: 121–123.

Buhr, H. (1964/65): Bestimmungstabellen der Gallen (Zoo- und Phytocecidien) an Pflanzen Mittel- und Nordeuropas. Jena, Bd. I + II: 1572 pp.

Burdick, D. J. (1961): A taxonomic and biological study of the genus *Xyela* DALMAN in North America. – Publ. Univ. Calif. Entomol., Berkeley, 17: 285–356.

Burke, H. E. (1917): *Oryssus* is parasitic. – Proc. ent. Soc. Wash., 19: 87–89.

– (1932): Two destructive defoliators of Lodgepool Pine in the Yellowstone National Park. – Circ. U.S. Dept. Agric. Wash. D.C., 224: 1–19.

Callow, L. L. (1955): Sawfly poisoning in cattle. – Queensland agric. J., Brisbane, 81: 155–161.

Cameron, P. (1882–93): A monograph of the British Phytophagous Hymenoptera. – London, 4 volumes.

– (1900): Hymenoptera (Families Tenthredinidae – Chrysididae). – Biologia centrali americana, Insecta, London, v. 1: XII + 487 pp.

Carne, P. B. (1962): The characteristics and behaviour of the sawfly *Perga affinis affinis* (Hymenoptera). – Austr. J. Zool., Melbourne, 10: 1–34.

Casida, J. E., Coppel, H. C. and T. Watanabe (1963): Purification and potency of the sex attractant from the introduced Pine Saw-fly, *Diprion similis*. – J. econ. Ent., Geneva, 56: 18–24.

Cavalcaselle, B. (1968): Contribuzione alla conoscenza di *Stauronematus compressicornis* (F.) (Tenthredinidae). – Pubbl. Centro sper. agric. for., Roma, 9: 235–281.

Cazal, P. (1948): Les glandes endocrines rétro-cérébrales des insectes (étude morphologique). – Bull. biol. France Belgique, Sùppl. 32: 1–227.

Chapman, T. A. (1914): The Egg-laying of *Trichiosoma* (Tenthredinidae). – Trans. r. ent. Soc. London, 61: 173–184.

– (1918): The emergence of *Trichiosoma tibiale* from its cocoon. – Ent. mon. Mag., London, 54: 11–13.

– (1922): Notes on sawflies, chiefly as to oviposition. – Ent. mon. Mag., London, 58: 8–16.

Chevin, H. (1985): Contribution à la faune entomologique du Burundi. I. Hymenoptera Symphyta. – Nouv. Rev. ent. n. S., Toulouse, 2: 197–208.

– (1987): Le mâle de *Prionomeion gaullei* (KONOW) (Hymenoptera Diprionidae). – Cahiers natural Bull., n. P., Paris, n. s., 43: 17–19.

Cholodkovsky, N. (1895): Entomologische Miscellen. I, II. – Horae Soc. ent. ross., St. Petersburg, 29: 145–153.

– (1897): Entomologische Miscellen. VI. – Horae Soc. ent. ross., St. Petersburg, 30: 352–357.

– (1901): Über den Spinnapparat der *Lyda*-Larven. – Allg. Ztsch. Ent., Neudamm, 6: 17–19.

Cholodkovsky, N., Ingenitzky, I. und V. Pikel (1896): Entomologische Miscellen III–V. – Horae Soc. ent. ross., St. Petersburg, 30: 122–43.

Chrystal, R. N. (1928): The *Sirex* Wood-Wasps and their Importance in Forestry. – Bull. ent. Res., London, 19: 219–247.

– (1930): Studies on the *Sirex* parasites. – Oxford Forestry Memoirs, 11: 1–63.

Chrystal, R. N. and E. R. Skinner (1932): Studies in the biology of the woodwasp, *Xiphydria prolongata* GEOFFR. (*dromedarius* F.) and its parasite *Thalessa curvipes* GRAV. – Scott. Forestry J., Edinburgh, 46: 36–51.

Church, N. S. (1955): Hormones and the termination and reinduction of diapause in *Cephus cinctus* NORT. (Hymenoptera: Cephidae). – Canad. J. Zool., Ottawa, 33: 339–369.

Clausen, C. P. (1962): Entomophagous Insects. – New York, 694 pp.

Comstock, J. H. (1918): The wings of Insects. – New York, 430 pp.

Conde, O. (1936): Revision der Gattung *Haplostegus* KONOW (Hym. Tenthr.). – Rev. Ent. São Paulo, 6: 120–124.

Cooper, K. W. (1953): Egg gigantism, oviposition, and genital anatomy: Their bearing on the biology and phylogenetic position of *Orussus* (Hymenoptera: Siricoidea). – Proc. Rochester Acad. Sci., 10: 38–68.

Coppel, H. C., Casida, J. E. and W. C. Dauterman (1960): Evidence for a potent sex attractant in the introduced Pine Sawfly, *Diprion similis* (Hymenoptera: Diprionidae). – Annals ent. Soc. Amer., Columbus, 53: 510–512.

Costa Lima, A. (1960): Insetos do Brasil. – Rio de Janeiro, 11: 324–352.

Coutts, M. P. (1969): The mechanism of pathogenicity of *Sirex noctilio* on *Pinus radiata* 2. Effects of *S. noctilio* mucus. – Austr. J. biol. Sci., Melbourne, 22: 1153–1161.

Crampton, G. C. (1919): The genitalia and terminal abdominal structures of males, and the terminal abdominal structures of the larvae of „Chalastogastrous" Hymenoptera. – Proc. ent. Soc. Wash., 21: 129–155.

– (1923): A phylogenetic comparison of the maxillae throughout the orders of insects. – J. New York ent. Soc., 31: 77–107.

Crozier, R. H. and E. F. Taschenberg (1972): Chromosome number polymorphismus in the sawfly *Janus integer* (Hymenoptera: Cephidae). – Psyche, Cambridge, 79: 116–119.

Curtis, J. (1845): Descriptions of the Nests of two Hymenopterous Insects Inhabiting Brazil, and of the Species by which they were Constructed. – Trans. Linn. Soc. London, 19: 249–259.

Dadswell, L. P., Abbott, W. D. and R. A. McKenzie (1985): The occurrence, cost and controll of sawfly larval (*Lophyrotoma interrupta*) poisoning of cattle in Queensland 1972–81. – Austr. Vet. J., Sidney/Melbourne, 62: 94–97.

Dalla Torre, C. G. de (1894): Catalogus Hymenopterorum. Vol. I.: Tenthredinidae incl. Uroceridae (Phyllophaga et Xylophaga). – Leipzig, 459 pp.

Dalla Torre, K. W. v. und H. Friese (1898): Die hermaphroditen und gynanchromorphen Hymenopteren. – Ber. naturw.-med. V. Innsbruck, 24: 1–96.

Dalla Torre, K. W. v. (1915): Parthogenesis im Tierreiche. – Arch. Sexualforschung, Heidelberg, 1: 73–196.

Demoll, R. (1909): Die Mundteile der Vespiden, Tenthrediniden und Uroceriden, sowie über einen Stiborezeptor der Uroceriden. – Ztsch. wiss. Zool., Leipzig, 92: 187–209.

Dias, B. F. (1975): Comportamento pré-social de Sinfitas do Brasil Central. I. *Themos olfersii* (KLUG) (Hymenoptera, Argidae). – Studia Ent., Petropolis, Brasilien, 18: 401–432.

– (1976): Comportamento pré-social de Sinfitas do Brasil Central. II. *Dielocerus diasi* Smith, 1975 (Hymenoptera, Argidae). – Studia Ent., Petropolis, Brasilien 19: 461–501.

Dittrich, R. (1924): Die Tenthredinidocecidien, durch Blattwespen verursachte Pflanzengallen und ihre Erzeuger. Zoologica, Stuttgart, 24 (61): 585–635.

Donaubauer, E. (1959): Über eine Mykose der Latenzlarve von *Cephaleia abietis* L. – Sydowia, Wien, 13: 183–222.

D'Rozario, A. M. (1940): On the mechanism of copulation in *Nematus ribesii* (SCOP.) (Hym.). – Proc. r. ent. Soc. London, Ser. A, 15: 69–77.

– (1942): On the development and homologies of the genitalia and their ducts in Hymenoptera. – Trans. r. ent. Soc. London, 92: 363–415.

Dusham, E. H. (1928): The larval wax glands of the dogwood sawfly (*Macremphytus varianus* NORTON). – Ann. ent. Soc. Amer., Columbus, 21: 92–96.

Eichhorn, O. (1977): Autökologische Untersuchungen an Populationen der gemeinen Kiefern-Buschhornblattwespe *Diprion pini* (L.) (Hym. Diprionidae) II. – Ztsch. ang. Ent., Berlin, 83: 15–36; 84: 264–282.

– (1979): Autökologische Untersuchungen an Populationen der gemeinen Kiefern-Buschhornblattwespe *Diprion pini* (L.) (Hymenoptera: Diprionidae) IV. – Ztsch. ang. Ent., Berlin, 88: 378–398.

– (1980): Autökologische Untersuchungen an Populationen der gemeinen Kiefern-Buschhornblattwespe *Diprion pini* (L.) (Hymenoptera: Diprionidae) V.-Ztsch. ang. Ent., Berlin, 89: 455–470.

– (1981): Autökologische Untersuchungen an Populationen der gemeinen Kiefern-Buschhornblattwespe *Diprion pini* (L.) (Hymenoptera: Diprionidae) VI. – Ztsch. ang. Ent., Berlin, 92: 252–285.

– (1982): Untersuchungen zur Ökologie der gemeinen Kiefern-Buschhornblattwespe *Diprion pini* (L.) (Hym., Diprionidae) VII. – Ztsch. ang. Ent., Berlin, 94: 271–300.

– (1988): Untersuchungen über die Fichtengespinstblattwespen *Cephalcia* spp. PANZ. (Hym., Pamphiliidae). – Ztsch. ang. Ent., Berlin, 105: 105–140.

Eidmann, H. (1962): Regelmäßigkeiten im Wachstum und die Bestimmung der Larvenstadien von Insekten. – Ent. Tidskr., Stockholm, 83: 153–171.

Eidmann, H. und F. Kühlhorn (1970): Lehrbuch der Entomologie. – Hamburg und Berlin, 633 pp.

Eisner, T., Johnessee, J. S., Carrel, J., Hendry L. B. and J. Meinswald (1974): Defensive use by an insect of a plant resin. – Science, Cambridge (Mass.), 184: 996–999.

Eliescu, G. (1932): Beiträge zur Kenntnis der Morphologie, Anatomie und Biologie von *Lophyrus pini* L. – Ztsch. ang. Ent., Berlin, 19: 22–67, 188–206.

Enderlein, G. (1920): Symphytologica I. Zur Kenntnis der Oryssiden und Tenthrediniden. – Sitzber. Ges. naturf. Fr. Berlin, Jg. 1919: 111–127.

Engelmann, F. (1970): The physiology of insect reproduction. – Oxford, New York, Toronto, 307 pp.

Enslin, E. (1909): Fleischfressende Blattwespen. – Ztsch. wiss. Insektenbiol., Neudamm, 5: 197–198.

– (1911): Zur Systematik der Chalastogastra (Hym.). – Dtsch. ent. Ztsch. Berlin: 434–439.

– (1912): Tenthredinidae von der Deutschen Zentralafrika-Expedition 1907–1908. – Wiss. Ergebn. Zentral-Afrika Expedition, Leipzig, 4 (2, IV): 53–56.

– (1912–18): Die Tenthredinoidea Mitteleuropas. – Beihefte dtsch. ent. Ztsch., Berlin, p. 1–790.

– (1913): Zoologische Ergebnisse der Expedition G. Tessmanns nach Süd-Kamerun und Spanisch-Guinea. Tenthredinoidea. – Mitt. zool. Mus. Berlin, 7: 101–114.

– (1914): Tenthredinoidea vom Belgischen Kongo gesammelt von Dr. J. Bequaert. – Rev. Zool. Afr., Brüssel, 3: 299–323.

– (1915): Beiträge zur Kenntnis der Tenthredinoidea II (Hym.). 3. Eine Syrphidenlarve als Feindin von Blattwespenlarven. – Ent. Mitt., Berlin, 4: 9–12.

Ermolenko, V. M. (1961): Zur Lebensgeschichte der Imago von *Sciapteryx consobrina* Klug (Hymenoptera, Tenthredinidae), die an *Ficaria verna* Huds.-Blüten frißt. – Arb. zool. Mus. Inst. Ukrain. Akad. Wiss., Kiev, 17: 96–98. (ukrain.).

Escherich, K. (1942): Hymenoptera (Hautflügler). – In: Die Forstinsekten Mitteleuropas. – Berlin, Bd. 5: 1–504.

Evans, J. W. (1934): Notes on the behaviour of the larval communities of *Perga dorsalis* LEACH (Hymenoptera, Tenthredinidae). – Trans. r. ent. Soc. London, 82: 455–460.

Farish, D. J. (1972): The evolutionary implications of qualitative variation in the grooming behaviour of the Hymenoptera (Insecta). – Anim. Behav., London, 20: 662–676.

Fenili, G. A. (1953): Schistomelia binaria in organo sensoriale di *Tenthredopsis romana* Konow (Hymenoptera – Tenthredinidae). – Redia, Firenze, 38: 361–367.

Fidalgo, P. and D. R. Smith (1987): A fossil Siricidae (Hymenoptera) from Argentina. – Ent. News, Philadelphia, 98: 63–66.

Forsius, R. (1919): Kleinere Beiträge zur Kenntnis der Tenthredinoiden – Eier I. – Medd. Soc. Fauna Flora fenn., Helsingfors, 45: 169–184.

Forsius, R. (1925): Wissenschaftliche Ergebnisse der schwedischen entomologischen Reise des Herrn Dr. A. Roman in Amazonas 1914–1915. II. Hymenoptera: Tenthredinoiden und Oryssiden. – Ark. Zool., Stockholm, 17A (Nr. 27): 1–27.

– (1927): On some new or little known African Tenthredinoidea. I–III. – Notulae ent., Helsingfors, 7: 43–50, 77–83, 97–105.

– (1931): Afrikas Tenthredinoidea och Oryssoidea. – Notulae ent., Helsingfors, 11: 142–147.

Francke-Grosmann, H. (1939): Beiträge zur Kenntnis der Beziehungen unserer Holzwespen zu Pilzen. – VII. int. Kong. Ent., Berlin, 1938, p. 1120–1137.

– (1953): Symphyta (Chalastogastra, Tenthredinoidea). Holz-, Halm- und Blattwespen (Sägewespen). – Handb. Pflanzenkrankheiten (Sorauer, P.), Berlin und Hamburg, Bd. V (2. Teil) 1. Lief.: 166–216.

– (1957): Über das Schicksal der Siricidenpilze während der Metamorphose. – Tagungsber. Wandervers. dtsch. Entomol., 8 (Nr. 11): 37–43.

– (1967): Ectosymbiosis in wood-inhabiting insects. – Symbiosis, London, Vol. 2: 141–205.

Fraser, R.D.B. and T.P. MacRae (1973): Conformation in fibrous proteins and related synthetic polypeptides. – New York and London, 628 pp.

Freymuth, E.K. (1870): *Pompholyx dimorpha* n. sp. eine neue ungeflügelte Tenthredinidae und über einige neue andere Arten dieser Familie aus Turkestan. – Izv. Obskch. Lynch. Estest. Antrop. Etnogr. im. mosk., 7: 213–225. (russ.).

Fritz, R.S. and J. Nobel (1989): Plant resistance, plant traits, and host plant choice of the leaf-folding sawfly on the arroyo willow. – Ecol. Entomol., London, 14: 393–401.

Frogatt, W.W. (1899): A new genus and species of sawfly. – Proc. Linn. Soc. N.S. Wales, Sydney, 24: 130–134.

– (1918): Notes on Australian sawflies (Tenthredinidae). – Proc. Linn. Soc. N.S. Wales, Sydney, 43: 668–672.

– (1923): Forest insects of Australia. – Sydney, VIII + 171 pp.

Fudalewicz-Niemczyk, W. and A. Petryszak (1967): The innervation and sense organs of the wings of *Acantholyda nemoralis* THOMS. (Hymenoptera, Pamphiliidae). – Acta biol. cracov., S. Zool., 10: 249–266.

Fulmek, L. (1962): Parasitinsekten der Blattminierer Europas. – Den Haag, 203 pp.

Galoux, A. (1952): La pullulation du Lophyre roux (*Neodiprion sertifer* GEOFFR.) dans la région spadoise (1948–1950). – Trav. Stat. Rech. Groenendal, C, 16: 1–31.

Gauss, R. (1962): Über Anomalien und Monstrositäten bei Insekten verschiedener Ordnungen. – Mitt. bad. Landesver. Naturk. u. Naturschutz, Freiburg, n.F., 8: 267–274.

Gennerich, J. (1922): Morphologische und biologische Untersuchungen der Putzapparate der Hymenopteren. – Arch. Naturgesch., Berlin, 88 (A'12): 1–63.

Georgis, R. and N.G.M. Hague (1981): A neoplectanid nematode in the larch sawfly *Cephalcia lariciphila* (Hymenoptera: Pamphiliidae). – Ann. appl. Biol., Cambridge, 99: 171–177.

Gerstaecker, A. (1867): Über die Gattung *Oxybelus* LATR. und die bei Berlin vorkommenden Arten derselben. – Ztsch. ges. Naturwissensch., Halle, 30: 1–96.

Geyer, K. (1912): Beitrag zur Kenntnis der Facettenaugen der Hymenopteren. – Zool. Anz., Leipzig, 39: 375–386.

Ghent, A.W. (1955): Oviposition behaviour of the Jackpine Sawfly, *Neodiprion americanus banksianae* ROH., as indicated by an analysis of eggclusters. – Canad. Ent., Ottawa, 87: 229–238.

– (1960): A study of the group-feeding behaviour of larvae of the Jack Pine Sawfly (*Neodiprion pratti banksianae* ROH.). – Behaviour, Leiden, 16: 110–148.

Gibson, G.A.P. (1985): Some pro- and mesothoracic structures important for phylogenetic analysis of Hymenoptera, with a review of terms used for the structures. – Canad. Ent., Ottawa, 117: 1395–1443.

Gobeil, A.R. (1941): La diapause chez les Tenthrèdes. – Canad. J. Res., Ottawa, D, 19: 363–416.

Gößwald, K. (1935): Physiologische Untersuchungen über die Einwirkung ökologischer Faktoren, besonders Temperatur und Luftfeuchtigkeit, auf die Entwicklung von *Diprion (Lophyrus) pini* L. zur Feststellung der Ursachen des Massenwechsels. – Ztsch. ang. Ent., Berlin, 22: 331–384.

Graham, S.A. (1929): The Larch Sawfly and Forestry. – Trans. IV. int. Congr. Ent. Ithaka: 401–407.

Greathead, D.J. (1976): A review of biological control in western and southern Europe. – Techn. Comm. Commonw. Inst. biol. Control., Farnham Royal, No. 7: 1–182.

Green, G.W. (1954a): The functions of the eyes and antennae in the orientation of adults of *Neodiprion lecontei* (FITCH). – Canad. Ent., Ottawa 86: 371–376.

– (1954b): Some laboratory investigations of the light reactions of the larvae of *Neodiprion americanus banksianae* ROH. and *N. lecontei* (FITCH) (Hym., Diprionidae). – Canad. Ent., Ottawa, 86: 207–222.

Gregoire, Ch. (1984): Haemolymph coagulation in insects and taxonomy. – Bull. Inst. r. Sci. nat. Belg. Ent., Bruxelles, 55 (12): 1–47.

Gressit, J.L. (1954): Insects of Micronesia. Introduction. – Insects of Micronesia, Honolulu, 1: I–IX, 1–257.

Grinfel'd, E.K. (1962): Origin and development of the apparatus for pollen collection in bees (Hymenoptera, Apoidea). – Entomol. Review, Wash, 41: 37–42.

Guiglia, D. (1937a): Il gen. *Oryssus* in Africa. – Annali Mus. civ. Stor. nat. Genova, 59: 411–419.

– (1937b): Alcune osservazione intorno al *Tremex hyalinatus* MOCSÁRY (Hymen. Phytophaga). – Annali Mus. civ. Stor. nat. Genova, 59: 433–437.

– (1954): Gli Orissidi d'Europa. – Annali Mus. civ. Stor. nat. Genova, 58: 1–20.

– (1965): Orussidae. – Hymenopterorum Catalogus, (n.e.), Pars 1: 1–18.

– (1973): Geographic distribution of the genus *Guiglia* BENSON (Hymenoptera: Orussidae). – J. austr. ent. Soc., Indooroopilly, 12: 239.

Gussakovskij, V.V. (1935): Insectes Hyménoptères. T. II, Vol. 1: Chalastogastra (P.1). – Faune de l'URSS, Moscou-Leningrad, 453 pp.

– (1947): Insectes Hyménoptères. Vol. II, No. 2: Chalastrogastra (P. 2). – Faune de l'URSS, Moscou-Leningrad, 235 pp.

Hallberg, E. (1979): The fine structure of the antennal sensilla of the Pine Saw Fly *Neodiprion sertifer* (Insecta: Hymenoptera). – Protoplasma, Leipzig, 101: 111–126.

– (1981): Johnston's organ in *Neodiprion sertifer* (Insecta: Hymenoptera). – J. Morphol., Philadelphia, 167: 305–312.

Hallberg, E. and J. Löfquist (1981): Morphology and ultrastructure of an intertergal pheromone gland in the abdomen of the pine sawfly *Neodiprion sertifer* (Insecta, Hymenoptera): a potential source of sex pheromones. – Canad. J. Zool., Ottawa, 59: 47–53.

Handlirsch, A. (1925): Palaeontologie. – In: ***Schröder, C.***, Handbuch der Entomologie, Jena, Bd. III: 117–306.

– (1934): Hymenoptera – Hautflügler. – In: Handbuch der Zoologie, Berlin, IV (2) 1: 895–1036.

– (1937): Neue Untersuchungen über die fossilen Insekten mit Ergänzungen und Nachträgen. – Ann. naturh. Mus. Wien, 48: 1–140.

Hanski, J. (1987): Pine sawfly population dynamics: Patterns, processes, problems. – Oikos, Copenhagen, 50: 327–335.

Hardy, J. E. (1939): Natural control of *Diprion similis*, HTG., in Poland during 1936. – Bull. ent. Res., London, 30: 237–246.

Hartig, T. (1860): Die Familien der Blattwespen und Holzwespen nebst einer allgemeinen Einleitung zur Naturgeschichte der Hymenopteren. – Berlin, 416 pp.

Harukawa, C. and S. Kondo (1930): Studies on the Rush Saw-Fly. IV. Effect of Temperature upon the Cocoon Period of the Rush Saw-Fly, *Tomostethus juncivorus* ROHWER. – Ber. Ohara Inst. landw. Forsch., Kuraschiki, 4: 295–313.

Hedicke, H. (1930): 16. Ordnung: Hautflügler, Hymenoptera. Symphyta. – Die Tierwelt Mitteleuropas, Leipzig, V (2. Teil): 1–75.

– (1938a): Sirecidae. – Hymenopterorum Catalogus. 's-Gravenhage, Pars 6: 1–32.

– (1938b): Xiphydriidae. – Hymenopterorum Catalogus. 's-Gravenhage, Pars 7: 1–17.

Heikertinger, F. (1920): Die Wespenmimikry oder Sphekoidie. – Verh.zool.-bot. Ges. Wien, 70: 316–385.

Heimpel, A. M. (1954): A strain of *Bacillus cereus* FR. & FR. pathogenic for the Larch Sawfly, *Pristiphora erichsonii* (HTG.). – Canad. Ent., Ottawa, 86: 73–77.

– (1955): The pH in the gut and blood of the larch sawfly, *Pristiphora erichsonii* (HTG.), and other insects with reference to the pathogenicity of *Bacillus cereus* FR. & FR. – Canad. J. Zool., Ottawa, 33: 99–106.

Hellrigl, K. (1984): *Orussus abietinus* SCOP. (Hymenoptera: Orussoidea) als Parasit der Larve des Wellenbockes *Semanotus undatus* L. (Col., Cerambycidae). – Anz. Schädlingskde, Berlin, 57: 97–98.

Henriksen, K. L. (1939): A revised index of the insects of Gronland containing a supplement to the insects list, in: ***Kai L. Henriksen & Will Lundbeck:*** Grønland landarthropoder. – Meddel. Grønland, Kobenhavn, 119 (10): 1–112.

Hering, E. M. (1950): Die Oligophagie phytophager Insekten als Hinweis auf eine Verwandtschaft der Rosaceae mit den Familien der Amentiferae. – Verh. VIII. int. Kongr. Ent., Stockholm: 74–79.

– (1955): Nahrungswahl phytophager Insekten. – Verh. dtsch. Ges. angew. Ent., Berlin, 13: 29–38.

– (1957): Bestimmungstabellen der Blattminen von Europa, einschließlich des Mittelmeerbeckens und der Kanarischen Inseln. – 's-Grevenhage, Bd. I + II, 1406 pp.

Heron, R. J. (1955): Studies on the starvation of last-instar larvae of the Larch Sawfly, *Pristiphora erichsonii* (HTG.) (Hymenoptera: Tenthredinidae). – Canad. Ent., Ottawa, 87: 417–427.

– (1967): Heat tolerance of last-instar larvae of the Larch Sawfly, Pristiphora erichsonii (Hymenoptera: Tenthredinidae). – Canad. Ent., Ottawa, 99: 1150–1156.

– (1968): Vital dyes as markers for behavioral and population studies of the Larch Sawfly, *Pristiphora erichsonii* (Hymenoptera: Tenthredinidae). – Canad. Ent., Ottawa, 100: 470–475.

Hill, D. S. (1983): Agricultural Insect Pests of the Tropics and their Control. – Cambridge, 752 pp.

– (1987): Agricultural insect pests of temperate regions and their control. – Cambridge, 659 pp.

Hinks, C. F. (1973): The neuroendocrine organs of larvae of *Neodiprion lecontei, N. swainei*, and *Diprion hercyniae* (Hymenoptera: Diprionidae). – Canad. Ent., Ottawa, 105: 725–731.

Hinton, H. E. (1981): Biology of insect eggs. – Oxford... Frankfurt, 3 volumes, 1125 pp.

Hinz, R. (1961): Über Blattwespenparasiten (Hym. und Dipt.). – Mitt. schweiz. ent. Ges., Schaffhausen, 34: 1–29.

Hobby, B. M. (1932): The prey of sawflies (Hym., Tenthredinidae). – Proc. ent. Soc. London, 7: 14–16.

Hograefe, T. (1984): Substrat-Stridulation bei den koloniebildenden Blattwespenlarven von *Hemichroa crocea* (GEOFFR.). (Hymenoptera: Tenthredinidae). – Zool. Anz., Leipzig, 213: 234–241.

Hussain, T. and N. Chata (1982): Mating behaviour and oviposition of *Athalia proxima* KLUG (Hymenoptera: Tenthredinidae). – Pakistan J. Zool., Lahore, 14: 117–118.

Hutchinson, J. (1959): The families of flowering plants. London, Vol. 1 + 2.

Juga, V. G. (1984): Remarques sur l'ovipositeur des Hyménoptères. – Trav. Mus. Hist. nat. „Grigore Antipa", Bucuresti, 25: 171–186.

Ivanova-Kasas, O. M. (1959): Die embryonale Entwicklung der Blattwespe *Pontania capreae* L. (Hymenoptera, Tenthredinidae). – Zool. Jb. Anat., Jena, 77: 193–228.

Ives, W. G. H. (1967): Relations between invertebrate predators and prey associated with Larch sawfly eggs and larvae on Tamarack. – Canad. Ent., Ottawa, 99: 607–622.

Iwata, K. (1958): The comparative anatomy of the ovary in Hymenoptera. Part II. Symphyta. – Mushi, Fukuoka, 31: 47–61.

– (1971): Evolution of instincts. Comparative ethology of Hymenoptera. – New Delhi, 535 pp.

Jahn, E. (1958): Insektenviren. – Leipzig, 200 pp.

– (1962): Beobachtungen zu einer Schlaffsuchterkrankung der Fichtengespinstblattwespe, *Lyda hypotrophica* HTG. (*Cephalcia abietis* L.) im Latenzstadium und während der Fraßperiode in den Kronen. – Anz. Schädlingskde, Berlin, 35: 99–102.

Jamieson, B. G. M. (1987): The ultrastructure and phylogeny of insect spermatozoa. – Cambridge–London–New York, 320 pp.

Janda, V. (1958): Gesamtstoffwechsel der Insekten. VII. Nahrungsverbrauch bei der Blattwespe *Trichiocampus viminalis* FALL. während der larvalen Entwicklung. – Acta Soc. zool. bohem., Praha, 22: 137–147.

– (1959): Gesamtstoffwechsel der Larven einiger Blattwespenarten (Hym., Tenthredinidae). – In: The ontogeny of insects, Praha, p. 190–194.

Jawlowksi, H. (1960): On the brain structure of the Symphyta (Hymenoptera). – Bull. Acad. pol. Sci., Warschau, Cl. II, 8: 265–268.

Jewett, D. N., Matsumara, F. and H. C. Coppel (1976): Sex pheromone specifity in the pine sawflies (Hym.,: Diprionidae): interchange of acid moieties in an ester. – Science, Wash., 192: 51–53.

Jörgensen, P. (1913): Las Tenthredinoidea (Hym.) de la Republica Argentina. – Anales Mus. nac. Hist. nat. Buenos Aires, 24: 247–288.

Jonsson, S., Bergstrom, G., Lanne, B. S. and U. Stendotter (1988): Defensive odor emission from larvae of two sawfly species, *Pristiphora erichsonii* and *Pristiphora wesmaeli*. – J. chem. Ecol., New York, 14: 713–722.

Kaestner, A. (1973): Ordnung Hymenoptera, Hautflügler, In: Lehrbuch der Speziellen Zoologie, Stuttgart, Bd. 1, 3. Teil, Insecta B: 575–589.

Kalandra, A. (1963): Beitrag zum Verlauf der Gradation der gemeinen Fichtengespinstblattwespe (*Cephalcia abietis* L.) im Forstrevier Sedlonov bei Nachod in den Jahren 1952–1960. – Lesnicky Casopis, Bratislava, 9: 15–22.

Kangas, E. (1937): Ein Fall von anormaler Fühlerbildung bei *Cimbex connata* SCHRK. (Hym., Tenthredinidae). – Ann. ent. fenn. Helsinki, 3: 150–153.

Kapuscinski, S. (1939): Beitrag zur Kenntnis der Parasiten von *Pseudoclavellaria amerinae* L. (Hym., Tenthred.). – Pol. Pismo ent., Wrocław, 12: 62–72. (poln.).

Kasparyan, D.R. (1988): The peculiarities of the parasite fauna of Hymenoptera Symphyta. – Entomol. Rev., Washington, 67: 57–65.

Keilbach, R. (1966): Die tierischen Schädlinge Mitteleuropas, mit kurzen Hinweisen auf ihre Bekämpfung. – Jena, 784 pp.

– (1982): Bibliographie und Liste tierischer Einschlüsse in fossilen Harzen sowie deren Aufbewahrungsorte. Teil 1. – Dtsch. ent. Ztsch., Berlin, n.F., 29: 129–286.

Keir, W. (1936): The mechanism and manner of action of the sawfly terebrae. – The Entomologist, London, 69: 25–31.

Kelner-Pillault, S. (1970): L'ambre balte et sa faune entomologique avec description de deux Apoides nouveaux. – Ann. Soc. ent. Fr., Paris, n.S., 6: 3–24.

Kenchington, W. (1969): Silk Secretion in Sawflies. – J. Morphol., Philadelphia, 127: 355–362.

Khalifa, A. (1949): Spermatophore production in Trichoptera and some other Insects. – Trans. r. ent. Soc. London, 100: 449–479.

Kiaer, H. (1898): Übersicht der phytophagen Hymenopteren des arktischen Norwegens. – Tromsø Mus. Aarshefter, 19: 14–111.

Kirby, W.F. (1882): List of Hymenoptera, with descriptions and figures of the typical specimens in the British Museum. Vol. I. Tenthredinidae and Siricidae. – London, 450 pp.

Klausnitzer, B. (1978): Hautflügler. In: ***Fritsche, R.***, Pflanzenschädlinge, Leipzig, Bd. 9: 1–212.

Klima, A. (1937a): Cephidae – Syntexidae. – Hymenopterorum Catalogus. – 's-Gravenhage, Pars 2: 1–53.

– (1937b): Pamphiliidae. – 's-Gravenhage, Pars 3: 1–84.

– (1937c): Xyelidae. – 's-Gravenhage, Pars 4: 1–12.

Klimetzek, D. (1976): Insektenvermehrungen und Sonnenflecken. – Forstw. Centralblatt, Berlin, 95: 226–238.

Klinkowski, M., Mühle, E. und E. Reinmuth (1968): Krankheiten und Schädlinge gärtnerischer Kulturpflanzen. – Berlin, 865 pp.

Kloiber, J. (1936): Abnormales Flügelgeäder von Tenthrediniden (Hym.). – Konowia, Wien, 15: 152–154.

Knerer, G. and C.E. Atwood (1973): Diprionid Sawflies: Polymorphism and Speciation. – Science, Washington, 179: 1090–1099.

Koch, F. (1985): Phänologische und ökologische Bemerkungen zur Symphytenfauna der küstennahen Landschaft. – Dtsch. ent. Ztsch., Berlin, 32: 251–263.

Königsmann, E. (1976): Das phylogenetische System der Hymenoptera. Teil 1: Einführung, Grundplanmerkmale, Schwestergruppe und Fossilfunde. – Dtsch. ent. Ztsch., Berlin, 23: 253–279.

– (1977): Das phylogenetische System der Hymenoptera. Teil 2: „Symphyta". – Dtsch.. ent. Ztsch., Berlin, 24: 1–40.

– (1980): Das System der Hymenoptera vom Standpunkt der phylogenetischen Systematik. In: ***Vent, W.*** „Beiträge zu Prinzipien und Problemen der Systematik". Berlin, p. 98–107.

Kofler, A. (1975): Eine teratologische Fühlerbildung bei *Urocerus gigas* (LINNÉ) (Insecta: Hymenoptera, Siricidae). – Ber. nat. med. V. Innsbruck, 62: 101–103.

Konow, F.W. (1890): Tenthredinidae Europas. – Dtsch. ent. Ztsch., Berlin, 1890: 225–240.

– (1897): Systematik der Hymenopteren. – Ent. Nachr., Berlin, 23: 148–156.

– (1901–08): Systematische Zusammenstellung der bisher bekannt gewordenen Chalastogastra (Hymenopterorum Subordo tertius) (Fam. I. Lydiae und II. Siricidae) (3. Fam. Tenthredinidae Knw.). – Ztsch. syst. Hym. Dipt., Teschendorf, 1: 33–48, 97–112, 161–176, 225–240, 289–304; 2: 49–64, 113–128, 257–272, 321–336; 3: 49–64, 113–128, 257–272, 321–336, 385–400; 4: 49–64, 113–128, 241–256, 353–368; 5: 33–64, 97–128, 177–200; 6: 249–264, 313–328, 377–392; 7: 193–208, 257–262, 417–432, 481–496; 8: 81–96, 177–192, 257–262, 417–432, 481–496; 9: 49–64, 113–128, 177–192 + 8 pp.

– (1905): Hymenoptera: Fam. Lydidae – Fam. Siricidae – Fam. Tenthredinidae. – P. Wytsman's Genera Insectorum, Brüssel, 27: 1–27, 28: 1–14; 29: 1–176.

– (1907): 8. Hymenoptera. 1. Tenthredinidae. – Sjöstedts Kilimandjaro-Meru Expedition. – Akad. Wiss. Uppsala, 2 (Nr. 8): 1–6.

– (1907): Über die Ausbeute der russischen Polar-Expedition an Blattwespen im arktischen Sibirien. – Mém. Acad. imp. Sci. St. Petersbourg, VIII, T. XVIII (3): 1–26.

– (1908): Über die Ausbeute der Expeditionen der kaiserlich-russischen geographischen Gesellschaft an Blattwespen aus Tibet 1893–1895 and 1899–1901. – Ann. Mus. zool. Acad. imp. Sci. St. Petersbourg, 13: 9–25.

Kontuniemi, T. (1951): Zur Kenntnis des Lebenszyklus der Sägewespen (Hymenoptera, Symphyta) in Finnland. – Acta ent. fenn., Helsinki, 9: 1–92.

– (1960): Die Futterpflanzen der Sägewespenlarven (Hymenoptera Symphyta) Finnlands. – Animalia Fennica, Helsinki, 9: 1–104.

Kopelke, J.-P. (1987): Die Rolle der Brutparasiten im Feindkomplex der gallenbildenden *Pontania*-Arten (Hymenoptera: Tenthredinidae: Nematinae). – Zool. Jb. Syst., Jena, 114: 487–508.

Korolkow, D.M. (1914): (Pests of Orchads). – Materials for the Study of the Injurious Insects of the Government of Moscow, Moscow, 5: 1–93 (russisch).

Kotte, W. (1958): Krankheiten und Schädlinge im Obstbau und ihre Bekämpfung. – 3. Auflage, Berlin u. Hamburg, 536 pp.

Kraatz, G. (1876): Ueber eine merkwürdige Monstrosität bei *Cimbex axillaris* (Hymenopt.). – Dtsch. ent. Ztschr., Berlin, 20: p. 377.

Kraemer, M.E., Coppel, H.C., Kikukawa, T., Matsumara, F., Thomas, H.A., Thomson, L.C. and K. Mori (1983): Field and elektroantennogram responses to sex phermone optical isomers by four fall-flying sawfly species (Hymenoptera: Diprionidae, *Neodiprion*). – Environm. Ent., College Park, Mol., 12: 1592–1596.

Kriechbaumer, J. (1884): Dr. Fr. Klug's gesammelte Aufsätze über Blattwespen. – Berlin, 300 pp.

Krieg, A. und J.M. Franz (1989): Lehrbuch der biologischen Schädlingsbekämpfung. – Berlin u. Hamburg, 304 pp.

Krieger, R.I., Gilbert, M.D. and C.F. Wilkinson (1970): Microsomal mixed-function oxidase activity in *Macremphytus varianus*. – J. econ. Ent., College Park, Md; 63: 1322–1323.

Kriegl, M. (1966): Zur Kenntnis der Parasitierung der Getreidehalmwespe *Cephus pygmaeus* L. (Hym., Cephidae) in Mitteleuropa. – Ztsch. ang. Ent., Berlin, 57: 221–228.

Kugler, H. (1970): Blütenökologie. – Stuttgart, 345 pp.

Kuhn, O. (1961): Die Tier- und Pflanzenwelt des Solnhofener Schiefers. – Geol. bavar., München, Nr. 48: 1–67.

Kuznetzov, N.N. (1927): Geographical distribution of Tenthredinoidea. – Proc. 2nd. Congr. Zool. Anat. Hist. USSR, Leningrad, 2: 40–42.

Kuznetzov-Ugamskij, N.N. (1930): Notice on *Cacosyndia dimorpha* FREYM. (Hymenoptera, Tenthredinidae). – Rev. russ. Ent., Leningrad, 24: 59–62.

Larsson, S. and O. Tenow (1979): Utilization of dry matter and bioelements in larvae of *Neodiprion sertifer* GEOFFR. (Hym., Diprionidae) feeding on Scots pine (Pinus sylvestris L.) – Oecologia, Berlin, 43: 157–172.

Lattin, G. de (1967): Grundriß der Zoogeographie. – Jena, 460 pp.

Le Pelley, R.H. (1959): Agricultural Insects of East Africa. – Nairobi, X + 307 pp.

L'Héllias, C. (1953): L'organe leucopoiétique des Tenthrèdes. – Bull. Soc. Zool. Fr., Paris, 78: 76–83.

Lindner, E. (1971): Der Massenwechsel. Zur Biologie einer Blattwespe und ihres Parasiten, einer Tachine. – Jh. Ges. Naturkunde Württemb., Stuttgart, 126: 339–342.

Löfqvist, J. (1986): Species specificity in response to pheromone substances in diprionid sawflies. In: ***Payne, T.L. et alii***, „Mechanisms in insect olfaction", Oxford, p. 123–129.

Löhner, L. (1920): Untersuchungen über den sog. Totstellreflex der Arthropoden. 2. Mitteilung. III. Über Tenthrediniden-Reflexe. – Arch. Ges. Physiol., Bonn, 180: 250–259.

Lorenz, H. und M. Kraus (1957): Die Larvalsystematik der Blattwespen (Tenthrediniodea und Megalodontoidea). – Abh. Larvalsystematik d. Insekten, Berlin, Nr. 1: 339 pp.

Lunderstädt, J. und G. Claus (1972): Zur Nahrungsqualität von Fichtennadeln für forstliche Schadinsekten. – Ztsch. ang. Ent., Berlin, 70: 386–403.

Maa, T. (1949): A synopsis of Asiatic Siricoidea with notes on certain exotic and fossil forms (Hymenoptera Symphyta). – Notes d'Entomol. chin. Mus. Heude, Changhai, 13 (2): 11–189.

MacGillivray, A.D. (1906): A study of the wings of the Tenthredinoidea. – Proc. U.S. nat. Mus., Washington, 29: 569–654.

MacLead, D.M. and A.M. Heimpel (1955): Fungal and bacterial pathogens of the Larch Sawfly. – Canad. Ent., Ottawa, 87: 128–131.

Malaise, R. (1931): Blattwespen aus Wladiwostok und anderen Teilen Ostasiens. – Ent. Tidskr., Stockholm, 51: 97–159.

– (1931): Insectfaunan inom Abisko Nationalpark. II. Studier under ledning av Yugve Sjödstedt. 5. Växtsteklar-Tenthredinidae. – K. svenska Vetensk. Skrifter Natur., Uppsala, 17: 54–68.

– (1931): Entomologische Ergebnisse der schwedischen Kamtschatka-Expedition 1920–1922. 35. Tenthredinidae. – Ark. Zool., Stockholm, 23 A (8): 1–68.

– (1935a): Schwedisch-chinesische wissenschaftliche Expedition nach den nordwestlichen Provinzen Chinas, unter Leitung von Dr. Sven Hedin und Prof. Sü Ping-Chang. 23. Hymenoptera. 1. Tenthredinoidea. – Ark. Zool., Stockholm, 27 A (9): 1–40.

– (1935b): New Genera of Tenthredinoidea and their Genotypes (Hymen). – Ent. Tidskr., Stockholm, 56: 160–178.

– (1937): A new insect-trap. – Ent. Tidskr., Stockholm, 58: 148–160.

– (1941): Gattungstabellen der Blattwespen (Hym. Tenth.) der Welt. I. Arginae. – Ent. Tidskr., Stockholm, 62: 131–140.

– (1944a): A new species of bipolar saw-fly genus (Hymen. Tenthr.). – Ark. Zool., Stockholm, 36 B (1): 1–5.

– (1944b): Entomological results from the Swedish expedition 1934 to Burma and British India. Hymenoptera: Tenthredinoidea. Collected by René Malaise. The Tenthredinoidea of South-Eastern Asia (part II). Subfamily Selandriinae. – Ark. Zool., Stockholm, 35 A (10): 1–58.

– (1945): Tenthredinoidea of South-Eastern Asia with a general zoogeographical review. – Opusc. ent., Lund, Suppl. 4: 1–288.

– (1949): The genera *Waldheimia, Probleta*, and other neotropical Tenthredinoidea (Hym.). – Ark. Zool., Stockholm, 42 A (9): 1–61.

– (1950): New entomological evidences of a former transpacific land-connection. – Proc. 8th int. Congr. Ent. 1948, Stockholm, 8: 434–437.

– (1963): Hymenoptera Tenthredinoidea. Subfamily Selandriinae. Key to the genera of the world. – Ent. Tidskr., Stockholm, 84: 159–215.

Mallach, N. (1936): Über Bau und Funktion der Cenchri am Tenthredinidenthorax. – Inaugural-Dissertation Univ. Berlin, 59 pp.

Malyshev, S.J. (1968): Genesis of the Hymenoptera and the phases of their evolution. – London, 319 pp.

Martelli, G.M. (1932): Notizia biologiche e morfologiche sull' *Athalia colibri* CHRIST e due suoi parassiti. – Boll. Lab. Zool. Portici, 26: 313–327.

Matsuda, R. (1957): Morphology of the head of a sawfly, Macrophya *pluricincta* NORTON (Hymenoptera, Tenthredinidae). – J. Kansas ent. Soc., Manhattan, 30: 99–108.

Maxwell, D.E. (1955): The comparative Internal Larval Anatomy of Sawflies (Hymenoptera: Symphyta). – Canad. Entomol., Ottawa, 87 (Suppl. 1): 1–132.

– (1958): Sawfly cytology with emphasis upon the Diprionidae (Hymenoptera: Symphyta). – Proc. 10th int. Congr. Entomol. (Montreal 1956), 2: 961–978.

McCalla, D.R., Genthe, M.K. and W. Hovanitz (1962): Chemical nature of an insect gall growth-factor. – Plant Physiol., Lancaster, 37: 98–103.

Merker, E. (1958): Die Schutzwirkung der Düngung im Walde gegen schädliche Insekten. – Der Forst- u. Holzwirt, Hannover, 13 (Nr. 16): 4 pp.

Merker, E. und K.G. Adlung (1956): Das Auffinden der Wirtspflanze durch fliegende Fichtenblattwespen. – Die Naturwissenschaften, Berlin, 43: p. 286.

Merker, E. und W. Niechziol (1957): Die Abhängigkeit der Massenvermehrung der Kleinen Fichtenblattwespe (*Lygaeonematus pini* RETZ.) vom Wasserhaushalt des Bodens. – Allg. Forstztsch., München, 12: 526–530.

Meyer, J. (1987): Plant galls and gall inducers. – Berlin – Stuttgart, 291 pp.

Meyer-Rochow, V.B. (1972): Verständigungsweisen bei koloniebildenden Blattwespen- und Käfer-Larven. – Ztsch. Tierpsychol., Berlin, 30: 451–455.

– (1974): Structure and function of the larval eye of the sawfly, *Perga*. – J. Insect. Physiol., Oxford, 20: 1565–1591.

Michel, B. (1985): Observation d'un cas de schistomélie antennaire chez *Tenthredopsis stigma* F. (Hym.: Tenthredinidae). – Entomologiste, Paris, 41: 241–242.

Michener, C.D. (1944): A comparative study of the appendages of the eigth and ninth abdominal segments of insects. – Ann. ent. Soc. Amer., Columbus, 37: 336–351.

Middlekauff, W.W. (1974): Larva of the wood-boring sawfly *Syntexis libocedrii* ROHWER (Hymenoptera: Syntexidae). – Pan. pac. Ent., San Francisco, 50: 288–290.

– (1983): A revision of the sawfly family Orussidae for North and Central America (Hymenoptera: Symphyta, Orussidae). – Univ. Calif. Publ., Berkeley, 101: 1–46.

Miles, H.W. (1931): Growth in the larvae of Tenthredinidae. – J. expor. Biol., Cambridge, 8: 355–364.

Móczár, L. és L. Zombori (1973): Levéldaràzs – Alkatúak I – Tenthredinoidea I. – Fauna hung., Budapest, 111: 1–128.

Morgan, F.D. (1968): Bionomics of Siricidae. – Ann. Rev. Ent., Stanford, 13: 239–256.

Morice, F.D. (1919): Notes on Australian sawflies, especially the „Authors Types" and other specimens in the British Museum of Natural History… – Trans. ent. Soc. London, 1918: 247–333.

Morris, R.F. (1951): The larval Elateridae of the Eastern spruce forests and their role in the natural control of *Gilpinia hercyniae* (HTG.) (Hymenoptera: Diprionidae). – Canad. Ent., Ottawa, 83: 133–147.

Morrow, P.A., Bellas, T.E. and T. Eisner (1976): *Eucalyptus* oils in the defensive oral discharge of Australian sawfly larvae (Hymenoptera: Pergidae). – Oecologia, Berlin, 24: 193–206.

Mrácek, Z. (1977): *Steinernema kraussei*, a parasite of the body cavity of the sawfly, *Cephaleia abietis*, in Czechoslovakia. – J. Inverteb. Pathol., New York, 30: 87–94.

– (1986): Nematodes and other factors controlling the sawfly, *Cephaleia abietis* (Pamphiliidae: Hymenoptera), in Czechoslovakia. – Forest Ecol. Management, Amsterdam, 15: 75–79.

Mrácek, Z. and K. Spitzer (1983): Interactions of the predators and parasitoids of the sawfly *Cephaleia abietis* (Pamphiliidae: Hymenoptera) with its nematode *Steinernema kraussei*. – J. Invertebr. Pathol., New York, 42: 397–399.

Mrácek, Z. and L. David (1986): Preliminary field control of *Cephalcia abietis* L. (Hymenoptera, Pamphilidae) larvae with steinernematid nematodes in Czechoslovakia. – Ztsch. ang. Ent., Berlin, 102: 260–263.

Muche, H. (1981): Die Cephidae der Erde (Hym., Cephidae). – Dtsch. ent. Ztsch., Berlin, n.F., 28: 239–295.

– (1986): Beitrag zur Blattwespenfauna von Queensland (Australien) (Hymenoptera, Symphyta, Pergidae). – Reichenbachia, Dresden, 23 (Nr. 27): 151–154.

Mühle, E. (1956): Die Krankheiten und Schädlinge der Arznei-, Gewürz- und Duftpflanzen. – Wiss. Abhandl., Berlin, Nr. 17: 1–305.

Mühle, E. (1971): Krankheiten und Schädlinge an Futtergräsern. – Leipzig, 420 pp.

Mühle, E. and T. Wetzel (1965): Untersuchungen über die an Futtergräsern auftretenden Blattwespenarten (Hymenoptera, Tenthredinidae). – Ztsch. ang. Ent., Berlin, 56: 289–299.

Muldrew, J.A. (1953): The natural immunity of the Larch Sawfly (*Pristiphora erichsonii* (HTG.)) to the introduced parasite *Mesoleius tenthredinis* Morley, in Manitoba and Sashatchevan. – Canad. J. Zool., Ottawa, 31: 313–332.

Naito, T. (1975): Phylogeny and distribution of five related genera, *Eriocampoidea, Hemitaxonus, Pseudohemitaxonus, Nipponorhynchus* and *Adelesta*, referred to the Selandriinae (Hymenoptera: Tenthredinidae). – Kontyu, Tokyo, 43: 330–342.

– (1982): Chromosome number differentiations in sawflies and its systematic implication (Hymenoptera, Tenthredinidae). – Kontyu, Tokyo, 50: 569–587.

– (1983): Genetic dimorphism of thorax color in the rose sawfly. – J. Heredity, Baltimore, 74: 469–472.

– (1988): Systematic position of the genus *Rocalia* (Hymenoptera, Tenthredinidae) feeding on fern spores, with description of a new species from Japan. – Kontyu, Tokyo, 56: 798–804.

Naumann, I.D. (1983): A new genus of Phylacteophaginae from Northern Australia with a key to the genera of the subfamily (Hymenoptera: Tenthredinoidea: Pergidae). – J. Aust. ent. Soc., Indooroopilly 22: 237–242.

– (1984): An apterous female sawfly (Hymenoptera: Symphyta) from Papua New Guinea. – Syst. Entomol., London, 9: 339–349.

Niechziol, W. (1958): Biologisch-ökologische Studien zur Kalamität der Kleinen Fichtenblattwespe (*Lygaeonematus pini* Retz.) im Mooswald bei Freiburg. – Dtsch. ent. Ztsch., Berlin n.F., 5: 98–179.

Niklas, O.F. (1955): Die Biologie von *Balamobius salicivorus* PAYK. als Inquiline von *Nematus-(Pontania)* Gallen an Weidenblättern. – Beitr. Ent., Berlin 5: 276–285.

– (1962a): Beobachtungen über Diapause und Virose an Laboratoriumszuchten der Fichtenblattwespen *Gilpinia polytoma* (HTG.) und *G. hercyniae* (HTG.) (Hymenoptera: Diprionidae). – Ztsch. ang. Zool., Berlin 49: 111–122.

– (1962b): Ein Gynandromorph von *Gilpinia hercyniae* (HARTIG) (Hymenoptera: Diprionidae). – Dtsch. ent. Ztsch., Berlin n.F., 9: 311–315.

Nilsson, L.A. (1981): The pollination ecology of *Listera ovata* (Orchidaceae). – Nord. J. Botany, Kopenhagen, 1: 461–480.

Nuorteva, M. und T. Kontuniemi (1972): Gynandromorphe Sägewespen (Hym., Symphyta). – Ann. ent. fenn., Helsinki, 38: 1–6.

Oelrichs, P.B., Macleod, J.K. and D.H. Williams (1983): Lophrotomin a new hepatotoxic octapeptide from sawfly larvae *Lophyrotoma interrupta*. – Toxicon, Oxford, Suppl. 3: 321–323.

Oeser, R. (1961): Vergleichend-morphologische Untersuchungen über den Ovipositor der Hymenopteren. – Mitt. zool. Mus. Berlin, 37: 3–119.

Ohnesorge, B. (1957a): Untersuchungen zur Populationsdynamik der Kleinen Fichtenblattwespe, *Pristiphora abietina* (CHRIST) (Hym. Tenthr.) I. – Ztsch. ang. Ent., Berlin, 40: 443–493.

– (1957b): Zur Prognose des Schadauftretens der Kleinen

Fichtenblattwespe *Pristiphora abietina* (Christ) – *Lygaeonematus abietinum* (HTG.). – Anz. Schädlingskde., Berlin 30: 116–121.

Ohnesorge B. und Thalenhorst, W. (1966): Untersuchungen über die Populationsdynamik der Kleinen Fichtenblattwespe, *Pristiphora abietina* (CHRIST) (Hym. Tenthr.) III. – Ztsch. ang. Ent., Berlin 57: 229–293.

Okutani, T. (1934): Keys to the Japanese genera of Symphyta in larval stage. – Sci. Rep. Hyogo Univ. Agric., S. agric. Biol., 6: 43–48.

– (1967a): Food-plants of Japanese Symphyta (I). – Jap. J. appl. Ent. Zool., Tokyo, 11: 43–49. (jap.)

– (1967b): Food-plants of Japanese Symphyta (II). – Jap. J. appl. Ent. Zool., Tokyo, 11: 90–99.

– (1970): Food-plants of Japanese Symphyta (III). – Jap. J. appl. Ent. Zool., Tokyo, 14: 25–28.

Ohmart, C.P., Thomas, I.R. and B. Bubela (1988): Surfactant-producing microorganisms isolated from the gut of a *Eucoclyptus*-feeding sawfly, *Perga affinis affinis*. – Vecologia, Berlin, 77: 140–142.

Olofsson, E. (1989): Transmission of the nuclear polyhedrosis virus of the European Pine Sawfly from adult to offspring. – J. Invertebr. Pathol., 54: 322–330.

Pape, H. (1964): Krankheiten und Schädlinge der Zierpflanzen und ihre Bekämpfung. – 5. Aufl., Berlin u. Hamburg, 637 pp.

Parker, H.L. (1934): Notes on the anatomy of Tenthredinid larvae, with special reference to the head. – Boll. Lab. Ent. gen. agr., Portici, 28: 159–191.

Parkin, E.A. (1942): Symbiosis and Siricid Woodwasps. – Ann. appl. Biol., Cambridge, 29: 268–274.

Pasteels, J. (1949a): Déterminisme du sexe et parthénogénèse chez les Hyménoptères. – Bull. Ann. Soc. r. ent. Belg., Bruxelles, 85: 1–8.

– (1949b): Tenthredinidae (Hymenoptera Tenthredinoidea). – Explor. Parc nat. Albert, Miss. F.G. de Witte, Bruxelles, 60: 105 pp.

– (1953): Prodromus d'une Faune des Tenthredinoidea (Hymenoptera) de l'Afrique noire. I. Argidae. – Mém. Soc. ent. Belg., Bruxelles, 26: 1–128.

– (1955): Prodromus d'une Faune des Tenthredinoidea de l'Afrique noire. II. Le genre *Distega* KONOW (Tenthredinidae, Blennocampinae). – Mém. Soc. ent. Belg., Bruxelles, 27: 384–412.

Paulian, R. (1961): La zoogéographie de Madagascar et des îles voisines. – Faune de Madagascar, Paris, 13: 1–485.

Peacock, A.D. (1924): On the males and an intersex-like specimen of the parthenogenetic saw-fly *Pristiphora pallipes* LEP. – Brit. J. exp., Biol., Edinburgh, 1: 391–412.

– (1938): Parthogenesis as illustrated in the late Dr. J.A. Rossum's experiments with *Pseudoclavellaria amerinae* L. (Hym. Tenthr.). – Tijdsch. Ent., s'Gravenhage, 81: 1–13.

Peacock, A.D. and R.A.R. Gresson (1931): Male haploidy and female diploidy in *Sirex cyaneus* F. (Hymen.). – Proc. r. Soc. Edinburgh, 51: 97–103.

Peacock, A.D. and A.R. Sanderson (1937): Maturation in the thelytokously parthogenetic Tenthredinidae. – Nature, London, 1: 240–241.

Percy, J.E., Blomquist, G.J. and J.A. Macdonald (1983): The waxsecreting glands of *Eriocampa ovata* L. (Hymenoptera: Tenthredinidae): ultrastructural observations and chemical composition of the wax. – Canad. J. Zool., Ottawa, 61: 1797–1804.

Petersen, A. (1967): Larvae of Insects. An introduction to Nearctic Species. Part I: Lepidoptera and Plant Infesting Hymenoptera. – Columbus, 6th edition, 315 pp.

Petersen, B. (1956): Hymenoptera. – In: The Zoology of Iceland, Copenhagen u. Reykjavik, 3: 1–176.

– (1960): Some observations on the mortality of *Pristiphora abietina* (CHRIST) and other spruce Nematini during the oviposition period, and on the effect of temperature of flight intensity. – Oikos, Copenhagen, 11: 72–79.

Pfugfelder, O. (1934): Bau und Entwicklung der Spinndrüse der Blattwespen. – Ztsch. wiss. Zool., Leipzig, 145: 261–282.

Porsch, O. (1966): Insekten als Blütenbesucher. – Ztsch. ang. Ent., Berlin, 57: 1–72.

Prebble, M.L. (1941): The diapause and related phenomena in *Gilpinia polytoma* (HARTIG). – Canad. J. Res., Ottawa, (D) 19: 295–346, 350–362, 417–454.

Price, P.W. and H. Pschorn-Walcher (1988): Are galling insects better protected against parasitoids than exposed feeders?: a test using tenthredinid sawflies. – Ecol. Entomol., Oxford, London, 13: 195–205.

Priesner, H. (1951): Über die Anpassung von Insekten an das Leben in der Wüste. – In: Hundert Jahre Bundesrealschule Linz (1851–1951), p. 63–75.

Prop, N. (1960): Protection against birds and parasites in some species of Tenthredinid larvae. – Arch. néerl. Zool., Leiden 13: 380–447.

Przibram, H. (1919): Regeneration beim Hautflügler *Cimbex axillaris* PANZ. – Arch. Entw. Mech. Org., Leipzig, 45: 69–81.

– (1924): Die Rolle der Dopa in den Kokonen gewisser Nachtfalter und Blattwespen mit Bemerkungen über die chemischen Orte der Melaninbildung. – Arch. mikrosk. Anat. Entwicklungsmech., Leipzig, 102: 624–634.

Pschorn-Walcher, H. (1969a): The host-specifity of Tachinidae (Diptera) attacking sawflies (Hymenoptera: Symphyta). – Techn. Bull. Commonw. Inst. biol. Control, Farnham Royal, 12: 29–36.

– (1969b): Die Wirtsspezifität der parasitischen Hymenopteren in ökologisch-phylogenetischer Betrachtung (unter bes. Ber. der Blattwespenparasiten). – Ber. Wandervers. dtsch. Ent., Berlin, 10: 55–63.

– (1973): Die Parasiten der gesellig lebenden Kiefern-Buschhornblattwespen (Familie Diprionidae) als Beispiel für Koexistenz und Konkurrenz in multiplen Parasit-Wirt-Komplexen. – Verh. dtsch. zool. Ges., Stuttgart, 66: 136–145.

– (1982): Unterord.: Symphyta, Pflanzenwespen (ohne Siricoidea). In: ***Schwenke, W.*** „Die Forstschädlinge Europas." Hamburg-Berlin, Bd. 4: 4–196, 232–234.

– (1985): Konkurrenz und Mannigfaltigkeit bei Parasitoiden. – Ztsch. zool. Syst. u. Evolutionsforsch. Frankfurt/M., 23: 286–298.

– (1988): Die Parasitenkomplexe europäischer Diprionidae in ökologisch-evolutionsbiologischer Sicht. – Ztsch. zool. Syst. Evolutionsforsch., Frankfurt/M., 26: 89–103.

Pschorn-Walcher, H. und K.D. Zinnert (1971): Zur Larvalsystematik, Verbreitung und Ökologie der europäischen Lärchen-Blattwespen. – Ztsch. ang. Ent., Berlin, 68: 345–366.

Pyenson, L. (1940): Notes on the biology of three Tenthredinid (Hym.) pests of the Guava. – Bull. ent. Res., London, 30: 467–469.

Quinlan, J. (1974): The nominal taxa described by R. B. Benson and their types, with a bibliography of his works (Hymenoptera). – Bull. brit. Mus. (Nat. Hist.) Ent., London, 30: 217–265.

Quinlan, J. and J.D. Gould (1981): Symphyta (except Tenthredinidae) Hymenoptera. – Handbook Identification British Insects, London VI (a): 1–67.

Rasnitsyn, A.P. (1964): (Neue Hautflügler aus der zentralasiatischen Trias). – Paleont. Z., Moskau, 1: 88–96. (russ)

– (1965): Notes on the biology, systematics and phylogeny of Xyelinae (Hymenoptera, Xyelidae). – Polskie Pismo ent., Wrocław, 35: 483–519.

– (1966): (Neue Xyelidae (Hymenoptera) aus dem Mesozoikum Asiens). – Paleont. Z., Moskau, 4: 69–85. (russ.)

– (1968): (Neue Blattwespenartige aus dem Mesozoikum (Hymenoptera, Symphyta)). – Jurskie nasekanye Karatau, Moskau, p. 190–236. (russ.)

– (1969): (Entstehung und Entwicklung der niederen Hautflügler). – Trudy paleont. Inst. Akad. Nauk SSSR, Leningrad, 123: 1–196. (russ.)

– (1971): (Evolution der Hautflügler der Familie Xyelidae). – Trudy paleont. Inst. Akad. Nauk SSSR, Leningrad, 130: 187–196. (russ.)

– (1977a): (A new family of sawflies (Hymenoptera, Tenthredinoidea, Electrotomidae) from Baltic amber). – Zool. Z., Moskau, 56: 1304–1308. (russ.)

– (1977b): (New Hymenoptera from the Jurassic and Cretaceaus of Asia). – Paleont. Z., Moskau, 1977 (3): 98–108. (russ.)

Rawlings, G.B. (1957): *Guiglia schauinslandi* (Ashemad) (Hym. Orussidae) a parasite of *Sirex noctilio* (FARBRICIUS) in New Zealand. – Entomologist, 90 (1125): 35–36.

Raymond, M.G. (1882): Observations sur l'organisation et les moeurs du *Nematus ribesii* Scopuli. – Ann. Soc. ent. Fr., Paris, Ser. 6, 2: 287–312.

Regas-Williams, K.A. and D.H. Habeck (1979): Life history of a poison-ivy sawfly *Arge humeralis* (BEAUVOIS) (Hymenoptera: Argidae). – Flor. Entomol., Gainesville, 62: 356–363.

Reier, I. (1938): Ein Beitrag zur Biologie, Prognose und Bekämpfung der kleinen Fichtenblattwespe (*Nematus abietum*) im ostpreußischen Fichtenwald. – Dtsch. Forstztg., Neudamm, 7: 974–975, 1025–1027.

Richards, W.O. (1927): Sexual selection and allied problems in the insects. – Biol. Reviews Cambridge phil. Soc, 2: 298–364.

– (1956): Hymenoptera. – Handb. Identif. Brit. Insects, London, 6 (1): 1–94.

Riggert, E. (1939): Untersuchungen über die Rübsenblattwespe *Athalia colibri* CHRIST(*A. spinarum* F.). – Ztsch. ang. Ent., Berlin, 26: 462–516.

Riek, E.F. (1955). Australian leaf-mining sawflies of the genus *Phylacteophaga* (Hymenoptera: Tenthredinidae). – Austral. J. Zool., Melbourne, 3: 95–98.

– (1970): Suborder Symphyta: In: The Insects of Australia. Melbourne, p. 887–892.

Riek, E.F. and J.C. Cardale (1974): Hymenoptera (Wasps, bees, ants). In: The Insects of Australia. Supplement 1974, Melbourne, p. 107–127.

Ries, D.T. (1926): A biological study of *Cephus pygmaeus* (LINNAEUS) the Wheat-stem Sawfly. – J. Agric. Res., Washington, 32: 277–295.

Roberts, F.H.S. (1932): The cattle-poisoning sawfly (*Pterygophorus analis* Costa). – Queensl. agric. J., Brisbane, 37: 41–52.

Rockstein, M. (1973/74): The Physiology of Insecta. – New York–London, vol. 1–6.

Rohdendorf, B.B. (1969): Paläontologie. – In: Handb. d. Zool., Berlin, IV. Arthropodea, 2. Hälfte Insecta 4 (2), 1/3: 1–27.

Rohwer, S.A. (1911): The genotypes of the sawflies and woodwasps, or the superfamily Tenthredinoidea. – Techn. Series U.S. Dep. Agric. Bur. Ent., Washington, 20: 69–109.

– (1912): Studies in the woodwasp superfamily Oryssoidea, with descriptions of new species. – Proc. U.S. nat. Mus., Washington, 43: 141–158.

– (1915a): A remarkable new species of Cephidae. – Proc. ent. Soc. Wash., 17: 114–117.

– (1915b): The mating habits of some sawflies. – Proc. ent. Soc. Wash., 17: 195–198.

Rohwer, S.A. and R.A. Cushman (1917): Idiogastra, a new suborder of Hymenoptera with notes on the immature stages of *Oryssus*. – Proc. ent. Soc. Wash., 19: 89–98.

Rose, H.A. (1987): Aldrian epoxidase activity and cytochrome p-450 content of sawfly larvae, *Pergagrapta polita* LEACH (Hymenoptera: Pergidae) feeding on two *Eucalyptus* species. – J. chem. Ecol., New York, 13: 123–131.

Ross, H. (1932): Praktikum der Gallenkunde (Cecidiologie). – Berlin, 312 pp.

Ross, H.H. (1933): The description and life history of a new sawfly, *Sterictophora apios* (Argidae: Hymen.). – Proc. ent. Soc. Wash., 35: 13–19.

– (1937): A generic classification of the Nearctic sawflies (Hymenoptera, Symphyta). – Ill. biol. Mongr., Urbana, 15: 1–173.

– (1945): Sawfly genitalia: Terminology and study techniques. – Entomol. News, Philadelphia, 56: 261–268.

– (1963): The ancestry and wing venation of the Hymenoptera. – Ann. ent. Soc. Amer., Columbus, 29: 99–111.

Rudall, K.M. and W. Kenchington (1971): Arthropod silks: The problem of fibrous proteins in animal tissues. – Ann. Rev. Ent., Stanford, 16: 73–96.

Saini, M.S. and S.S. Dhillon (1979a): Adaptional modifications of the first and second abdominal segments in order Hymenoptera. – J. Anim. Morph. Physiol., Baroda, 25: 44–53.

– (1979b): Comparative morphology of galea and lacinia in Hymenoptera. – Entomon, München, 4: 149–155.

– (1979c): Glossal and paraglossal transformation in order Hymenoptera. – Entomon, München, 4: 355–360.

– (1980): Transmutations of the mentum and the submentum in Hymenoptera. – J. Anim. Morph. Physiol., Baroda, 27: 18–28.

Saini, M.S. and D. Singh (1985): The gross external morphology of *Arge simlaensis* CAMERON (Hymenoptera: Argidae). – Dtsch. ent. Ztsch., Berlin, n.F., 32: 363–377.

Saini, M.S. and D. Singh (1987): Comparison of the telomeres and gonomaculae in the genitalia of nine families of Symphyta (Hymenoptera: Insecta). – Israel J. Ent., Tel Aviv, 21: 119–122.

Saini, M.S., Singh, D. and M. Kaur (1987): Induction of artificial parthenogenesis in *Athalia lugens proxima* (Hymenoptera: Tenthredinidae). – Entomol. gener., Stuttgart, 12: 171–176.

Saint-Hilaire, K. (1927): Histophysiologische Studien über die Spinndrüsen der Tenthredinidenlarven. – Ztsch. Zellforsch. mikr. Anat., Berlin, Heidelberg, 5: 449–494.

– (1931): Über Vorderdarmanhänge bei *Lophyrus*-Larven und ihre Bedeutung. – Ztsch. Morph. Ökol. Tiere, Berlin, 21: 608–616.

Salt, G. (1987): Insects and other invertebrate animals collected at high altitudes in the Ruwenzori and on Mount Kenya. – Afr. J. Ecol., Oxford, 25: 95–106.

Sanderson, A.R. (1933): The cytology of parthogenesis in Tenthredinidae. – Genetica, The Hague, 14: 321–451.

– (1970): Further studies on the cytology of sawflies. – Proc. r. Soc. Edinburgh, Sect. B, 71 (No. 3): 29–40.

Saringer, G. (1988): Food consumption by *Athalia glabricollis* Thomson (Hymen., Tenthredinidae) larvae in various photoperiods. – J. appl. Ent., Hamburg, Berlin, 106: 473–482.

Sawa, M., Fukunaga, A. and K. Oishi (1989): Studies on the Sawfly, *Athalia rosae* (Insecta, Hymenoptera, Tenthredinidae), I. General Biology. – Zool. Sci., Tokyo, 6: 541–547.

Sawa, M. and K. Oishi (1989a): Studies on the Sawfly, *Athalia rosae* (Insecta, Hymenoptera, Tenthredinidae), II. Experimental Activation of Mature Unfertilized Eggs. – Zool. Sci., Tokyo, 6: 549–556.

Sawa, M. and K. Oishi (1989b): Studies on the Sawfly, *Athalia rosae* (Insecta, Hymenoptera, Tenthredinidae), III. Fertilization by Sperm Injection. – Zool. Sci., Tokyo, 6: 557–563.

Schedl, K.E. (1934): Statistische Untersuchungen über Kopfkapselbreiten bei Blattwespen. – Ztsch. ang. Ent., Berlin, 20: 449–460.

– (1938): Zur Blattwespen-Prognose. – Mitt. Forstw. Forstwiss., Hannover, 9: 192–241.

– (1939a): Blattwespenkokongröße und Fruchtbarkeit der schlüpfenden Weibchen. – Anz. Schädlingskde, Berlin, 15: 25–29.

– (1939b): Die Populationsdynamik einiger kanadischer Blattwespen. – VII. int. Kongr. Ent., Berlin, 1938, p. 2052–2104.

– (1953): Die kleine Fichtenblattwespe (*Lygaeonematus pini* Retz). – Wien-Mariabrunn, 140 pp.

Schedl, W. (1974): Erster Nachweis der Farnblattwespe *Blasticotoma filiceti* Klug, 1874, in Österreich (Hymenoptera: Blasticotomidae). – Ztsch. Arbeitsgem. österr. Ent., Wien, 25: 114–117.

– (1976): Untersuchungen an Pflanzenwespen (Hymenoptera: Symphyta) in der subalpinen bis alpinen Stufe der zentralen Ötztaler Alpen (Tirol, Österreich). – Veröff. Univ. Innsbruck, alp.-biol. Studien, 8: 1–85.

– (1978): Die Xyelidae Europas. – Ber. nat.-med. V. Innsbruck, 65: 97–115.

– (1979): Die bisher bekannt gewordenen Symphyta (Hymenoptera) der Kanarischen Inseln. – Nachr. bl. bay. Ent., München, 28: 123–127.

– (1981a): Rasterelektronenoptische Untersuchungen zur Feinstruktur von Symphyten-Kokons (Hymenoptera). – Mitt. dtsch. Ges. allg. angew. Ent., Bremen, 3: 250–254.

– (1981b): Die Pflanzenwespen der Insel Kreta (Insecta: Hymenoptera, Symphyta). – Ber. nat.-med. V. Innsbruck, 68: 145–157.

– (1981c): Imenotteri Sinfiti. – In: Grande Enciclopedia illustrata degli Animali, Milano, Invertibrati 3: 55–58.

– (1983): Die Pflanzenwespen-Fauna von Tunesien (Hym., Symphyta). – Mitt. schweiz. ent. Ges., Schaffhausen, 65: 405–417.

– (1985): Bemerkenswerte Nachweise von Pflanzenwespen aus der Mediterraneis (Insecta: Hymenoptera, Symphyta). – Ber. nat.-med. V. Innsbruck, 72: 189–198.

– (1987): Die Pflanzenwespen der Balearen: faunistisch-tiergeographische und ökologische Aspekte (Insecta: Hymenoptera, Symphyta). – Mitt. schweiz. ent. Ges., Schaffhausen, 60: 121–132.

Schedl, W. und J. Klima (1980): Rasterelektronenoptische Untersuchungen zur Feinstruktur von Blattwespen-Kokons (Hymenoptera: Symphyta). – Ztsch. ang. Ent., Berlin, 89: 34–42.

Schedl, W. und M. Kraus (1988): Die Pflanzenwespen von Zypern: faunistisch-tiergeographische Ergebnisse (Insecta: Hymenoptera, Symphyta). – Ber. nat.-med. V. Innsbruck, 75: 213–226.

Scheibelreiter, G. (1973): Die Tenthrediniden der Rose (*Rosa* spec.). – Ztsch. ang. Ent., Berlin-Dahlem, 72: 225–259.

Schimitschek, E. (1962): Über Zusammenänge zwischen Massenvermehrungen von *Evetria buoliana* und *Diprion sertifer* und den Boden- und Grundwasserverhältnissen. – Anz. Schädlingskde, Berlin, 35: 162–165.

– (1974): Beiträge zur Ökologie von Nadelbaum- und Laubbaum-Holzwespen (Hymenoptera, Siricidae). – Ztsch. ang. Ent., Berlin-Dahlem, 75: 225–247.

Schmieder, R.G. (1928): Observations on the fat-body in Hymenoptera. – J. Morphol., Philadelphia, 45: 121–185.

Schönherr, J., Weik, T., Langguter, C. und T. Reulecke (1979): Factors influencing the female sex attractivness in pine sawflies *Diprion pini* and *Neodiprion sertifer* (Hym., Diprionidae). – Mitt. schweiz. ent. Ges., Schaffhausen, 52: 217–222.

Scholtz, C.H. and E. Holm (1985): Insects of Southern Africa. – Durban, 502 pp.

Schreiner, I., Nafus, N. and D. Pimentel (1984): Effects of cyanogenesis in braken fern (*Pteridium aquilinum*) on associated insects. – Ecol. Entomol., Oxford, London, 9: 69–79.

Schrott, A. (1986): Vergleichende Morphologie und Ultrastruktur des Cenchrus-Dornenfeldapparates bei Pflanzenwespen (Insecta: Hymenoptera, Symphyta). – Ber. nat.-med. V. Innsbruck, 73: 159–168.

Schwenke, W. (1960): Über die Wirkung der Walddüngung auf die Massenvermehrung der Kiefernbuschhornblattwespe (*Diprion pini* L.) 1959 in Mittelfranken und die hieraus ableitbaren gradologischen Folgerungen. – Ztsch. ang. Ent., Berlin-Dahlem, 46: 371–378.

– (1964): Erfolgreiche Versuche zur biologischen Bekämpfung der Forstschädlinge *Diprion pini* L. (Hymen., Tenthr.) und *Panolis flammea* Schiff. (Lepid., Noct.) vermittels Chalcididen (Hymen.). – Ztsch. ang. Ent., Berlin-Dahlem, 53: 179–186.

Schwertfeger, F. (1936): Zur Kenntnis der Roten Kiefernbuschhornblattwespe, *Diprion sertifer* Geoffr. (*Lophyrus rufus* Panz). – Ztsch. Pflanzenkrankh., Stuttgart, 46: 513–534.

– (1963): Ökologie der Tiere. Autökologie. – Hamburg und Berlin, 461 pp.

– (1968): Ökologie der Tiere. Demökologie. – Hamburg und Berlin, 448 pp.

– (1970): Untersuchungen über die Wirkung von Ameisen-Ansiedlungen auf die Dichte der Kleinen Fichtenblattwespe. – Ztsch. ang. Ent., Berlin-Dahlem, 66: 187–206.

– (1975): Ökologie der Tiere. Synökologie. – Hamburg und Berlin, 451 pp.

– (1978): Lehrbuch der Tierökologie. – Pareys Studientexte, Berlin, Hamburg, 42: 1–384.

Severin, H.H.P. and H.C.M. Severin (1908): The internal organs of reproduction of the male saw-fly, *Cimbex americana* LEACH. – Ann. ent. Soc. Amer., Columbus, 1: 196–204.

Severin, H.C. and H.H.P. Severin (1908): Anatomical and histological studies of the female reproductive organs of the American saw-fly, *Cimbex americana,* LEACH. – Ann. ent. Soc. Amer., Columbus, 1: 87–100.

– (1914): Anatomical and histological studies of the digestive canal of *Cimbex americana* LEACH. – Trans. Wisc. Acad. Sci. Arts Lett., Madison, 16: 38–60.

Seymour, R.S. (1974): Convective and evaporate cooling in sawfly larvae. – J. Insect. Physiol., Oxford, 20: 2447–2457.

Shafia, S.A. (1954): A study of the embryonic development of the Gooseberry Sawfly, *Pteronidea ribesi.* – Quat. J. microsc. Sci., London, 95: 93–114.

Sichel, O. (1862): Observations hyménoptèrologiques. I. Sur l'*Hylotoma formosa.* – Ann. Soc. ent. Fr., Paris, 10: 119–122.

Shinohara, A. (1983): Discovery of the families Xyelidae, Pamphiliidae, Blasticotomidae, and Orussidae from Taiwan. – Proc. ent. Soc. Wash., 85: 309–320.

– (1986): A new apterous sawfly from Sulawesi, Indonesia (Hymenoptera: Pergidae; Perreyiinae), and the pleural origin of the ventral region of sawfly mesothorax. – Syst. Entomol., London, 11: 247–253.

Simpson, R.F. (1976): Bioassay of pine oil components as attractants for *Sirex noctilio* (Hymenoptera: Siricidae) using electroantennogram techniques. – Ent. ex. app., Amsterdam, 19: 11–18.

Simandl, J. (1989): Seasonal changes in the synusia of pine sawflies (Hym., Diprionidae) during the latency. – Ztsch. ang. Ent., Berlin-Dahlem, 108: 217–226.

Simpson, R.F. and R.M. McQuilkin (1976): Identification of volatiles from felled *Pinus raddiata* and the electroantennograms they elicit from *Sirex noctilio* (Hym., Siricidae). – Ent. ex. app., Amsterdam, 19: 205–213.

Skatula, U. (1975): Über die Wirkung des Entwicklungshemmers Dimilin auf Forstinsekten. – Anz. Schädlingskde., Berlin, 48: 145–147.

– (1989): Eine Methode zur erfolgreichen Bekämpfung der kleinen Fichtenblattwespe, *Pristiphora abietina* (Christ) (Hym., Tenthredinidae). – ibidem, 62: 156–157.

Sláma, K. (1957): (Gesamtstoffwechsel der Insekten V. Wachstum und Sauerstoffverbrauch während der Postembryonalentwicklung bei der Blattwespe *Athalia colibri* Christ). – Acta Soc. zool. bohemoslov., 21: 289–299 (tschechisch).

– (1959): (Total metabolism during the larval development in sawflies (Hym., Tenthredinoidea)). – Acta Soc. ent. Cech., 56: 113–125 (tschechisch).

– (1960): Continuous respiration in diapause prepupae and pupae of certain sawflies. – Acta Symp. Evol. Ins., Prag, 1959: 195–201.

– (1964): Physiology of sawfly metamorphosis. 2. Hormonal activity during diapause and development. – Acta Soc. ent. Cech., 61: 210–219.

Slepyan, E.I. (1962): The influence of *Pontania proxima* (LEPEL.) (Tenthredinidae) on growth of the leaf blade in *Salix fragilis* L., ... – Mosk. Dokl. Akad. Nauk SSSR, biol. Sci., 147: 1234–1237.

Slepyan, E.I. and N.I. Gabaraeva (1976): Morphology of the tracheal system of the larvae of sawfly *Pontania proxima* (LEPEL.) (Hymenoptera, Tenthredinidae) with special reference to their mode of life. – Entomol. Review, Washington, 55 (3): 30–36.

– (1978): Morphological and histological features of the Malpighian tubes and salivary glands of *Pontania proxima* larvae (Hymenoptera, Tenthredinidae) in connection with their mode of life. – Entomol. Rev., Washington, 57: 333–338.

Smirnoff, W.A. and B.J. Philogène (1968): The accumulation of uric acid in the fat body of sawflies and its detection. – Canad. Ent., Ottawa, 100: 69–74.

Smith, D.R. (1967): A review of the larvae of Xyelidae, with notes on the family classification. – Ann. ent. Soc. Amer., Columbus, 60: 376–384.

– (1969a): Key to the genera of Nearctic Argidae (Hymenoptera) with revisions of the genera *Atomacera* SAY and *Sterictiphora* BILLBERG. – Trans. am. ent. Soc., Philadelphia, 95: 439–457.

– (1969b): Nearctic sawflies. I. Blennocampinae: adults and larvae (Hymenoptera: Tenthredinidae). – Techn. Bull. Res. Serv. U.S. Dep. Agric., Washington, No. 1397: 1–179.

– (1969c): Nearctic sawflies. II: Selandriinae: adults (Hymenoptera: Tenthredinidae). – Techn. Bull. Res. Serv. U.S. Dep. Agric., Washington, No. 1398: 1–48.

– (1969d): Symphyta of the West Indies, including those collected during the Bredin-Archibold-Smithsonian biological survey of Dominica (Hymenoptera). – Proc. ent. Soc. Wash., 71: 540–543.

– (1971): Nearctic sawflies. III. Heterarthrinae: Adults and Larvae (Hymenoptera: Tenthredinidae). – Techn. Bull. Res. Serv. U.S. Dep. Agric., Washington, No. 1420: 1–84.

– (1973a): Sawflies of the subfamily Heterarthrinae in South America (Hymenoptera: Tenthredinidae). – Proc. ent. Soc. Wash., 75: 337–345.

– (1973b): Sawflies of Chile: A new genus and species and key to genera of Tenthredinidae (Hymenoptera: Symphyta). – Proc. ent. Soc. Wash., 75: 402–408.

– (1974a): *Azalea* sawflies and a new species of *Nematus* PANZER (Hymenoptera: Symphyta). – Proc. ent. Soc. Wash., 76: 204–207.

– (1974b): Conifer sawflies, Diprionidae: Key to North American genera, checklist of world species, and new species from Mexico (Hymenoptera). – Proc. ent. Soc. Wash., 76: 409–418.

– (1978): Suborder Symphyta (Xyelidae, P...). – In: Hymenopterorum Catalogus (nova edition), the Hague, pars 14: 1–193.

– (1979a): Nearctic sawflies. IV. Allantinae: adults and larvae (Hymenoptera: Tenthredinidae). – Techn. Bull. Res. Serv. U.S. Dep. Agric., Washington, No. 1595: 1–172.

– (1979b): Suborder Symphyta. – In: Catalog of Hymenoptera in America North of Mexico. Washington, v. 1: 3–137.

– (1980a): Pergidae (Hymenoptera) from New Guinea and Australia in the Bishop Museum. – Pacific Insects, Honolulu, 32: 329–346.

– (1980b): Identification of the *Acordulecera* „Potato" sawflies of Peru and Bolivia, with descriptions of these and related species from South America (Hymenoptera: Pergidae). – J. Wash. Acad. Sci., 70: 89–103.

– (1988): A synopsis of the sawflies (Hymenoptera: Symphyta) of America south of the USA: Introduction, Xyelidae, Pamphiliidae, Cimbicidae, Diprionidae, Xiphydriidae, Siricidae, Orussidae, Cephidae. – System. Entomol., London, 13: 205–261.

Smith, D.R. and J. Adis (1984): Notes on the systematics and natural history of *Dielocerus fasciatus* (Enderlein) and key to species of the genus (Hymenoptera: Argidae): – Proc. ent. Soc. Wash., 86: 720–721.

Smith, D.R. and E.M. Barrows (1987): Sawflies (Hymenoptera: Symphyta) in urban environments in the Washington D.C. Area. – Proc. ent. Soc. Wash., 89: 147–156.

Smith, D.R., Ohmart, C.P. and D.L. Dahlsten (1977): The fir shoot-boring sawflies of the genus *Pleroneura* in North America (Hymenoptera: Xyelidae). – Ann. ent. Soc. Amer., Columbus, 70: 761–767.

Smith, E.L. (1970): Hymenoptera. – In: Tuxen, S.L.P.: Glossary taxonomist's genitalia in insects. 2. rev. and enl. edition, Copenhagen: 156–170.

Smith, St.G. (1955): Cytogenesis of obligatory parthogenesis. – Canad. Ent., Ottawa, 87: 131–135.

– (1960): Cytogenetics in insects. – Ann. Rev. Entomol., Stanford, 5: 69–84.

Smith, St.G. and D.R. Wallace (1971): Allelic sex-determination in a lower hymenopteron, *Neodiprion nigroscutum* Midd. (Diprionidae). – Can. J. Genet. Cytol., Ottawa, 13: 617–621.

Snodgrass, R.E. (1910): The thorax of the Hymenoptera. – Proc. U.S. nat. Mus., Washington, 39: 37–91.

– (1933): Morphology of the insect abdomen. Part I. – Smithson. misc. Coll., Washington, 85 (8): 1–148.

– (1941): The male genitalia of Hymenoptera. – Smithson. misc. Coll., Washington, 99 (14): 1–86.

Spahr, N. (1987): Ergänzungen und Berichtigungen zu R. KEILBACHS Bibliographie und Liste der Bernsteinfossilien – Ordnung Hymenoptera. – Stuttg. Beitr. Naturk., Ser. B, Nr. 127: 1–121.

Spradbery, J.P. (1973): A comparative study of the phytotoxic affects of siricid woodwasps on conifers. – Ann. appl. Biol., Cambridge, 75: 309–320.

Spradbery, J.P. and A.A. Kirk (1978): Aspects of the ecology of siricid woodwasps (Hymenoptera: Siricidae) in Europe, North Africa and Turkey with special reference to the biological control of *Sirex noctilio* F. in Australia. – Bull. ent. Res., London, 68: 341–359.

Steinhaus, E.A. (1963): Insect pathology. An advanced treatise, I., II., – New York, 661 + 639 pp.

Stellwaag, F. (1928): Die Weinbauinsekten der Kulturländer. – Berlin, 884 pp.

Stoddart, D.R. (1984): Biogeography and ecology of the Seychelles Islands. – Monogr. biol., Dordrecht u.a., 55: 691 pp.

Stroganova, V.K. (1968): Horntails of Siberia. – Novosibirsk, 147 pp.

– (1974): The method of rearing of Symphyta (Hymenoptera). In: ***Kolomietz, N.G.*** The fauna and ecology of insects from Siberia; Novosibirsk: 14–19.

Strubble, G.R. (1957): Biology and control of the White-Fir Sawfly. – Forest Science, Sofia, 3: 306–313.

Suomalainen, E., Saura, A. and J. Lokki (1987): Cytology and Evolution in Parthenogenesis. – Boca Raton, XII + 216 pp.

Taeger, A. (1985): Zur Systematik der Blattwespengattung *Tenthredo* (s. str.) L. (Hymenoptera, Symphyta, Tenthredinidae). – Entomol. Abh., Dresden, 48: 83–148.

Tait, N.N. (1962): The anatomy of the sawfly *Perga affinis affinis* Kirby (Hymenoptera: Symphyta). – Austr. J. Zool., Melbourne, 10: 652–683.

Takeuchi, K. (1938): A systematic study of the suborder Symphyta (Hymenoptera) of the Japanese Empire (I). – Tenthredo, Kyoto, 2: 137–229.

– (1949): A list of the food-plants of Japanese sawflies. – Trans. Kansai ent. Soc., Nishinomiya, 14: 47–50.

– (1952): A generic classification of the Japanese Tenthredinidae (Hymenoptera: Symphyta). – Kyoto, 90 pp.

Takeuchi, K. and M. Tokunaga (1941): Morphological study of head and mouth-parts of a remarkable saw-fly, *Nipponorhynchus mirabilis* Takeuchi. – Tenthredo, Kyoto, 3: 275–291.

Taschler-Tavčar, N. (1989): Morphologie, Anatomie und Bedeutung der labialen Grubenorgane von 4 Familien der Symphyta (Siricidae, Xiphydriidae, Anaxyelidae and Cephidae) (Insecta: Hymenoptera, Symphyta). – Diss. Inst. f. Zool. Univ. Innsbruck, 110 pp.

Tavčar, N. (1986): Blütenbesuch bei Pflanzenwespen und dessen funktionsmorphologische Grundlagen (Insecta: Hymenoptera, Symphyta). – Diplomarbeit Inst. f. Zool. Univ. Innsbruck, 152 pp.

Taylor, E.B. (1931): The morphology of the Tenthredinid Head. – Proc. r. phys. Soc. Edinburgh, 22: 41–70.

Terra, W.R. (1990): Evolution of digestive systems in insects. – Annu. Rev. Ent., Stanford, 35: 181–200.

Thalenhorst, W. (1942): Der Zusammenbruch einer Massenvermehrung von *Diprion pini* L. und seine Ursachen. – Ztsch. ang. Ent., Berlin, 29: 367–411.

– (1952): Mit dem Hubschrauber gegen Forstschädlinge. – Orion, München, 7: 371–372.

– (1953): Das „Überliegen" bei Insekten. – Naturw. Rundschau, Braunschweig, 6: 241–244.

– (1955a): Zur Kenntnis der Temperatur-Entwicklungs-Relation der Kleinen Fichtenblattwespe *Pristiphora abietina* Christ. – Nachrbl. dtsch. Pflanzenschutzdienstes, Berlin, 7: 199–201.

– (1955b): Zur Kenntnis der Fichten-Blattwespen. III. Die Apparenzen der Diprionini. – Ztsch. Pflanzenkrankh., Stuttgart, 62: 353–361.

– (1958): Vergleichende Untersuchungen über den Massenwechsel der Fichten-Nematinen. – Verh. dtsch. Ges. ang. Ent., Göttingen 1957, 14: 95–109.

– (1961): Phänologische Labilität bei Fichten-Buschhornblattwespen (Hymenoptera, Diprionidae) und ihr Einfluß auf den Massenwechsel. – Int. Kongr. Ent., Wien 1960, II (2): 159–163.

– (1966): Zur Kenntnis der Fichtenblattwespen. VII. Das Geschlechtsverhältnis. – Ztsch. Pflanzenkrankh., Stuttgart, 73: 57–69.

– (1968): Zur Kenntnis der Fichtenblattwespen. VIII. Eizahl und Eiablage. – Ztsch. Pflanzenkrankh., Stuttgart, 75: 338–350.

– (1973): Zur Kenntnis der Fichtenblattwespen. IX: Die Temperatur-Entwicklungsfunktion von Ei und Larve. – Ztsch. Pflanzenkrankh., Stuttgart, 80: 133–147.

Thamsborg, S. M. et alii (1985): Possible poisoning of sheep on pasture (birch sawfly larvae, *Arge pullata*). – Dansk. Veterinaertidskrift, Kopenhagen, 68: 807–808.

Thielmann, K. (1939): Die Nematiden der Lärche, eine bionomisch, ökologisch forstwirtschaftliche Untersuchung. – Ztsch. ang. Ent., Berlin, 25: 170–214.

Thomas, H. A., Ghent, J. H. and C. G. Stone (1982): Use of pheromone traps as a new technique in a large-scale survey of the introduced Pine Sawfly (Hymenoptera: Diprionidae). – Bull. ent. Soc. Amer., Baltimore, 28: 303–304.

Thomson, C. G. (1871): Hymenoptera Scandinaviae. – Tom. 1, Lundae, 342 pp.

Thor, S. (1930): Beiträge zur Kenntnis der Invertebratenfauna von Svalbard. – Skrift. Svalbard Ishavet, Oslo, 27: 1–156.

Tillyard, R. J. (1924): Kansas Permian Insects. Part 3. The new order Protohymenoptera. – Amer. J. Sci., New Haven, (5) 8: 111–122.

– (1926): The insects of Australia and New Sealand. – Sydney, XI + 560 pp.

– (1927): The ancestry of the order Hymenoptera. – Trans. ent. Soc. London, 75: 307–318.

Tischbein, P. (1871): Hymenopterologische Beiträge. – Entomol. Ztg., Stettin, 32: p. 353.

Togashi, I. (1965): Preliminary report on the rectal papillae of the Symphyta (Hymenoptera). – Kontyu, Tokyo, 33: 230–234. (jap.).

– (1970): The comparative morphology of the internal reproductive organs of the Symphyta (Hymenoptera). – Mushi, Fukuoka, 43, Suppl.: 1–114.

– (1971): Preliminary report on the comparative morphology of the alimentary canal of the Symphyta, Hymenoptera. – The Life Study, Fukui, 15 (3–4): 75–79.

– (1972): Discovery of the genus *Xyelecia* Ross. (Hym., Xyelidae) from Japan. – Kontyu, Tokyo, 40: 87–89.

– (1988): Symphyta (Hymenoptera) lured to an attractant for *Anaglyptus subfasciatus* Pic (Coleoptera: Cerambycidae) in Kanagawa in 1987. – Trans. Shikoku ent. Soc., 19: 87–88.

– (1990): Symphyta (Hymenoptera) lured to benzyl acetate and alphapyrene in traps. – Trans. Shikoku ent. Soc., 19: 117–125.

Tonapi, G. T. (1958 a): A comparative study of the respiratory system of some Hymenoptera. Part I. Symphyta. – Indian J. Ent., Delhi, 20: 108–120.

– (1958 b): A comparative study of spiracular structure and mechanisms in some Hymenoptera. – Trans. r. ent. Soc. London, 110: 489–519.

Tostowaryk, W. (1971): Relationship between parasitism and predation of diprionid sawflies. – Ann. ent. Soc. Amer., Columbus, 64: 1424–1427.

– (1972): Coleopterous predators of Swaine jack-pine sawfly, *Neodiprion swainei* Middleton (Hymenoptera: Diprionidae). – Canad. J. Zool., Ottawa, 50: 1139–1146.

Turneck, W. J. (1960): Ecological life-history of the Larch Sawfly, *Pristiphora erichsonii* (Htg.) (Hymenoptera: Tenthredinidae) in Manitoba and Saskatchewan. – Canad. Ent., Ottawa, 92: 500–516.

Ullyett, G. C. (1936): The physical ecology of *Microplectron fuscipennis*, Zett. (Hym. Chalc.). – Bull. ent. Res., London, 27: 195–217.

Uzenbaer, S. D. (1984): Natural enemies of pseudolarvae of the sawfly *Neodiprion sertifer* in the South Karelian ASSR. – Zool. Zh., Moskau, 63: 1012–1018. (russ.).

Vassilev, I. B. (1978): Hymenoptera, Symphyta. – Fauna bulg., Sofia, 8: 1–180.

Verhaagh, M. (1988): „Parasitierung" einer Ameisen-Pflanzen-Symbiose im neotropischen Regenwald. – Carolinea, Karlsruhe, 46: p. 150.

Verzhutsky, B. N. (1966): The sawflies of the Trans Baikal region. – Moscow, 163 pp.

– (1973): Classification of the larvae of horntails and sawflies from Siberia and the Far-east. – Moscow, 140 pp. (russ.).

Viitasaari, M. and V. Vikberg (1985): A checklist of the sawflies (Hymenoptera, Symphyta) of Finland. – Notulae ent., Helsingfors, 65: 1–17.

Viramo, J. (1969): Zur Kenntnis der Minierfauna Finnlands. Über die Wirtspflanzen und die Verbreitung der minierenden Blattwespen (Hym., Tenthredinoidea). – Ann. ent. fenn., Helsinki, 35: 3–44.

Voûte, A. D. (1957): Regulierung der Bevölkerungsdichte von schädlichen Insekten auf geringer Höhe durch die Nährpflanze (*Myelophilus piniperda* L., *Retina burliana* Schiff., *Diprion sertifer* (Geoff.)). – Ztsch. ang. Ent., Berlin, 41: 172–178.

Wacker, F. (1925): Beiträge zur Kenntnis der antennalen Sinnesorgane der Hymenopteren. – Ztsch. Morph. Ökol. Tiere, Berlin, 4: 739–813.

Walther, J. R. (1981): Cuticular Sense Organs as Characters in Phylogenetic Research. – Mitt. dtsch. Ges. allg. angew. Ent., Bremen, 3: 146–150.

– (1983): Antennal Patterns of Sensilla of the Hymenoptera. – A Complex Character of Phylogenetic Reconstruction. – Verh. naturw. Ver. Hamburg, (n. F.) 26: 373–392.

Weber, H. (1927): Die Gliederung der Sternalregion des Tenthredinidenthorax. – Ztsch. wiss. Ins.-Biol., Neudamm, 22: 161–198.

– (1939): Vergleichend-funktionsanatomische Untersuchungen an atypischen Beißmandibeln von Insekten mit besonderer Berücksichtigung der *Phyllotoma*-Larve (Hymenoptera – Tenthredinidae). – Biol. Zentralblatt, Leipzig, 59: 541–566.

Weiser, J. (1977): An Atlas of Insect Diseases. – Prag, 84 pp.

Wellenstein, G. (1965): Die Einwirkung der Waldameisen (*Formica rufa*-Gruppe) auf die Biozönose. Methoden und Ergebnisse. – Min. Agr. For. Roma, Coll. Verde, 16: 369–392.

Wellington, W. G., Sullivan, C. R. and G. W. Green (1951): Polarized light and body temperature level as orientation factors in the light reactions of some hymenopterous and lepidopterous larvae. – Canad. J. Zool., Ottawa, 29: 330–351.

Werner, L. (1956): Histophysiologische Untersuchungen über die Speichel-Spinndrüse bei Blattwespenlarven. – Ztsch. wiss. Zool., Leipzig, 159: 77–128.

Wickman, B.E. (1967): Life history of the Incense-Cedar Wood Wasp, *Syntexis libocedrii* (Hymenoptera: Syntexidae). – Ann. ent. Soc. Amer., Columbus, 60: 1291–1295.

Wieczorek, H. (1973): Zur Kenntnis der Adlerfarninsekten. Ein Beitrag zum Problem der biologischen Bekämpfung von *Pteridium aquilinum* (L.) KUHN in Mitteleuropa. – Ztsch. ang. Ent., Berlin, 72: 337–358.

Wigglesworth, V.B. (1972): The principles of insect physiology. – London, 836 pp.

Wilkinson, R.C., Chapelka, A.H., Kraemer, M.E., Coppel, H.C. and F. Matsumara, (1987): Effect of height on responses of Redheaded Pine Sawfly (Hymenoptera: Diprionidae) males to synthetic pheromone and virgin females. – Environ. Entomol., College Park, Md., 16: 1152–1156.

Winkler, H. (1920): Verbreitung und Ursache der Parthogenesis im Pflanzen- und Tierreiche. – Jena, 231 pp.

Wong, H.R. (1956): Preliminary Notes on Intersexes and Gynandromorphes of the Larch Sawfly. – Canad. Ent., Ottawa, 88: 545.

– (1963): The external morphology of the adults and ultimate larval instar of the Larch Sawfly, *Pristiphora erichsonii* (HTG.) (Hymenoptera: Tenthredinidae). – Canad. Ent., Ottawa, 95: 897–921.

Wong, L.K. and R.K. Crowden (1976): Preliminary studies on the mucus secretion of the wood wasp, *Sirex noctilio* F. I. Physiochemical and biotechnical properties. – Austr. J. biol. Sci., Melbourne, 29: 21–32.

Wyatt, G.R. and G.F. Kalf (1957): The chemistry of insect hemolymph II. Trehalose and other carbohydrates. – J. gen. Physiol., New York, 40: 833–847.

Yuasa, H. (1922): A classification on the larvae of the Tenthredinoidea. – Illion. biol. Monographs, Urbana, 7 (4): 318–490.

Zacwilichowski, J. (1932): Über die Innervierung und die Sinnesorgane des Legebohrers von *Allantus arcuatus* Forst. – Bull. int. Acad. pol. Sci., Krakau, B, 2: 169–185.

– (1935): The innervation and sense organs in the wings of the saw-flies: *Allantus arcuatus* FÖRST., and *Rhogogaster viridis* L. (Hymenoptera, Tenthredinidae). – Bull. ent. Pol., Lwow, 23: 113–132.

Zander, E. (1910): Studien über die Honigbiene I. (*Apis mellifica*). I. Die Gliederung des thoracalen Hautskelettes der Bienen und Wespen. – Ztsch. wiss. Zool., Leipzig, 95: 507–517.

Zapol'skikh, O.V., Sukhanova, K.M. and V.V. Semenov (1989): The electron microscopic study of hemolymph cells of the poplar mine sawfly *Heterathrus ochropodae* (Hymenoptera, Tenthredinidae). – Tsitologiya, Moskva, 31: 386–390.

Zessin, W. (1985): Neue oberliassische Apocrita und die Phylogenie der Hymenoptera (Insecta, Hymenoptera). – Dtsch. ent. Ztsch., Berlin, n.F., 32: 129–142.

Zhelokhovtsev, A.N. (1964): A new genus and species of sawfly (Hymenoptera, Tenthredinidae) from the sandy deserts of Soviet central Asia. – Entomol. Revies, Washington, 43: 362–363.

Zhelokhovtsev, A.N. and A.P. Rasnitzyn (1972): On some tertiary sawflies (Hymenoptera: Symphyta) from Colorado. – Psyche, Cambridge, Mass., 79: 315–327.

Zirngiebl, L. (1930): Die Sägen der Blattwespen. I. Teil. – Mitt. pfälz. V. Naturkde Pollichia, Bad Dürkheim, n.F., 3: 267–306.

– (1935a): Über zwei Blattwespenzwitter. – Mitt. pfälz. V. Naturkde Pollichia, Bad Dürkheim, n.F., 4: 95–98.

– (1935b): Über Mißbildungen bei Blattwespen. – Veröff. dtsch. Kol. u. Überseemus. Bremen, 1: 199–201.

– (1937): Über weitere Mißbildungen bei Blattwespen. – Konowia, Wien, 16: 220–224.

– (1937): Die Legewerkzeuge der Blattwespen (Tenthredinoidea). – Beitr. naturk. Forsch. SWDeutschl., Karlsruhe, 2: 68–99.

– (1939): Veränderungen am Flügelgeäder von *Xiphydria prolongata* GEOFFR. – Abh. nat. V. Bremen, 31: 106–108.

– (1940): *Pamphilius silvestris* L., ein Obstbaumschädling. – Verh. naturk. – med. V. Heidelberg, n.F., 18: 207–222.

– (1942): Über einige Blattwespenarten, die an unseren Gewürz-, Heil- und anderen Nutzpflanzen als Schädlinge auftreten. – Mitt. Pollichia, Bad Dürkheim, n.F., 10: 95–104.

– (1951): Ein bilateraler Zwitter der Blattwespe *Tenthredo atra* L. – Jahresh. V. vaterl. Naturk. Württemberg, Stuttgart, 107: 89–94.

Zombori, L. (1985): Sawflies from Nepal (Hymenoptera), I. – Acta zool. hung., Budapest, 31: 291–293.

Zwölfer, H. (1970): Der „Regionale Futterpflanzenwechsel" bei phytophagen Insekten als evolutionäres Problem. – Ztsch. ang. Ent., Berlin, 65: 233–239.

– (1975): Artbildung und ökologische Differenzierung bei phytophagen Insekten. – Verh. dtsch. zool. Ges., Stuttgart, 67: 394–401.

Verzeichnis der wissenschaftlichen Namen

Sachregister

Hinweise für die Autoren

Handbuch der Zoologie

Band IV Arthropoda: Insecta

Verlag: Walter de Gruyter, Berlin
Herausgeber: Maximilian Fischer, Wien

Das Handbuch der Zoologie, Band IV, Arthropoda: Insecta, behandelt das gesamte Gebiet der Entomologie. Es wird der gegenwärtige Stand der Kenntnisse in kurzer Form dargestellt, wobei vor allem die wesentlichen Tatsachen Berücksichtigung finden. Auf wichtige, noch zu klärende Fragen wird hingewiesen.

Band IV erscheint in Teilbänden mit fortlaufender Numerierung entsprechend dem Eingang der Beitragsmanuskripte.

Die Teilbände behandeln die Entomologie aus der Sicht verschiedener biologischer Teildisziplinen (Morphologie, Physiology, Tiergeographie, Phylogenie) oder von angewandten Gesichtspunkten (Medizin, Kultur, usw.) aus, sowie die Ordnungen des Insektenreiches.

Der Umfang der Manuskripte wird gemeinsam mit dem Herausgeber und den Mitarbeitern im Einverständnis mit dem Verlag festgelegt.

Jeder Teilband setzt sich zusammen aus:
- Inhaltsübersicht mit Seitenangabe
- Text
- Abbildungen (fortlaufend numeriert)
- Legenden zu den Abbildungen
- Tabellen (fortlaufend numeriert)
- Verzeichnis der wissenschaftlichen Namen (Gattungs- und Artnamen mit Autor und Jahreszahl, der Name des Autors entsprechend der Nomenklaturvorschrift – gegebenenfalls in Klammern)
- Sachregister (mit Seitenangaben), alphabetisch geordnet
- Literaturverzeichnis.

Text: Das Manuskript soll mit Schreibmaschine (2facher Zeilenabstand) auf DIN-A4-Blättern (21,0 cm × 29,7 cm) geschrieben werden. An der linken Seite soll ein 3 cm breiter Rand freigelassen werden.

Der Herausgeber bereitet das Manuskript für den Satz vor. Die Markierungen für die Auswahl der Schriftarten besorgt ebenfalls der Herausgeber. Die wissenschaftlichen Namen der Gattungen und Arten werden kursiv gesetzt. Sie werden mit Bleistift gewellt unterstrichen oder mit einem fluoreszierenden Farbstift markiert. Vorschläge für Kleindruck sollen durch einen senkrechten Bleistiftstrich am linken Rand mit der Anmerkung „petit" gemacht werden. Die Namen der Autoren der Taxa sollen im Text vermieden werden. Literatur-Hinweise erfolgen entweder durch Angabe der Nummer des fortlaufend numerierten Literaturverzeichnisses in [eckigen] Klammern oder Nennung des Autors mit Jahreszahl. Die Positionen der Abbildungen sollen am Rand des Manuskriptes mit Bleistift eingetragen werden.

Die wissenschaftlichen Periodica sollen im Literaturverzeichnis nach der „World List of Scientific Periodicals, published in the Years 1900–1960 (Butterworths, London)" oder nach den nachfolgenden Listen zitiert werden.

Abbildungsvorlagen (Zeichnungen und Fotos) müssen in reproduktionsfähigem Zustand geliefert werden.

Die Manuskripte sollen in 3 Teilen vorbereitet und eingereicht werden:
1. vollständiger Text
2. alle Abbildungen, Tabellen und Diagramme
3. sämtliche Legenden zu den Abbildungen.

Der Autor soll eine Kopie des Manuskriptes anfertigen und bei sich behalten.

Als Sprachen sind Deutsch und Englisch zugelassen.

Die Manuskripte, Fahnen und der Umbruch sind an den Herausgeber zu senden.

Herausgeber und Schriftleiter

Hofrat Univ.-Doz.
Mag. Dr. Maximilian Fischer
Direktor am
Naturhistorischen Museum Wien
Burgring 7
A-1014 Wien
Austria
Telefon (0222) 934541-316

Verlag

Walter de Gruyter
Genthiner Straße 13
D-1000 Berlin (West) 30
F.R. of Germany
Tel. (030) 26005-124

Walter de Gruyter, Inc.
Scientific Publishers
200 Saw Mill River Road
Hawthorne, N.Y. 10532
USA Tel. (914) 747-0110

Handbuch der Zoologie, Band IV Arthropoda: Insecta

Band IV Arthropoda: Insecta wird von nun an in Teilbänden mit einer fortlaufenden Numerierung erscheinen, die an die bisherige Zählung der Lieferungen anschließt. Jeder Teilband wird von 28 an gebunden geliefert. Für die bereits erschienenen 27 Lieferungen wird zum Binden nachfolgender Plan empfohlen.

Bisher sind erschienen

Autor	Titel	Beitrag	Lieferung
Alfred Kaltenbach	Embiodea (Spinnfüßer)	8	1
Fritz Zumpt	Human- und veterinärmedizinische Entomologie	9	
Erwin Schimitschek	Insekten als Nahrung, in Brauchtum, Kult und Kultur	10	2
Douglas St. Quentin & Max Beier	Odonata (Libellen)	6	3
Max Beier	Mantodea (Fangheuschrecken)	12	4
Hermann Priesner	Thysanoptera (Physopoda, Blasenfüßer)	19	5
Max Beier	Phasmida (Stab- oder Gespenstheuschrecken)	10	6
Joachim Illies	Ephemeroptera (Eintagsfliegen)	5	7
Maximilian Fischer	Die Verwandlung der Insekten	16	8
Max Beier	Diagnose	1	
Max Beier	Geschichte der Entomologie	2	
Boris B. Rohdendorf	Paläontologie	3	9
Boris B. Rohdendorf	Phylogenie	4	
Max Beier	Klassifikation	5	
Stefan von Kéler †	Mallophaga (Federlinge u. Haarlinge)	17	10
Herbert Franz & Max Beier	Die geographische Verbreitung der Insekten	6	11
Friedrich Schaller	Collembola (Springschwänze)	1	12
Herbert Weidner	Isoptera (Termiten)	14	
Herbert Weidner	Zoraptera (Bodenläuse)	15	13
Heinz Janetschek	Protura (Beintastler)	3	14
Ragnar Kinzelbach	Strepsiptera (Fächerflügler)	24	
Horst Aspöck & Ulrike Aspöck	Raphidioptera (Kamelhalsfliegen)	25	15
Karl H. C. Jordan	Heteroptera (Wanzen)	20	16
Max Beier	Saltatoria (Heuschrecken u. Grillen)	9	17
Herbert Weidner	Copeognatha (Staubläuse)	16	18
Erwin Schimitschek	Pflanzen-, Vorrats- und Materialschädlinge	8	19
Willi Hennig	Diptera (Zweiflügler)	31	20
Hans Malicky	Trichoptera (Köcherfliegen)	29	21
Max Beier	Blattariae (Schaben)	13	22
Klaus Günther & Konrad Herter	Dermaptera (Ohrwürmer)	11	23
Felix Mainx	Zytologie (Karyologie)	12	24
Alfred Kaltenbach	Mecoptera (Panorpata, Schnabelhafte)	28	25
Peter Zwick	Plecoptera (Perlaria, Uferfliegen)	7	26
Herbert Weidner	Morphologie, Anatomie und Histologie	11	27
Hans Strümpel	Homoptera (Pflanzensauger)	Teilband 28	
Werner Nachtigall	Bewegungsphysiologie (Laufen·Schwimmen·Fliegen)	Teilband 29	
Timothy R. New	Planipennia (Netzflügler)	Teilband 30	
Wolfgang Schedl	Hymenoptera: Unterordnung Symphta (Pflanzenwespen)	Teilband 31	

Bindevorschlag für das Handbuch der Zoologie
Band IV Arthropoda: Insecta

Beitrag Nr.		Lieferung Nr.
	Beiträge auf die Entwicklung bezogen	
1	M. Beier: Diagnose	9
2	M. Beier: Geschichte der Entomologie	9
3	B. B. Rohdendorf: Paläontologie	9
4	B. B. Rohdendorf: Phylogenie	9
5	M. Beier: Klassifikation	9
6	H. Franz & M. Beier: Die geographische Verbreitung der Insekten	11
16	M. Fischer: Die Verwandlung der Insekten	8
	(zusammen 291 Seiten)	
	Beitrag auf die Form bezogen	
11	H. Weidner: Morphologie, Anatomie, Histologie	27
	(531 Seiten)	
	Beitrag auf „Form" im weiteren Sinn bezogen	
12	F. Mainx: Zytologie (Karyologie)	24
	(130 Seiten)	
	Auf den Menschen bezogen	
8	E. Schimitschek: Pflanzen-, Material- und Vorratsschädlinge	19
9	F. Zumpt: Human- and veterinärmedizinische Entomologie	2
10	E. Schimitschek: Insekten als Nahrung, in Brauchtum, Kult und Kultur	2
	(zusammen 311 Seiten)	
	Apterygota und ursprüngliche Pterygota	
3	H. Janetschek: Protura (Beintastler)	14
1	F. Schaller: Collembola (Springschwänze)	12
5	J. Illies: Ephemeroptera (Eintagsfliegen)	7
6	D. St. Quentin & M. Beier: Odonata (Libellen)	3
	(zusammen 246 Seiten)	
	Einzelne Ordnung	
7	P. Zwick: Plecoptera (Steinfliegen)	26
	(111 Seiten)	
	Isolierte Ordnungen der Paurometabola	
8	A. Kaltenbach: Embiodea (Spinnfüßer)	1
11	K. Günther & K. Herter: Dermaptera (Ohrwürmer)	23
	(zusammen 187 Seiten)	
	Blattopteroidea = Dictyoptera	
12	M. Beier: Mantodea (Fangheuschrecken)	4
13	M. Beier: Blattariae (Schaben)	22
14	H. Weidner: Isoptera (Termiten)	13
	(zusammen 321 Seiten)	
	Orthopteroidea	
10	M. Beier: Phasmida (Stab- oder Gespenstheuschrecken)	6
9	M. Beier: Saltatoria (Heuschrecken und Grillen)	17
	(zusammen 217 Seiten)	
	Bisher erschienene Paraneoptera, ausgenommen Homoptera	
15	H. Weidner: Zoraptera (Bodenläuse)	13
16	H. Weidner: Copeognatha (Staubläuse)	18
19	H. Priesner: Thysanoptera (Physopoda, Blasenfüßer)	5
20	K. Jordan: Heteroptera (Wanzen)	16
17	St. v. Kéler: Mallophaga (Federlinge und Haarlinge)	10
	(zusammen 323 Seiten)	

Beitrag Nr.		Lieferung Nr.
	Einzelne große Ordnung	
31	W. Hennig: Diptera (Zweiflügler) (337 Seiten)	20
	Restliche bisher erschienene Holometabola	
25	H. & U. Aspöck: Raphidioptera (Kamelhalsfliegen)	15
29	H. Malicky: Trichoptera (Köcherfliegen)	21
28	A. Kaltenbach: Mecoptera (Panorpata, Schnabelhafte)	25
24	R. Kinzelbach: Strepsiptera (Fächerflügler) (zusammen 341 Seiten)	15

Bei Fragen zur Produktsicherheit wenden Sie sich bitte an:
If you have any questions regarding product safety,
please contact:

Walter de Gruyter GmbH
Genthiner Straße 13
10785 Berlin
productsafety@degruyterbrill.com